高职高专"十三五"规划教材

化工制图

第二版

■ 王成华　辛海霞　主编　■ 严竹生　主审

北京·

本书主要内容有：制图的基本知识与技能，正投影法的基本概念和基本理论，基本体、组合体的画图、读图与尺寸标注，图样的基本表示法，常用件与标准件，零件图、装配图、化工设备图和化工工艺图，计算机绘图（AutoCAD 2014）等。

本书按教学大纲，针对高职高专特点，力求做到选题精练，难易适中，题型多样，注重典型性、启发性和实用性。

本书配套习题集为王成华主编的《化工制图习题集》第二版，与以往其他同类习题集相比较，增加了一些由立体图画三视图的训练，更好地培养学生绘图能力和技巧，更好地帮助同学把握好教材重点。

本书可作为高职高专近机类、化工类和近化工类专业制图课程教材，也可供相关工程技术人员参考。

图书在版编目（CIP）数据

化工制图/王成华，辛海霞主编．—2版．—北京：化学工业出版社，2018.1（2021.6重印）
高职高专"十三五"规划教材
ISBN 978-7-122-31189-4

Ⅰ.①化… Ⅱ.①王… ②辛… Ⅲ.①化工机械-机械制图-高等职业教育-教材 Ⅳ.①TQ050.2

中国版本图书馆CIP数据核字（2017）第307821号

责任编辑：高　钰　　　　　　　　　　　　　　装帧设计：刘丽华
责任校对：王素芹

出版发行：化学工业出版社（北京市东城区青年湖南街13号　邮政编码100011）
印　　装：涿州市般润文化传播有限公司
787mm×1092mm　1/16　印张17　字数432千字　2021年6月北京第2版第3次印刷

购书咨询：010-64518888　　　　　　　　售后服务：010-64518899
网　　址：http://www.cip.com.cn
凡购买本书，如有缺损质量问题，本社销售中心负责调换。

定　价：38.00元　　　　　　　　　　　　　　　　　　　　版权所有　违者必究

前　言

本书是根据高职高专对人才培养及社会对高职高专人才能力的要求编写的，是在严竹生、王成华主编的《化工制图》第一版的基础上修订的。

《化工制图》第二版是在第一版的基础上通过搜集本书使用过程中的意见和建议，保留了原有书中的体系，对于书中的图例重新进行了筛选，更新了一部分图例，使内容更加浅显易懂，纠正了第一版书中的一些错误，更新了书中用到的各类标准，力求做到标准最新，使其与工业生产更加贴近。CAD部分重新进行了编写，版本为CAD2014版本。

本书为高职高专近机类、化工类或近化工类专业的制图课程教材，也可供相关工程技术人员或从业者作为参考学习资料。

本书第二版由王成华、辛海霞主编，严竹生主审。编写分工是：王成华编写第一章～第三章，辛海霞编写第四章～第六章、第十章，姜丽萍编写第七章～第九章。

本书在编写的过程中除了参考了书后列出的参考书目外，还选用了日常教学中积累下来的一些图形，由于无法知晓图形的具体来源，没有列入参考书目，在此对同行的辛勤工作表示真诚的谢意。

由于编者水平有限，书中不妥之处期望广大读者和同行批评指正。

编者
2017年12月

第一版前言

化工制图是化工行业专业要求和图学基础结合产生的专业制图的一种，是在机械制图这个良好的基础上应运而生的。

本教材在编写过程中，为适应全面素质教育和创新教育的现代高职教育新形势，在保证教学质量的前提下，切实有效地提高教学效率，充分体现工程图学学科和行业的有机结合，结合近年高职高专制图课教学的特点以及化工行业的目前发展动向，在选材上努力做到：遵守行业需求、因材施教、删繁就简；举例力求简单明了、深入浅出、启迪思维；语言和图例紧密联系化工生产实际，以满足教学服务专业需求。

本教材采用最新国家标准，在行文方面也力求言简意赅、通俗易懂、以图代文、图表并用、清晰直观。编写过程中按照行业对专业和岗位的要求，针对高职高专的培养方向，结合多年来特别是近年来的教学实践经验，力求做到：选题精炼，难度适中偏易，题型多样且为多媒体教学留有余地，注重典型性、启发性、实用性、先进性。

本教材配套习题集为王成华主编的《化工制图习题集》，与以往其他同类习题集相比较，增加了一些选择判断题、填空题等，以减少学生课外作图量并节省时间，更好地帮助学生把握教材重点。

本套教材按模块编写，共分为四个模块，模块Ⅰ为制图基础（包括：第一章至第五章），模块Ⅱ机械制图（包括：第六章和第七章），模块Ⅲ为化工制图（包括：第八章和第九章），模块Ⅳ为计算机绘图（为第十章）。

本教材适于高职高专约60学时近机械专业、约70学时化工或近化工专业使用。老师也可根据需要合理进行模块组合，用于其他专业的教学。

本教材由严竹生、王成华担任主编。编写分工是：严竹生（绪论、第一章、第六章、第七章）、王成华（第二章、第三章）、蔡华（第四章、第五章、附录）、陆英（第八章、第九章）、叶桂清（第十章）。

由于编者水平有限，书中不妥之处期望广大读者和专家批评指正。

编者
2010年5月

目 录

绪论 ……………………………………………………………………………………………… 1

模块Ⅰ 制 图 基 础

第一章 制图的基本知识和技能 ………… 4
 第一节 国家标准有关制图的规定 ……… 4
 第二节 尺寸标注（GB/T 4458.4—2003，
    GB/T 16675.2—1996） ………… 10
 第三节 常用绘图工具的使用与常见几何图形的
    画法 ……………………………… 15
 第四节 制图方法与技巧 ………………… 22
 第五节 平面图形的画法 ………………… 24

第二章 投影基础 ………………………… 27
 第一节 投影法和三视图 ………………… 27
 第二节 点、直线、平面的投影 ………… 31
 第三节 基本几何体的投影 ……………… 40
 第四节 轴测图（GB/T 4458.3—2013） … 45

第三章 组合体 …………………………… 50
 第一节 组合体的形体分析 ……………… 50
 第二节 组合体视图的画法 ……………… 55
 第三节 组合体视图的读图方法 ………… 57
 第四节 组合体的尺寸标注 ……………… 62

第四章 机件的表达方法 ………………… 66
 第一节 视图 ……………………………… 66
 第二节 剖视图 …………………………… 69
 第三节 断面图 …………………………… 76
 第四节 其他表达方法 …………………… 78

第五章 标准件和常用件 ………………… 81
 第一节 螺纹 ……………………………… 81
 第二节 螺纹紧固件 ……………………… 86
 第三节 其他标准件和常用件 …………… 90

模块Ⅱ 机 械 制 图

第六章 零件图 …………………………… 99
 第一节 零件图的作用和内容 …………… 99
 第二节 零件图的视图选择 …………… 100
 第三节 零件图上的尺寸标注 ………… 103
 第四节 零件图上技术要求的注写 …… 107
 第五节 零件上常见的工艺结构 ……… 114
 第六节 读零件图 ……………………… 116

第七章 装配图 ………………………… 119
 第一节 装配图的作用和内容 ………… 119
 第二节 装配图的规定画法、特殊画法和
    视图选择 ……………………… 119
 第三节 装配图上的尺寸标注、技术要求及
    零件编号 ……………………… 122
 第四节 装配结构的合理性 …………… 124
 第五节 读装配图和拆画零件图 ……… 125
 第六节 装配体测绘 …………………… 128

模块Ⅲ 化 工 制 图

第八章 化工设备图 …………………… 139
 第一节 化工设备图的表达方法 ……… 139
 第二节 化工设备图上的尺寸标注、技术
    要求及表格内容 ……………… 149
 第三节 化工设备上常用零部件 ……… 152
 第四节 化工设备图的画法 …………… 159
 第五节 读化工设备图 ………………… 161

第九章 化工工艺图 …………………… 165
 第一节 工艺流程图 …………………… 165
 第二节 设备布置图 …………………… 172
 第三节 管道布置图 …………………… 177
 第四节 化工单元测绘 ………………… 186

模块 Ⅳ 计算机绘图

第十章　计算机辅助设计——AutoCAD
简介 ·················· 195
　第一节　AutoCAD 的基本知识 ············ 195
　第二节　常用绘图与编辑命令简介 ············ 208
　第三节　平面图形绘制及尺寸标注 ·········· 219

附录 ······································· 232
　一、螺纹 ································ 232
　二、常用标准件 ························ 236
　三、极限与配合 ························ 242
　四、材料与热处理 ······················ 248
　五、化工设备标准零部件 ··············· 251
　六、化工工艺图上常用代号和图例 ······ 262

参考文献 ··· 264

绪　　论

《化工制图》是化工领域生产技术人员必须学习的一门专业基础课程。

一、《化工制图》的性质与任务

人们在技术交流和进行产品设计、制造、说明等过程中，为了准确直观地表达物体的结构形状和尺寸，除了用必要的文字等说明外，还需要用图样来表达。图样是工程技术人员、设计人员、制造人员及生产厂家、用户进行技术交流的桥梁，所以人们常常把图样说成是"工程界的技术语言"。在现代工业生产中，图样已成为设计与生产过程中极为重要的技术资料，因而化工行业生产、工程技术人员和科技管理人员学好化工制图尤为必要。

对于不同的需要，图样的内容、表达方式也不尽相同。随着科学技术的不断发展，学科范畴不断扩大，图学领域也在延伸，目前图学已涉及机械、建筑、电气、化工、艺术等不同领域，所以仅靠基础图学很难适应学科发展的需要，化工制图正是这一发展过程中诞生的典型学科，它是以图学为基础，重点讲述化工领域所需的图学内容，是一门实践性很强的专业技术基础课，在体系上仍以机械制图为依托，主要包括：制图基础、图样画法、零件图与装配图、化工设备、化工工艺图样和计算机绘图。虽然其发展的历史还不长，但随着化工单元设备制造技术水平的提高和化工生产工艺设计过程的不断优化，化工制图一定能够朝着系统化、标准化、简单化的方向发展。

不同行业的图样都有各自不同的特点，但它们的基本要求是一致的，都必须遵循国家标准对制图方面的要求；化工制图同样是按国家标准的规范要求并运用正投影法来研究机械零件、化工设备和工艺图样的绘制及阅读等。

二、教学目的

任何一门课程，都有各自的教学特点和要求，学习制图不仅是对制图能力的培养，也是对空间想象力的培养，尤其学习化工制图则更强调在培养动手能力和思维能力的基础上，将图学基础和专业理论的紧密结合运用于生产实践。

学习本课程的主要目的：
① 学会空间几何体的图示方法；
② 培养空间想象能力和分析能力；
③ 培养阅读或绘制机械图样的能力；
④ 培养阅读或绘制化工设备及化工工艺图样的能力；
⑤ 掌握 AutoCAD 的基本绘图方法；
⑥ 养成耐心、细致的工作作风和严谨的治学态度。

三、学习方法

化工制图是一门既注重理论又注重实践的课程，要学好这门课程，需理论联系实际，并要熟记国家标准有关规定，主要体现在以下几个方面。

① 平时应该养成一种良好的习惯，在看到一个物体时，努力去想象它在平面上如何进行图形表达；在看到视图时应去想象它在空间的实际形状。在学习过程中，通过反复练习，着重掌握用平面图形（视图）正确地表达出空间物体的形状，以及根据平面图形（视图）正

确地想象出空间物体形状的基本知识和原理，通过大量的实践，培养自己的空间想象力，从而启发自己对事物的整体认识。

② 通过多读多看来巩固自己学过的绘图和读图的基本方法和步骤，在实践中逐步理解和掌握投影基本原理，同时熟悉国家标准中的各种基本规定和表达方法并严格执行，循序渐进地达到学习目的。在学习过程中，要联系实际，及时完成一定数量的练习和作业。要正确地使用绘图工具和仪器，认真画图，保证作业质量。

③ 要想真正学好化工制图课，除了要掌握课堂和书本上的知识外，还应该注意了解与课程相关的最新发展动态，使自己处于学科发展的前沿。由于化工制图发展的历史还不久，许多规定和标准都在不断完善，所以要把握行业发展的最新信息，这也是学好课程的重要方面。

④ 对 AutoCAD 部分要加强上机练习。

本课程是一门标准化很强的课程。在进行绘图实践时，必须根据国家标准的有关规定进行，树立标准化的思想。只要掌握本课程的学习规律，多看多画，认真实践，就一定能把本课程学好。

四、化工制图的作用与地位

许多教材只强调自身的重要性，而忽视与周边学科的相关性。其实，所有专业课知识都无不相关，在突出课程重点的同时，有必要阐明与其他相关课程的联系，要学好化工制图，并不单纯是学习其制图方法，还要通过了解化工单元操作、化工工艺设计、化工机械设备等相关知识，加深对化工制图的理解，同时学好它对今后的专业课程学习及专业实践、毕业实习及化工方面的设计等实践环节起着重要的作用。

模块一 制图基础

第一章　制图的基本知识和技能

图样是产品设计、制造、安装、检测等过程中的重要技术资料，是信息交流的重要工具。为便于生产、管理和交流，《技术制图》与《机械制图》国家标准对图样的画法、尺寸的标注等各方面作了统一的规定。《技术制图》和《机械制图》国家标准（简称"国标"，代号为"GB"）是工程界重要的技术标准，是绘制和阅读图样的依据和准则，工程技术人员必须严格遵守、认真执行。

为使绘图者具有一定的基本功，本章对绘图工具使用、绘图方法和步骤、基本几何作图和徒手绘图技能作简单介绍。

第一节　国家标准有关制图的规定

一、图纸幅面（GB/T 14689—2008）和标题栏（GB/T 10609.1—2008）

1. 图纸幅面

绘制技术图样时，应优先采用表1-1中所规定的基本幅面 $B\times L$。必要时，也允许加长幅面，但加长量必须符合国标 GB/T 14689—2008 中的规定（GB/T 为推荐性国家标准代号，14689 为标准顺序号，2008 为发布年代号）与基本幅面的短边尺寸成整数倍。绘图时，图纸可以竖用（短边水平）或横用（长边水平）。

表 1-1　图纸基本幅面的尺寸　　　　　　　　　　　　　　单位：mm

幅面代号	幅面尺寸 $B\times L$	周边尺寸		
		a	c	e
A0	841×1189	25	10	20
A1	594×841	25	10	20
A2	420×594	25	10	10
A3	297×420	25	5	10
A4	210×297	25	5	10

2. 图框格式

图纸上限定绘图区域的线框为图框。图框用粗实线绘制，图框周边的间距尺寸与格式有关。图框格式分为留装订边和不留装订边两种，分别如图1-1和图1-2所示。两种图框格式周边尺寸 a、c、e 见表1-1。但应注意，同一产品的图样只能采用一种格式。图样绘制完毕后应沿外框线裁边。

3. 标题栏格式

每张正规的工程图样上都必须有标题栏，位于图纸的右下方。标题栏是由更改区、签字区、其他区和名称及代号区组成的栏目，标题栏水平放置的方向通常是图样的看图方向。标题栏可提供图样自身、图样所表达的产品及图样管理的若干信息，是图样不可缺少的内容。

标题栏的基本要求、内容、尺寸和格式可参考 GB/T 10609.1—2008《技术制图　标题栏》中的规定，如图1-3（a）所示，各设计单位可根据需要制订符合自身要求的标题栏，比如学校制图作业可用1-3（b）所示的标题栏。

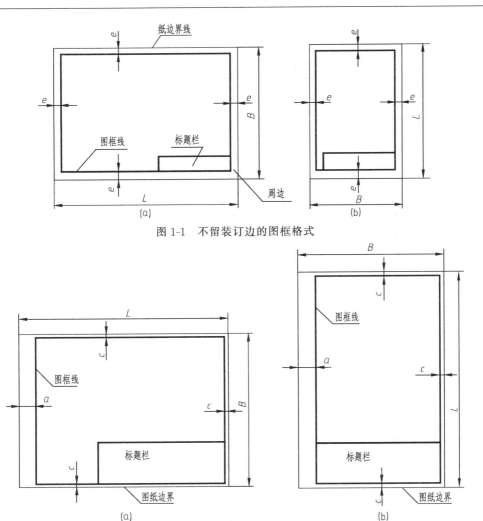

图 1-1 不留装订边的图框格式

图 1-2 留有装订边的图框格式

4. 附加符号

(1) 对中符号 为了便于复制、缩微摄影定位,在基本幅面(含部分加长幅面)图纸各边的中点处画出对中符号,如图 1-4(a)所示。

对中符号用粗实线绘制,自纸边画起伸入图框内约 5mm,当对中符号处在标题栏范围内时则伸入标题栏部分省略不画,如图 1-4(b)所示。

(2) 方向符号 若利用预先印制的图纸,为了明确绘图与看图时图纸的方向,应在图纸的下边对中符号处画出一个方向符号,如图 1-4(b)所示,方向符号是用细实线绘制的等边三角形,画法如图 1-4(c)所示。

二、比例(GB/T 14690—93)

比例,即图中图形与其实物相应要素的线性尺寸之比。

(1) 原值比例 比值为 1 的比例,即 1∶1。
(2) 放大比例 比值大于 1 的比例,如 2∶1 等。
(3) 缩小比例 比值小于 1 的比例,如 1∶2 等。

当需要按比例绘制图样时,应由表 1-2 的"优先选择系列"中选取适当的比例;必要时,也允许选用表 1-2"允许选择系列"中的比例。

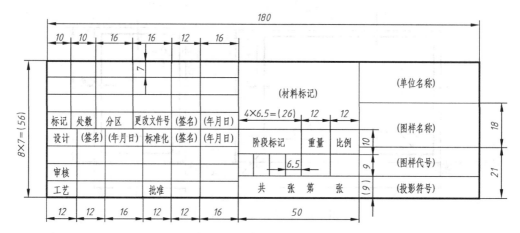

(a) 国家标准推荐格式

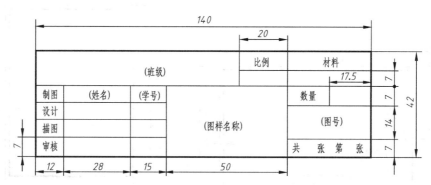

(b) 制图作业用格式

图 1-3 标题栏格式

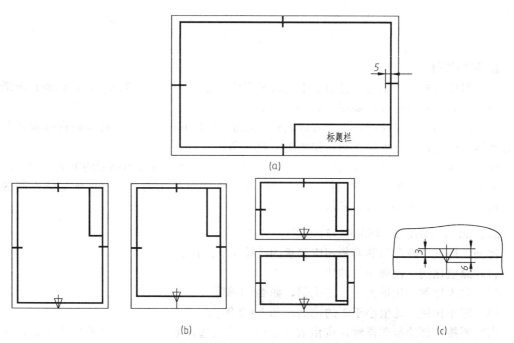

图 1-4 对中符号与方向符号

表 1-2　比例系列

种类	优先选择系列	允许选择系列
原值比例	1:1	
放大比例	5:1　　2:1 $5×10^n:1$　$2×10^n:1$　$1×10^n:1$	4:1　　2.5:1 $4×10^n:1$　$2.5×10^n:1$
缩小比例	1:2　　1:5　　1:10 $1:2×10^n$　$1:5×10^n$　$1:1×10^n$	1:1.5　1:2.5　1:3　1:4　1:6 $1:1.5×10^n$　$1:2.5×10^n$　$1:3×10^n$ $1:4×10^n$　$1:6×10^n$

注：n 为正整数。

标注尺寸时，无论选用放大或缩小比例，都必须标注机件的实际尺寸，如图 1-5 所示。同一机件的各个图形一般应采用相同的比例，并要在标题栏中的比例栏目内写明采用的比例。必要时，可在视图名称的下方或右侧标注比例。

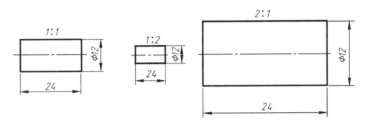

图 1-5　图形比例与尺寸的关系

三、字体（GB/T 14691—1993）

图样上除了表达机件形状的图形外，还要用文字和数字说明机件的大小、技术要求和其他内容。在图样中书写的字体，必须符合国家标准规定，做到：字体工整、笔画清楚、间隔均匀、排列整齐。

1. 字高

字体高度（用 h 表示）的公称尺寸系列为（单位为 mm）：1.8，2.5，3.5，5，7，10，14，20。字体的号数代表字体的高度。

2. 汉字

汉字应写成长仿宋体，并应采用国家正式公布推行的《汉字简化方案》中规定的简化字。汉字的高度（h）不应小于 3.5mm，其字宽应为 $h/\sqrt{2}$。

3. 字母和数字

字母和数字分 A 型和 B 型。A 型字体的笔画宽度（d）为字高的（h）的 1/14；B 型字体的笔画宽度为字高（h）的 1/10。在同一张图样上，只允许选用一种型式的字体。

字母和数字可写成斜体或直体。斜体字字头向右倾斜，与水平基准线成 75°。

4. 字体示例

(1) 汉字——长仿宋体

10号字　　字体工整　笔画清楚　间隔均匀　排列整齐

7号字　　仿宋体书写要　横平竖直　注意起落　结构均匀　填满方格

5号字　　技术制图　石油化工　机械电子　精细工艺　工艺流程　设备容器　储罐塔器

(2) 字母

大写斜体 ABCDEFGHIJKLMNOPQRSTUVWXYZ

小写斜体 abcdefghigklmnopqrstuvwxyz

(3) 阿拉伯数字

斜体 0123456789

直体 0123456789

(4) 罗马数字

斜体 I II III IV V VI VII VIII IX X

直体 I II III IV V VI VII VIII IX X

(5) 字体的综合应用

460r/min   380kPa

10JS5(±0.003) M24-6h l/mm m/kg

$\phi 25 \frac{H6}{m5}$ II 2:1   A 5:1   √Ra6.3   R8   5%   3.50

四、图线 （GB/T 17450—1998、GB/T 4457.4—2002）

1. 线型

国家标准 GB/T 17450—1998、GB/T 4457.4—2002 详细规定了绘制图样时，可采用的图线名称、型式、结构、标记和画法规则。表 1-3 列出了绘制图样时常用的 8 种图线的型式、名称、宽度及主要用途。图线的具体应用参见图 1-6。

表 1-3　图线

线	型	名称	图线宽度	在图上的一般应用
实线	————————	粗实线	d	可见轮廓线
	————————	细实线	$d/2$	①尺寸线及尺寸界线 ②剖面线 ③重合断面的轮廓线 ④螺纹的牙底线及齿轮的齿根圆 ⑤指引线 ⑥分界线及范围线 ⑦过渡线
	～～～～～～	波浪线	$d/2$	①断裂处的边界线 ②剖与未剖部分的分界线
	⌇⌇⌇⌇⌇	双折线	$d/2$	①断裂处的边界线 ②局部剖视图中剖与未剖部分的分界线
虚线	— — — — —	细虚线	$d/2$	不可见轮廓线
	▬ ▬ ▬ ▬	粗虚线	d	允许表面处理的表示法
	—·—·—·—	细点画线	$d/2$	①轴线 ②对称线和中心线 ③齿轮的节圆和节线
	▬·▬·▬·▬	粗点画线	d	限定范围的表示线
	—··—··—··	细双点画线	$d/2$	①相邻辅助零件的轮廓线 ②极限位置的轮廓线 ③假想投影轮廓线 ④中断线

第一章 制图的基本知识和技能

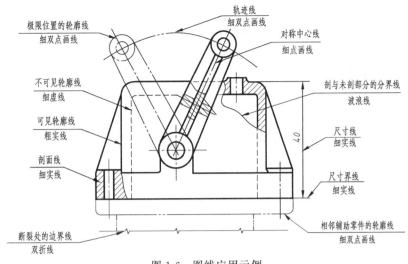

图 1-6 图线应用示例

2. 线宽

图线分粗线和细线两种。图线宽度应根据图形的大小和复杂程度在 0.5～2mm 之间选择。粗线与细线的宽度比率为 2∶1。图线宽度的推荐系列为：0.25mm，0.35mm，0.5mm，0.7mm，1mm，1.4mm，2mm。粗实线的宽度（d）一般常用 0.7mm 或 0.5mm。

3. 图线画法

同一图样中，同类图线的宽度应基本一致。虚线、点画线及双点画线的线段长度和间隔应各自大致相等。当几种线条重合时，应按粗实线、虚线、点画线的优先顺序画出。各种图线的具体画法示例见表 1-4。

表 1-4 图线画法

图 线 画 法	图 例	
	正确	错误
为保证图样的清晰度，两条平行线之间的最小间隙不得小于 0.7mm	≥0.7	<0.7
点画线、双点画线的首末两端应是画，而不应是点		
各种线型相交时都应以画相交，而不应该是点或间隔		
各种线型应恰当地相交于画线处： ——画线起始相交处； ——画线形成完全的相交； ——画线形成部分的相交		
虚线直线在粗实线的延长线上相接时，虚线应留出间隔 虚线圆弧与粗实线相切时，虚线圆弧应留出间隔		
画圆的中心线时，圆心应是画的交点，点画线的两端应超出轮廓线约 2mm；当圆的图形较小时，允许用细实线代替点画线		

第二节　尺寸标注（GB/T 4458.4—2003，GB/T 16675.2—1996）

机件的大小由图样上标注的尺寸确定。标注尺寸时，应严格遵照国家标准有关尺寸注法的规定，做到正确、齐全、清晰、合理。

一、基本规则

① 机件的真实大小应以图样上所注的尺寸数值为依据，与图形的大小及绘图的准确度无关。

② 图样中（包括技术要求和其他说明）的尺寸，以 mm 为单位时，不需注明计量单位的代号或名称，如采用其他单位，则必须注明相应的单位代号或名称。

③ 机件的每一尺寸，在图样中一般只标注一次，并应标注在反映该结构最清晰的图形上。

④ 图样中所注尺寸是该机件最后完工时的尺寸，否则应另加说明。

二、尺寸标注的基本方法

图样上的尺寸标注，国家标准有详细的规定，其基本内容见表1-5。标注尺寸时，还应尽可能使用符号和缩写词。常用符号和缩写词见表1-6。

表1-5　尺寸标注的基本规定

项目	说　明	图　例
尺寸的组成	完整的尺寸，由下列内容组成： (1)尺寸数字； (2)尺寸线（细实线）； (3)尺寸界线（细实线） 注：1)尺寸数字前有时附加规定的符号，如 $\phi10$。 2)尺寸线的终端，可用箭头和斜线两种方式表示，形状见右图①和②。机械制图多用箭头方式。当终端采用斜线形式时，尺寸线与尺寸界线必须相互垂直	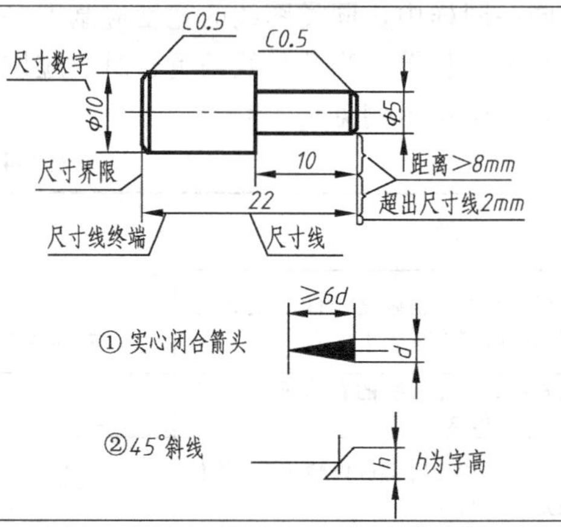
尺寸数字	1. 线性尺寸的数字一般应注写在尺寸线的上方，也允许注写在尺寸线的中断处	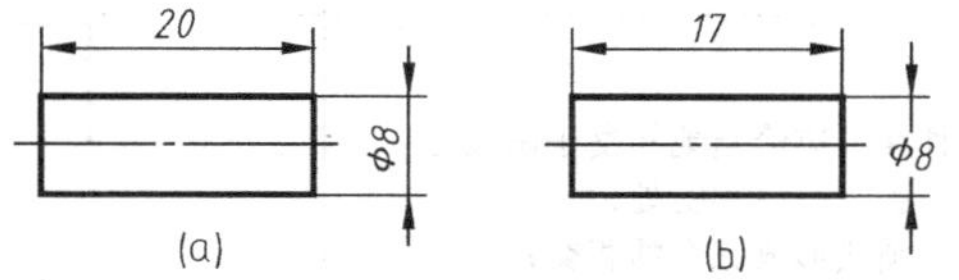
	2. 线性尺寸的数字应按图(a)所示的方向注写，并尽可能避免在图示30°范围内标注尺寸。当无法避免时可按图(b)标注	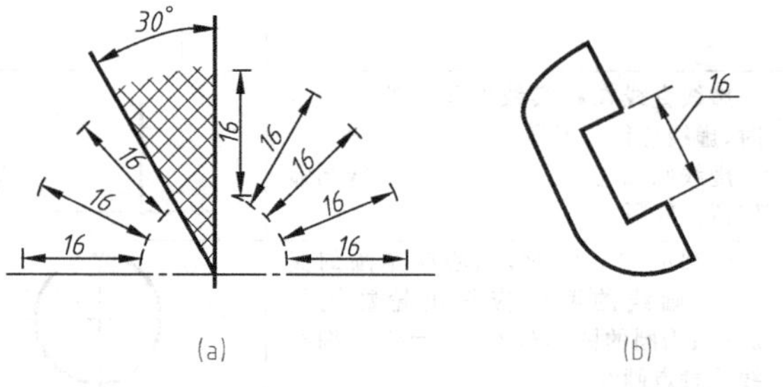

项目	说 明	图 例
尺寸数字	3. 对于非水平方向的尺寸,其数字可水平地注写在尺寸线的中断处	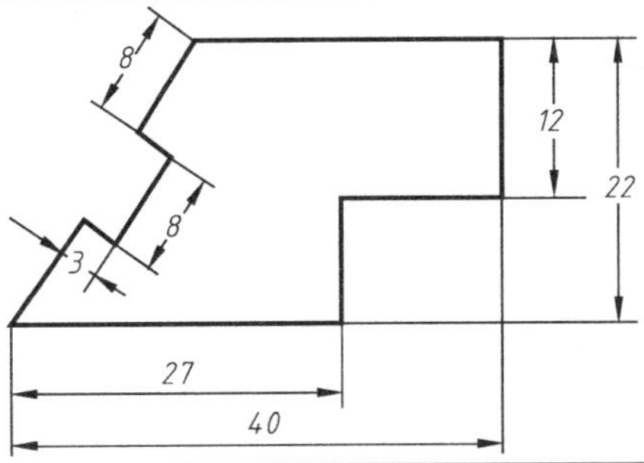
	4. 数字要采用标准字体,且书写工整,不得潦草。在同一张图上,数字及箭头的大小应保持一致	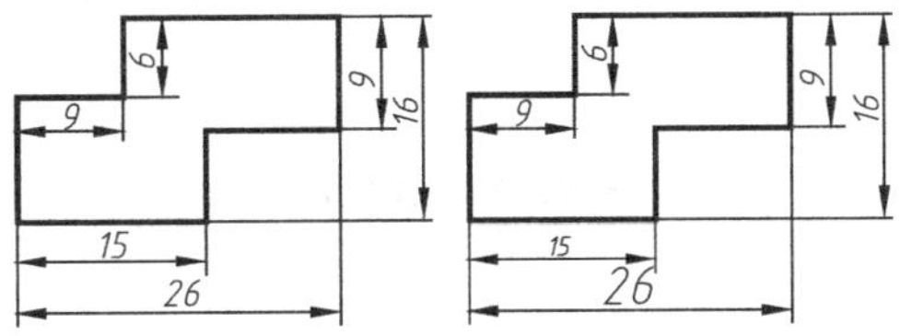 (a)好　　(b)不好
	5. 尺寸数字不可被任何图线所通过。当不可避免时必须把图线断开	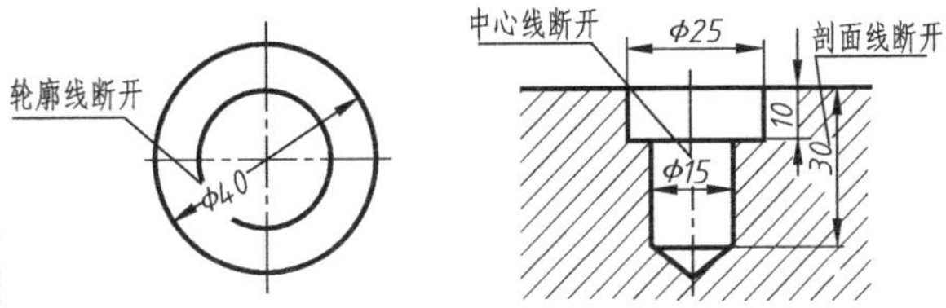
	6. 标注直径尺寸时应在尺寸数字前加注符号"ϕ",标注半径尺寸时加注符号"R" 注:$2\times\phi10$ 表示直径为 10mm 的圆孔有 2 个	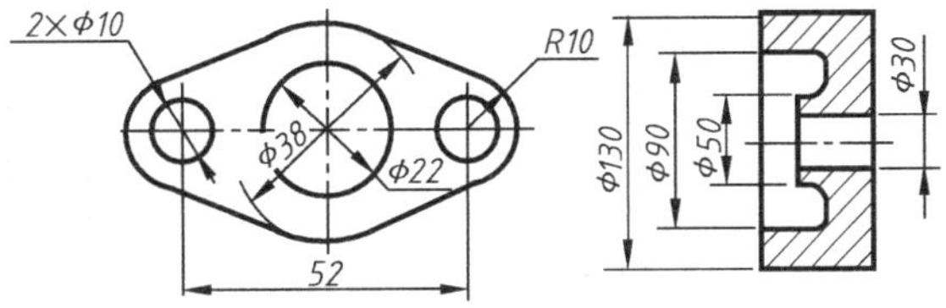
	7. 标注球面的直径或半径时,应在"ϕ"或"R"前面再加注"S"[见图(a)、图(b)]。对于螺钉、铆钉的头部、轴及手柄的端部,允许省略"S"[见图(c)]	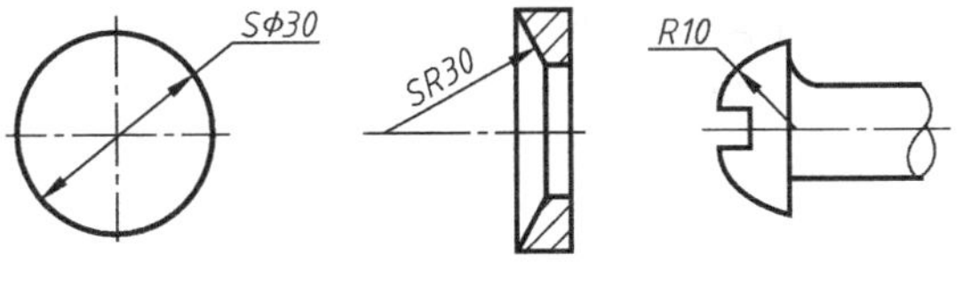 (a)　(b)　(c)
尺寸线	1. 尺寸线不能用其他图线代替,一般不得与其他图线重合或画在其延长线上	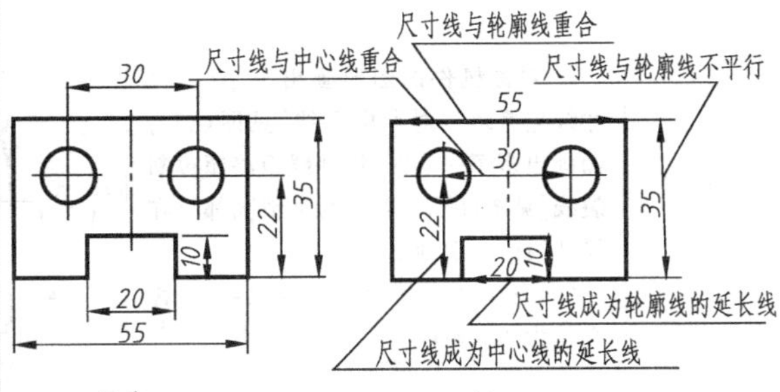
	2. 标注线性尺寸时,尺寸线必须与所标注的线段平行	正确　　错误

续表

项目	说 明	图 例
尺寸线	3. 圆的直径和圆弧半径的尺寸线的终端应画成箭头,并按图示的方法标注	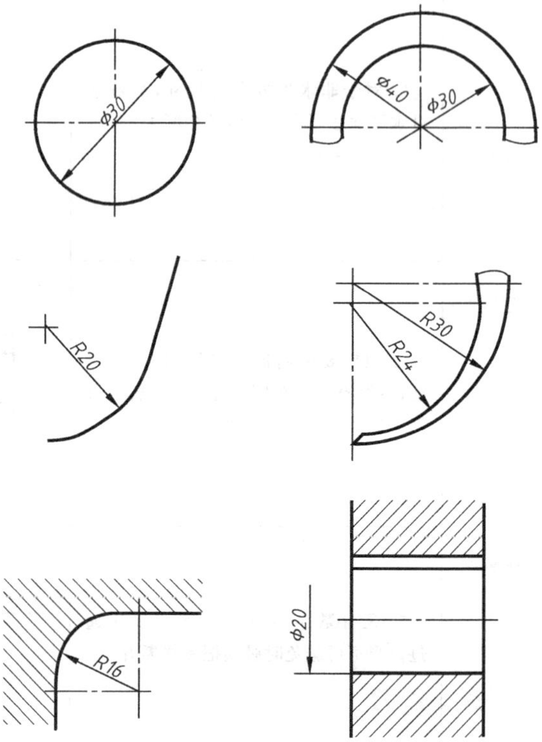
	4. 当圆弧的半径过大或在图纸范围内无法标出其圆心位置时,可按图(a)的形式标注。若不需要标出其圆心位置时,可按图(b)的形式标注	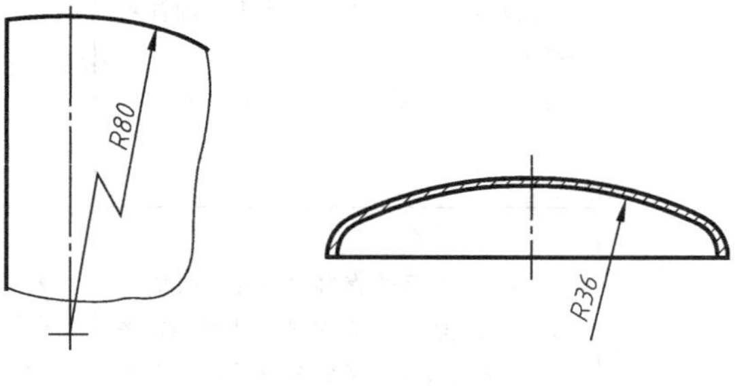 (a) (b)
	5. 对称机件的图形画出一半时,尺寸线应略超过对称中心线[见图(a)];如画出多于一半时,尺寸线应略超过断裂线[见图(b)]。以上两种情况都只在尺寸线的一端画出箭头 (图中 M30 表示粗牙普通螺纹,公称直径为30mm)	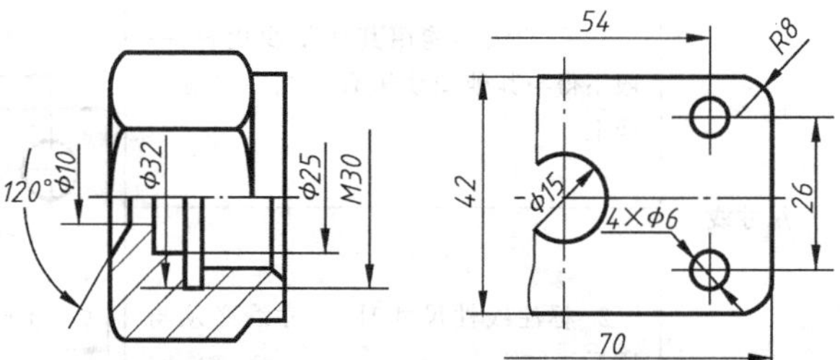 (a) (b)

续表

项目	说　明	图　例
尺寸界线	1. 尺寸界线用细实线绘制，并应由图形的轮廓线、轴线或对称中心线处引出，也可利用轮廓线、轴线或对称中心线作尺寸界线	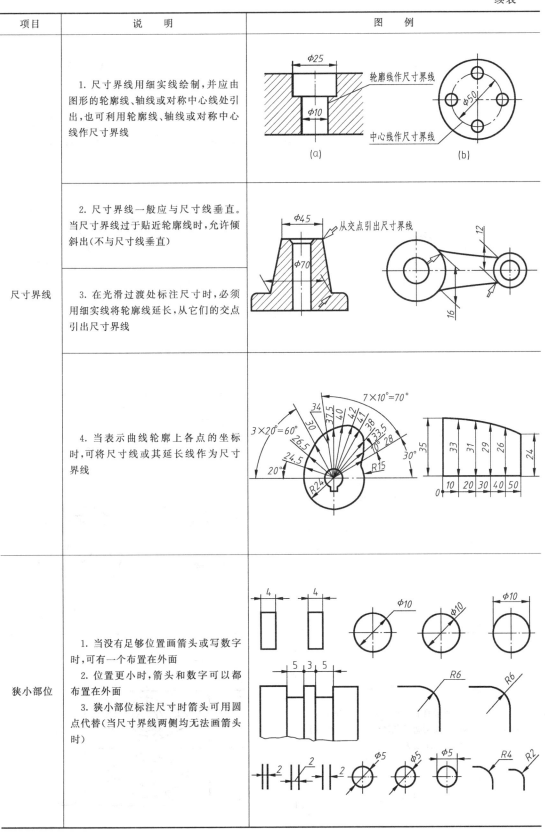
	2. 尺寸界线一般应与尺寸线垂直。当尺寸界线过于贴近轮廓线时，允许倾斜出(不与尺寸线垂直)	
	3. 在光滑过渡处标注尺寸时，必须用细实线将轮廓线延长，从它们的交点引出尺寸界线	
	4. 当表示曲线轮廓上各点的坐标时，可将尺寸线或其延长线作为尺寸界线	
狭小部位	1. 当没有足够位置画箭头或写数字时，可有一个布置在外面 2. 位置更小时，箭头和数字可以都布置在外面 3. 狭小部位标注尺寸时箭头可用圆点代替(当尺寸界线两侧均无法画箭头时)	

续表

项目	说 明	图 例
角度	1. 角度的尺寸数字一律水平填写 2. 角度的尺寸数字应写在尺寸线的中断处，必要时允许写在外面，或引出标注 3. 角度的尺寸界线必须沿径向引出	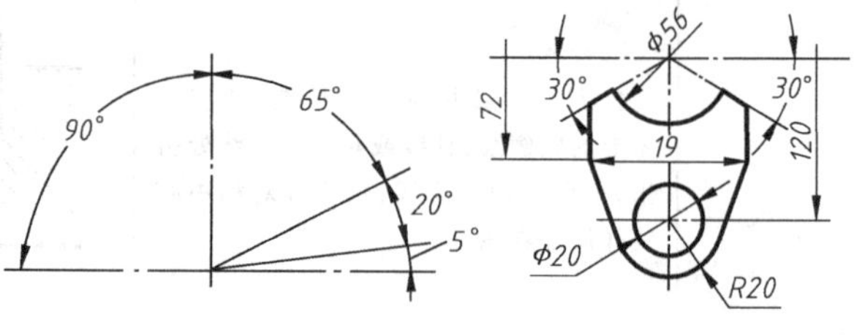
弧长及弦长	1. 标注弧长时，应在尺寸数字上加符号"⌒" 2. 弧长及弦长的尺寸界线应平行于该弦的垂直平分线[见图(a)]。当弧长较大时，尺寸界线可改用沿径向引出[见图(b)]	
均布的孔	均匀分布的孔，可按图(a)及图(b)所示标注。当孔的定位和分布情况在图中已明确时，允许省略其定位尺寸和"EQS"字样[见图(c)] 注："EQS"意为"均匀分布（简称均布）"	
对称图形	当图形具有对称中心线时，分布在对称中心线两边的相同结构要素，仅标注其中的一组要素尺寸	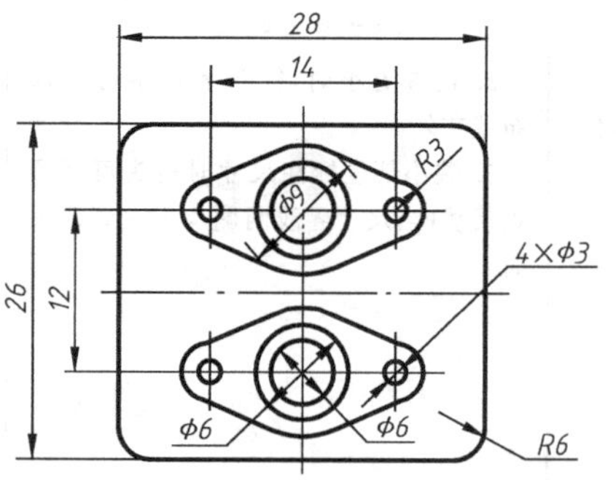

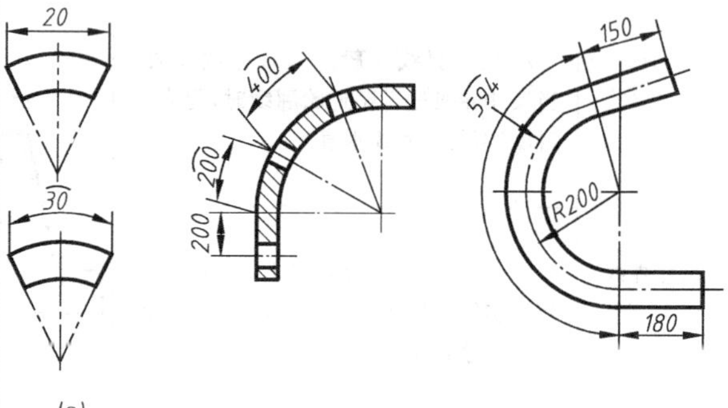

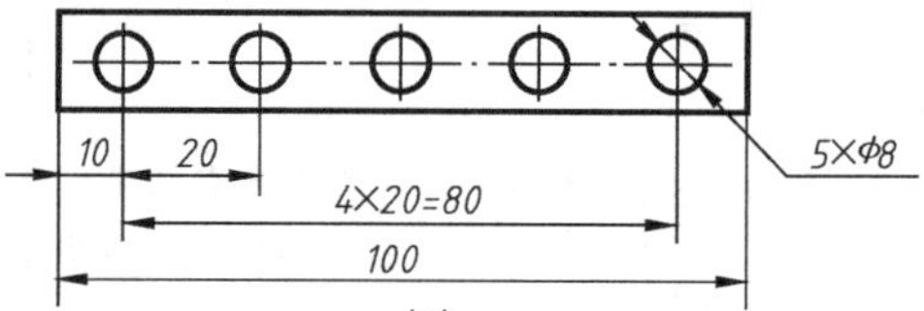

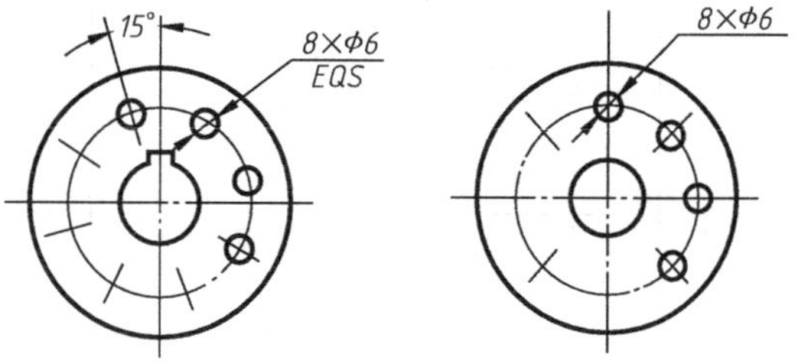

续表

项目	说　明	图　例
正方形结构	标注断面为正方形结构的尺寸时,可在正方形边长尺寸数字前加注符号"□"或用"B×B"(B 为正方形边长)注出	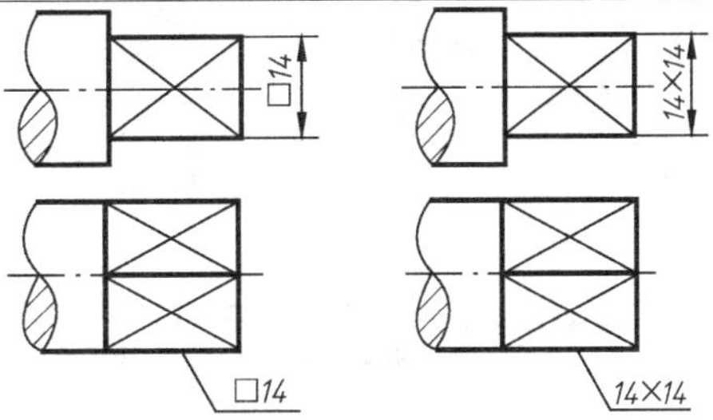 （图略）注:方形或矩形小平面可用对角交叉细实线表示
板状机件	标注板状机件时可在尺寸数字前加注符号"t"(表示为均匀厚度板),而不必另画视图表示厚度	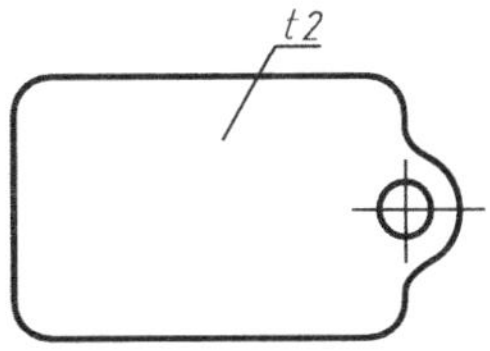 （图略）

表 1-6　常用符号和缩写词

名　称	符号或缩写词	名　称	符号或缩写词
直径	ϕ	厚度	t
半径	R	正方形	□
球直径	$S\phi$	45°倒角	C
球半径	SR	深度	↧
弧长	⌒	深孔或锪孔	⊔
均布	EQS	埋头孔	∨

第三节　常用绘图工具的使用与常见几何图形的画法

要提高尺规图的绘图质量和速度,正确熟练地使用各种绘图工具,掌握常见几何图形的画法是基本前提。本节着重介绍这方面的内容。

一、常用绘图工具及使用

1. 铅笔和铅芯

绘图铅笔铅芯的硬、软分别用代号"H"、"B"表示。"HB"为中等硬度。绘图时一般都用"H"或"2H"画底稿,用"HB"书写文字和徒手绘图,用"B"或"2B"加深图线。

削铅笔应从没有标号的一端开始,以保留铅笔的软硬标号,利于使用时识别。用于画粗实线的铅笔和铅芯应磨成矩形断面,其余的磨成圆锥形,如图 1-7 所示。

画线时,铅笔在前后方向应与纸面垂直,而且向画线前进方向倾斜约 30°,如图 1-8 所示。当画粗实线时,因用力较大,倾斜角度可小一些。

2. 绘图板和丁字尺

绘图板是用来铺放和固定图纸的长方板,如图 1-8 所示。图板一般用胶合板制成,板面须平整,左右两导向边必须平直。

丁字尺用来画水平线,由尺头和尺身构成。使用时,尺头内侧要紧靠图板左侧导边上下移动,然后沿尺身的上边画线（见图 1-8）。

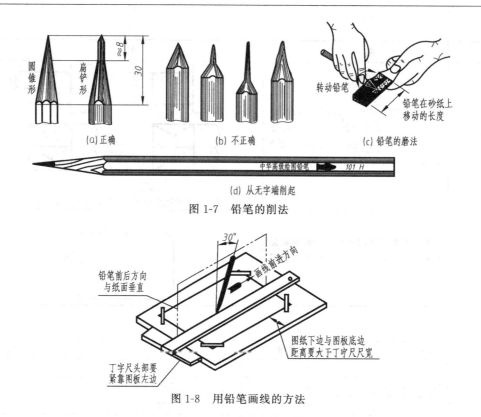

图 1-7 铅笔的削法

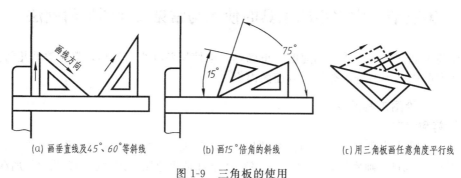

图 1-8 用铅笔画线的方法

3. 三角板

一副三角板由 45°角和 30°与 60°角两块直角板组成,可与丁字尺配合画出垂直线及 15°倍角的斜线,也可用一副三角板配合画出任意角度的平行线(见图 1-9)。用三角板画垂直线时,手法如图 1-10 所示。

图 1-9 三角板的使用

4. 圆规

圆规用来画圆或圆弧。画细线圆时,用 H 或 HB 铅笔芯并磨成锥形;在描黑粗实线圆时,铅芯应用 2B 或 B(比画粗直线的铅笔软一号)并磨成矩形。圆规的针脚上的针,当画底稿时用普通针尖,描黑时应换用带有支承的小针尖,要注意针尖应调整得比铅芯稍长一点,如图 1-11 所示。

用圆规画圆时,将针尖插入圆心后,圆规应向前进方向稍倾斜,如图 1-12(a)、(b) 所示;画较大圆时应使两脚均与纸面垂直,如图 1-12(c)所示;画大圆时应接上加长杆并以双手画圆,如图 1-13 所示。

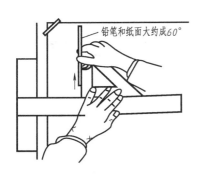

图 1-10　画垂直线的手法

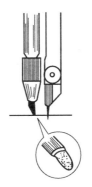
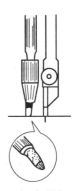

图 1-11　圆规的针脚

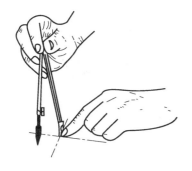
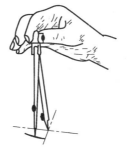
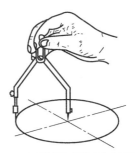

(a) 将针尖扎入圆心　　(b) 圆规向画线方向倾斜　　(c) 画较大圆时圆规两脚垂直纸面

图 1-12　圆规的用法

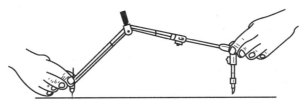

图 1-13　加长杆的用法

5. 分规

分规用以量取尺寸、等分线段和圆周。分规两针尖并拢时应对齐,用法如图 1-14 所示。

6. 其他工具

除上述绘图工具外,还需要准备铅笔刀、橡皮、透明胶带、擦图片、砂纸、小刷子、量角器、比例尺和曲线板等用品(见图 1-15)。

二、常见几何图形的画法

机件的轮廓形状是多种多样的,但在技术图样中,表达它们各部位结构形状的图形,都是由直线、圆(圆弧)和其他一些平面曲线所组成的几何图形。熟练掌握几何图形的作图方法,是正确且迅速绘制工程图样的重要基础

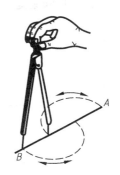

(a) 用分规截取长度　　(b) 用分规等分线段

图 1-14　分规用法

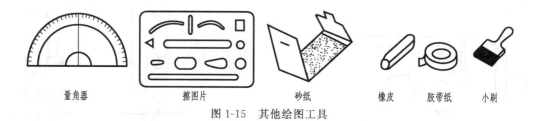

图 1-15　其他绘图工具

之一。

1. 等分圆周和作正多边形

（1）正六边形　用圆规等分圆周作正六边形的作图方法，如图 1-16（a）所示。用丁字尺和三角板配合作正六边形的作图方法，如图 1-16（b）、（c）所示。

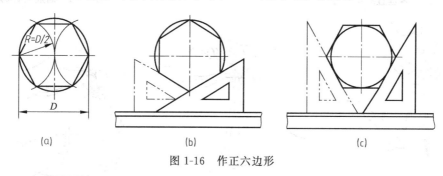

图 1-16　作正六边形

（2）正五边形　用圆规等分圆周作正五边形的作图方法，如图 1-17 所示。

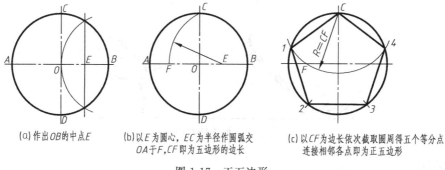

(a) 作出 OB 的中点 E　　(b) 以 E 为圆心，EC 为半径作圆弧交 OA 于 F，CF 即为五边形的边长　　(c) 以 CF 为边长依次截取圆周得五个等分点 连接相邻各点即为正五边形

图 1-17　正五边形

2. 斜度和锥度

（1）斜度　斜度是指一直线（或平面）对另一直线（或平面）的倾斜程度，其大小用该两直线（或平面）间夹角的正切值来表示，如图 1-18（a）所示。在图样中以∠1∶n 的形式

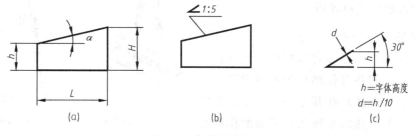

图 1-18　斜度及其标注

标注。标注时斜度符号的方向应与倾斜方向一致，如图 1-18（b）所示。斜度符号的画法，如图 1-18（c）所示。

【例】 斜度 1：5 的作图方法，如图 1-19 所示。

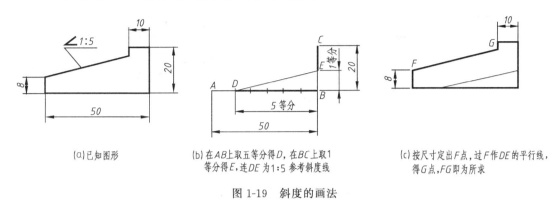

(a) 已知图形　　(b) 在AB上取五等分得D，在BC上取1等分得E，连DE为1:5参考斜度线　　(c) 按尺寸定出F点，过F作DE的平行线，得G点，FG即为所求

图 1-19　斜度的画法

（2）锥度　锥度是指正圆锥的底圆直径（或圆台顶底圆的直径差）与高度之比，如图 1-20（a）所示。在图样中以▷1：n 的形式标注。标注时锥度符号的尖端应指向圆锥小端，如图 1-20（b）所示。锥度符号的画法，如图 1-20（c）所示。

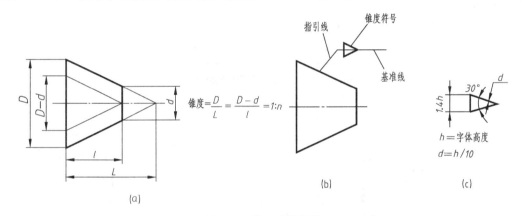

图 1-20　锥度及其标注

【例】 锥度 1：5 的作图方法，如图 1-21 所示。

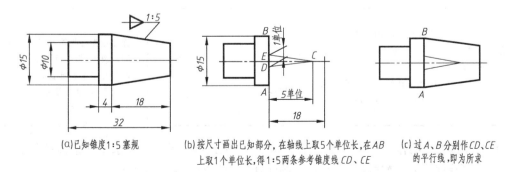

(a) 已知锥度1:5塞规　　(b) 按尺寸画出已知部分，在轴线上取5个单位长，在AB上取1个单位长，得1:5两条参考锥度线CD、CE　　(c) 过A、B分别作CD、CE的平行线，即为所求

图 1-21　锥度的画法

3. 作圆弧的切线

利用三角板作圆弧切线，首先确定切线位置，再准确找切点，最后画切线，作图的关键

是求切点,如图1-22所示。

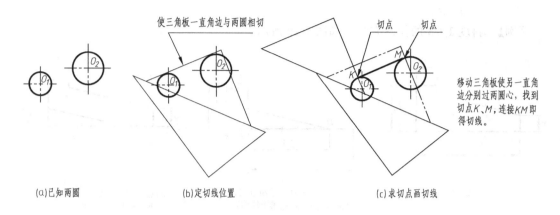

(a)已知两圆　　　　(b)定切线位置　　　　(c)求切点画切线

图1-22　作两圆外公切线

4. 圆弧连接

绘图时,经常要用已知半径的圆弧(称连接弧),光滑连接(即相切)已知直线或圆弧。为了保证相切,必须准确地作出连接弧的圆心和切点。

(1)圆弧连接的作图原理(见表1-7)

表1-7　圆弧连接的作图原理

类别	圆弧与直线连接(相切)	圆弧与圆弧外连接(外切)	圆弧与圆弧内连接(内切)
图例			
连接弧圆心轨迹及切点位置	连接弧圆心的轨迹是平行于已知直线且相距为R的直线。过连接弧圆心向已知直线作垂线,垂足K即为切点。	连接弧圆心的轨迹是已知圆弧的同心圆弧,其半径为R_1+R。两圆心连线与已知圆弧的交点K即为切点	连接弧圆心的轨迹是已知圆弧的同心圆弧,其半径为R_1-R。两圆心连线的延长线与已知圆弧的交点K即为切点

(2)圆弧连接的作图方法　无论哪种形式的圆弧连接,首先都要求出连接弧的圆心,再找出切点(连接点),最后画出连接弧。圆弧连接的作图步骤见表1-8。

5. 椭圆的画法

精确的绘制椭圆应使用椭圆规或计算机绘图来完成,图1-23所示为常用的椭圆尺规近似画法。其画法是用四段圆弧连接起来代替椭圆曲线(又称四心法画椭圆)。

第一章 制图的基本知识和技能

表1-8 圆弧连接的作图步骤

形　式	实　例	作　图	步　骤
两直线间的圆弧连接			(1) 分别作与两已知直线距离为 R 的平行线,其交点 O 即为连接圆弧的圆心。 (2) 过 O 点分别作两已知直线的垂线,得垂足 K_1 和 K_2,即为切点。 (3) 以 O 为圆心,R 为半径在两切点 K_1、K_2 之间作圆弧,即为所求。
两圆弧间的圆弧连接			(1) 分别以 O_1、O_2 为圆心,R_1+R 和 R_2+R 为半径画圆弧得交点 O,即为连接圆弧的圆心。 (2) 连接 OO_1、OO_2 与已知圆弧分别交于 K_1、K_2,即为切点。 (3) 以 O 为圆心,R 为半径在两切点 K_1、K_2 之间作圆弧,即为所求。
			(1) 分别以 O_1、O_2 为圆心,$R-R_1$ 和 $R-R_2$ 为半径画圆弧得交点 O,即为连接圆弧的圆心。 (2) 连接 OO_1、OO_2 并延长与已知圆弧分别交于 K_1、K_2 即为切点。 (3) 以 O 为圆心,R 为半径在两切点 K_1、K_2 之间作圆弧,即为所求。
两圆弧间的圆弧连接			(1) 分别以 O_1、O_2 为圆心,R_1+R 和 R_2-R 为半径画圆弧得交点 O,即为连接圆弧圆心。 (2) 连接 OO_1、OO_2 并延长 O_2O 与已知圆弧分别交于 K_1、K_2,即为切点。 (3) 以 O 为圆心,R 为半径在两切点 K_1、K_2 之间作圆弧,即为所求。
直线和圆弧间的圆弧连接			(1) 作与已知直线距离为 R 的平行线。 (2) 以 O_1 为圆心,R_1+R 为半径画圆弧与平行线交于 O,即为连接圆弧的圆心。 (3) 过 O 作已知直线垂线,得垂足 K_2,连接 OO_1 与已知圆弧交于 K_1,则 K_1、K_2 为切点。 (4) 以 O 为圆心,R 为半径,在 K_1、K_2 之间作圆弧,即为所求。

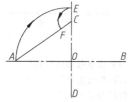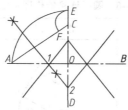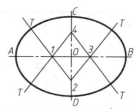

(a) 画出长轴AB和短轴CD。连接AC。以O为圆心，OA为半径画弧，与DC的延长线交于点E；再以C为圆心，CE为半径画弧，与AC交于点F。

(b) 作AF的垂直平分线，与AB交于1，与CD交于2。

(c) 取O3=O1、O4=O2，得3、4点，分别以2、4为圆心，2C为半径画大圆弧。再分别以1、3为圆心，1A为半径画小圆弧，切点T位于相应的圆弧连线上。

图 1-23　椭圆的近似画法

第四节　制图方法与技巧

绘制工程图样有三种方法：尺规绘图、徒手绘图和计算机绘图。尺规绘图是绘制各类工程图样的基础，具备良好的尺规绘图能力，才有可能借助其他绘图手段和工具绘制出高质量的工程图。本节将介绍尺规绘图及徒手绘图的基本方法与技能，计算机绘图将在第十章介绍。

一、尺规绘图

尺规绘图是借助丁字尺、三角板、圆规、分规等绘图工具和仪器进行手工操作的一种绘图方法，是计算机绘图的基础。

尺规绘图步骤及方法如下。

1. 绘图前的准备工作

准备工具、固定图纸。准备好所用的绘图工具和仪器并擦拭干净，按绘制图线的要求削磨好铅笔及圆规上的笔芯。根据绘制对象的尺寸、难易和所选比例选择图幅。将选好的图纸用胶带固定在图板偏左、偏下的位置，并使图纸下边与丁字尺的上边平齐，与图板底边的距离大于丁字尺的宽度，固定好的图纸要平整。将各种用具放在固定的位置，不用的物品不要放在图板上。

2. 画图框及标题栏

按国标规定的幅面尺寸和标题栏位置，用细实线绘制图框和标题栏（见图 1-3），待图纸完工后再对图框线加深、加粗（注：预先印制好图框的图纸省略此步骤）。

3. 布置图形

根据设想好的布局方案先画出各图形的基准线，如中心线、对称线和物体主要平面（如零件底面）的线。

4. 画底稿

先画各图形的主要轮廓线，然后画细节。

绘制底稿时用2H铅笔，铅笔磨成锥形（见图1-7），画线时要尽量细和轻淡，以便于擦除和修改；要按图形尺寸和绘图比例准确绘制；要尽量利用投影关系，几个图形同时绘制，以提高绘图速度。底稿绘制完成后，经校核，修正错误并擦去多余的作图线。

5. 标注尺寸

标注尺寸时，先画出尺寸界限、尺寸线和尺寸箭头，再注写尺寸数字、技术要求和尺寸公差、形位公差等。

6. 图线加深

按图线标准加深图线（用削磨好 2B 或 B 型铅笔加深粗实线等粗线，HB 或 H 型铅笔加深虚线、细实线、细点画线等各类细线。画圆时圆规的铅芯，应比画相应直线的铅芯软一号）。加深图线的顺序一般是：先曲后直、先细后粗、先左后右、先水平后垂直。图形完成后，画其他符号。

7. 填写标题栏

经仔细检查图纸后，填写标题栏中的各项内容，完成全部绘图工作。

二、徒手绘图

徒手绘图是一种不借助尺规等绘图工具，而按目测比例徒手画出图样的方法。徒手绘图并不是潦草的绘图，具体绘图步骤与尺规图完全相同。徒手绘图仍应做到：图形正确，线型分明，比例匀称，字体工整，图面整洁。画徒手图一般用 HB 或 B 铅笔，常在印有色线格纸上画图。

徒手绘图是工程技术人员必须具备的一种重要技能，只有经过不断实践，才能逐步提高徒手绘图的水平。

各种图线的徒手画法如下。

(1) 直线　画直线时，眼睛看着图线的终点，用力均匀，一次画成。画短线常用手腕运笔，画长线则以手臂动作，且肘部不宜接触纸面，否则不易画直。作较长线时，也可以用目测在直线中间定出几个点，然后分段画。水平线由左向右画，铅垂线由上向下画，如图1-24 所示。

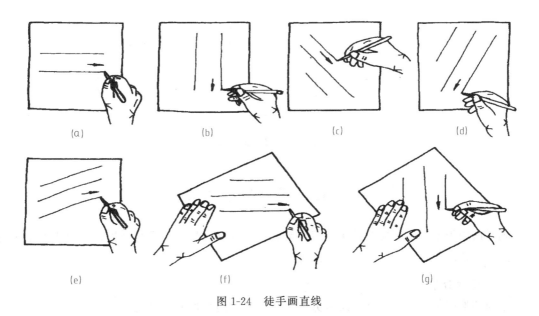

图 1-24　徒手画直线

(2) 圆　画圆时，先徒手作两条互相垂直的中心线，定出圆心，再根据直径大小，用目测估计半径大小，在中心线上截得四点，然后徒手将各点连接成圆 [见图1-25（a）]。当所画的圆较大时，可过圆心多作几条不同方向的直径线，在中心线和这些直径线上按目测定出若干点后，再徒手连成圆 [见图1-25（b）]。

当圆的直径很大时，可用图1-26 所示的方法。

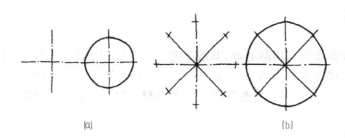

图 1-25　徒手画圆

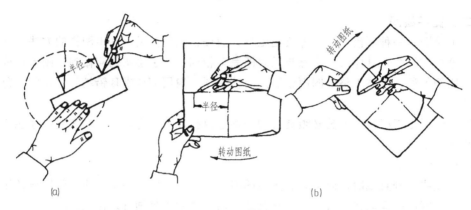

图 1-26　徒手画大圆

（3）椭圆　根据椭圆的长短轴，目测定出其端点位置，过四个端点画一矩形，徒手作椭圆与此矩形相切，如图 1-27 所示。

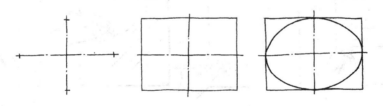

图 1-27　徒手画椭圆

第五节　平面图形的画法

画平面图形前，首先要对图中的尺寸和线段之间的连接关系进行分析，以便明确作图顺序，正确快速地画出平面图形并标注尺寸。

一、尺寸分析

平面图形中的尺寸，按其作用可分为定形尺寸和定位尺寸两大类。

1. 定形尺寸

确定平面图形中各部分（几何元素）形状和大小的尺寸为定形尺寸。如直线段的长度，圆的直径、半径，角度的大小等尺寸，如图 1-28 中的 20、$\phi15$、$\phi27$、$R3$、$R40$ 等尺寸。

2. 定位尺寸

确定图形中各部分（几何元素）之间相对位置的尺寸为定位尺寸。如圆心位置、直线位置的尺寸，如图1-28中的60、10、6等尺寸。

定位尺寸从尺寸基准出发进行标注。确定尺寸位置的几何元素，称为尺寸基准。在平面图形中，几何元素指点和线。标注尺寸时，应先确定图形的长度和宽度两个方向的基准。

二、线段分析

平面图形中的线段，根据其定位尺寸是否齐全，分为已知线段、中间线段、连接线段三类。

1. 已知线段

已知线段定形尺寸和定位尺寸齐全，能根据已知尺寸直接画出的线段。如图1-28中 $\phi 27$、$R32$ 等线段。

2. 中间线段

中间线段只有定形尺寸和一个方向的定位尺寸，另一个定位尺寸必须根据相邻线段的几何关系求得，才能画出的线段。如图1-28中 $R27$、$R15$ 等线段。

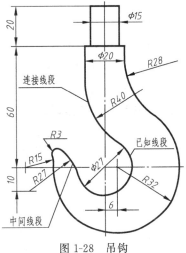

图 1-28 吊钩

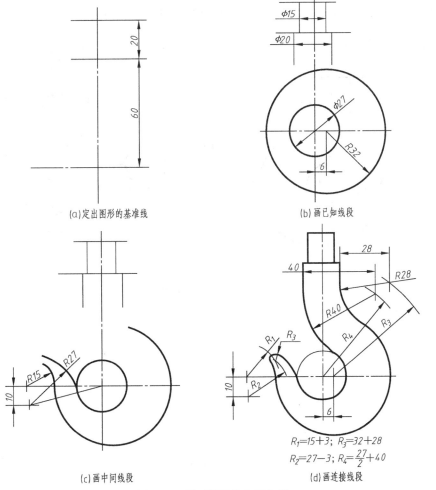

$R_1=15+3$；$R_3=32+28$

$R_2=27-3$；$R_4=\dfrac{27}{2}+40$

(a) 定出图形的基准线　　(b) 画已知线段

(c) 画中间线段　　(d) 画连接线段

图 1-29 平面图形的作图步骤

3. 连接线段

连接线段只有定形尺寸，其定位尺寸必须依靠两端相邻线段的连接关系求得，才能画出的线段。如图 1-28 中 $R40$、$R3$、$R28$ 等线段。

分析上述三类线段的含义，结合图 1-28 中图线的连接情况，不难得出线段光滑连接的一般规律：在两条已知线段之间可以有任意条中间线段，但必须而且只能有一条连接线段。

三、平面图形的绘图步骤

通过对平面图形的尺寸与线段分析可知，在绘制平面图形时，首先应画已知线段，然后再画中间线段、连接线段。

下面以图 1-28 所示的吊钩为例，说明平面图形的绘图方法和步骤。

① 分析平面图形中的尺寸和线段，确定哪些是已知线段、中间线段或连接线段。
② 确定作图基准线，如图 1-29（a）所示。
③ 画出已知线段，如图 1-29（b）所示。
④ 画出中间线段，如图 1-29（c）所示。
⑤ 画连接线段，如图 1-29（d）所示。
⑥ 检查无误后，擦去多余的作图线，审核图形，加深图线。
⑦ 选择尺寸基准，如图 1-30（a）所示。
⑧ 标注定位尺寸、定形尺寸，完成绘图，如图 1-30（b）所示。

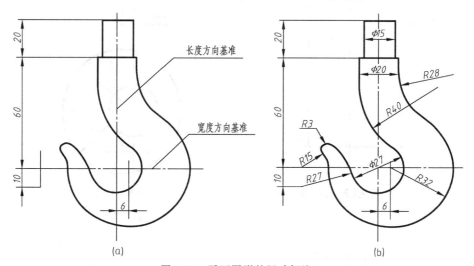

图 1-30　平面图形的尺寸标注

第二章 投影基础

第一节 投影法和三视图

一、投影法

空间物体都有长度、宽度和高度,那么怎样才能把物体的形状和大小在平面上准确而全面地反映出来呢?当灯光或日光照射物体时,在地面或墙面上便会产生物体的影子。人们对这种现象经过科学的抽象,总结出了影子和物体之间的几何对应关系,逐步形成了投影法,使在图纸上准确而全面地表达物体形状和大小的要求得以实现。

用投射线投射物体,在选定的面上得到图形的方法,称为投影法。按照投影法所得的图形,称为投影。投影法中,得到投影的面称为投影面。

在图 2-1 中,光源 S 为投影中心,平面 P 为投影面,在投影中心 S 和投影面 P 之间有 $\triangle ABC$。由投影中心发出的投射线 SA、SB、SC 与投影面 P 分别交于点 a、b、c,$\triangle abc$ 就是 $\triangle ABC$ 在投影面 P 上的投影。

投影法分为中心投影法和平行投影法两种。

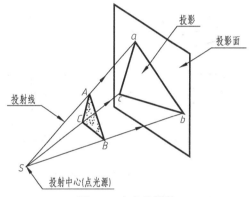

图 2-1 中心投影法

1. 中心投影法

投射线都是从一点发出的投影法,称为中心投影法,如图 2-1 所示。

采用中心投影法所得的投影,其大小随着投影面、物体以及投影中心三者间的距离变化而变化。因此,中心投影法不能反映物体的真实大小。

2. 平行投影法

投射线相互平行的投影法,称为平行投影法,如图 2-2 所示。

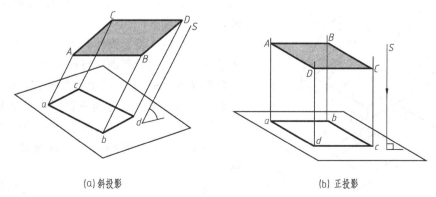

(a) 斜投影　　　　　　　　　　　(b) 正投影

图 2-2 平行投影法

平行投影法，其投射线互相平行，如仅改变物体与投影面的距离，所得投影的形状和大小不发生改变。根据投射线与投影面之间的角度关系，平行投影法可分为斜投影法和正投影法。投射线与投影面倾斜的平行投影法，称为斜投影法，如图 2-2（a）所示。投射线与投影面垂直的平行投影法，称为正投影法，如图 2-2（b）所示。

用正投影法所得的图形称为正投影。正投影法是技术制图的主要理论基础。

二、正投影的基本性质

（1）真实性　当直线（或平面）平行于投影面时，其投影反映线段的实长（或平面实形）。如图 2-3 中，平面 P 和直线 BC 均平行于投影面，它们的投影 p、bc 反映其在空间的真实形状。

（2）积聚性　当直线（或平面）垂直于投影面时，其投影积聚为点（或直线），如图 2-4 中，形体垂直于投影面的各条棱线在投影面上的投影积聚成点，平面的投影积聚成直线。

（3）类似性　当直线或平面倾斜于投影面时，直线的投影变短；平面的投影为原平面图形的类似形，但面积较原图形变小，如图 2-5 所示。

图 2-3　正投影的真实性

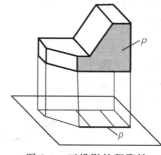
图 2-4　正投影的积聚性

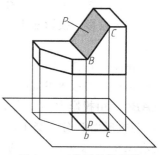
图 2-5　正投影的类似性

三、三视图的形成及相互关系

1. 三视图的形成

（1）三视图的形成　设置三个相互垂直的投影面，如图 2-6 所示。三个投影面分别为正投影面（V）、水平投影面（H）、侧投影面（W），它们共同组成一个三投影面体系，它们之间的交线为投影轴，分别用 OX、OY、OZ 表示，投影轴的交点 O 为原点。V 面和 H 面的交线为 OX 轴，表示长度方向；H 面和 W 面的交线为 OY 轴，表示宽度方向；V 面和 W 面的交线为 OZ 轴，表示高度方向。

将物体放在投影面体系中（使物体表面的线、面尽可能多地与投影面平行或垂直），按投影的方法分别从 S、S_1、S_2 三个方向向 H、V、W 投影面投射，所得的投影称为三视图。在 V 面上得到的投影为主视图、在 H 面上得到的投影为俯视图、在 W 面上得到的投影为左视图，如图 2-6 所示。

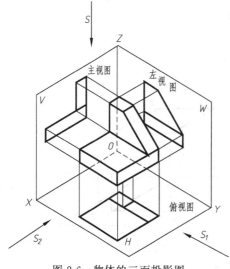
图 2-6　物体的三面投影图

（2）投影面的展开　为了将三投影体系中的各个视图画在同一平面上，保持 V 面不动，将 H

面绕 OX 轴向下旋转 $90°$；将 W 面绕 OZ 轴向右旋转 $90°$，如图 2-7（a）所示，使 V、H、W 三个投影面处于同一平面，获得同一平面上的三个视图，如图 2-7（b）所示。此时，OY 轴分为两处，分别用 OY_H 轴（在 H 面上）和 OY_W 轴（在 W 面上）表示。画三视图时，由于投影面的大小及物体距投影面距离与视图的大小无关，因此，不需画出投影面的边界和轴线，视图之间的距离可根据图纸幅面和视图的大小来确定，如图 2-7（c）所示。

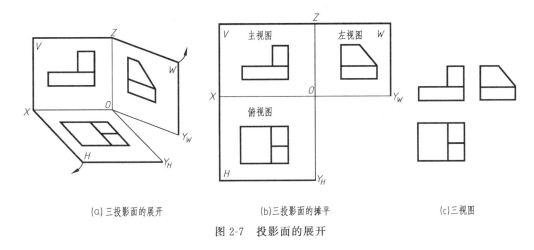

(a) 三投影面的展开　　　　(b) 三投影面的摊平　　　　(c) 三视图

图 2-7　投影面的展开

2. 三视图之间的关系

（1）位置关系　按照三面投影体系展开的位置来布置三视图，不需要标注视图的名称，如图 2-7（c）所示。

（2）尺寸关系　任何物体都有长、宽、高三个方向的尺寸。从物体的投影可以看出，每一个视图都反映了物体两个方向的尺寸。主视图反映物体长度和高度方向的尺寸（即能表达物体上平行于 V 面的平面的实形）；俯视图反映物体长度和宽度方向的尺寸（即能表达物体上平行于 H 面的平面的实形）；左视图反映物体高度和宽度方向的尺寸（即能表达物体上平行于 W 面的平面的实形），如图 2-8 所示。

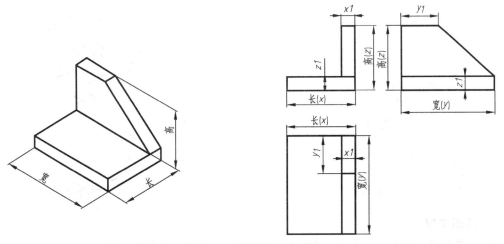

图 2-8　三视图的尺寸关系

三视图之间的投影规律可以归纳为：主视图与俯视图，长对正；主视图与左视图，高平齐；俯视图与左视图，宽相等。

(3) 方位关系 当物体被放置在三投影面体系中时,我们指定主视方向靠近观察者的为物体的前面,如图 2-9 所示。主视图反映了物体的左、右和上、下方位;俯视图反映了物体的左、右和前、后方位;左视图反映了物体的上、下和前、后方位。

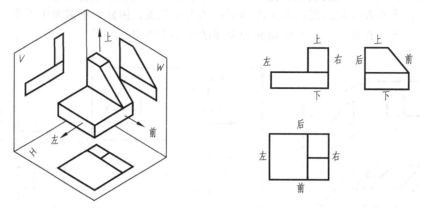

图 2-9 三视图反映的方位关系

从三视图中可知,靠近主视图的一边都是物体的后面,远离主视图的一边都是物体的前面。

四、三视图的绘制

1. 确定物体的位置

将物体自然放平,尽量使物体的大部分表面与三个投影面分别平行或垂直,如图 2-10 所示。

2. 确定主视图的投影方向

应选择最能反映物体形状特征和位置特征的方向作为主视图的投射方向,如图 2-10 中箭头所指的主视图方向。从另两个方向分别进行投射,得到物体的左视图和俯视图,如图 2-11 所示。

图 2-10 由物体画视图

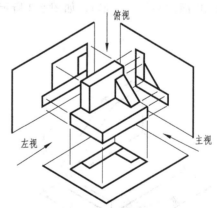

图 2-11 三个视图的观察方向

3. 绘图步骤

绘图时按投影规律从主视图开始,逐个地进行,作图过程如图 2-12 所示。

① 画出各视图的定位线,如图 2-12（a）所示。

② 先画主视图,用铅垂线保证主、俯视图长对正,用水平线保证主、左视图高平齐,用 45°斜线保证俯、左视图宽相等,画出对应的俯视图和左视图,如图 2-12（b）~（d）

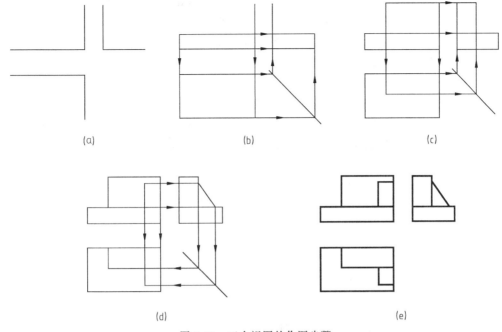

图 2-12 三个视图的作图步骤

所示。

③ 擦去多余图线，按线型要求加深图线，完成全图，如图 2-12（e）所示。

第二节 点、直线、平面的投影

点、线、面是构成物体形状的基本几何元素。为正确表达物体形状，必须先掌握这些基本几何元素的投影规律。

一、点的投影

1. 点的投影规律

如图 2-13（a）所示，将点 A 分别向 H、V、W 面投射，得到的投影分别为 a、a'、a''。投影面展开后，得到图 2-13（b）的三面投影图。由投影图可以看出，点的投影有如下规律。

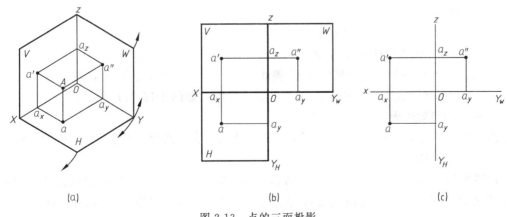

图 2-13 点的三面投影

① 点在 V 面和 H 面上投影的连线垂直于 OX 轴，即 $aa' \perp OX$（即长对正）。

② 点在 V 面和 W 面上投影的连线垂直于 OZ 轴，即 $a'a'' \perp OZ$（即高平齐）。

③ 点在 H 面上投影至 OX 轴的距离等于其在 W 面上投影至 OZ 轴的距离，即：$aa_x = a''a_z = a_y$（A 点到 V 面的距离 Aa'，即宽相等）。

2. 点的投影与直角坐标的关系

点的空间位置可用直角坐标来表示，即把投影面当作坐标面，投影轴当作坐标轴，O 为坐标原点。从图 2-14 中可以看出，空间点 A 到 W 面的距 Aa'' 平行且等于 OX 轴上的线段 oa_x。将 oa_x 称为 A 点的 X 向坐标，并以 x 表示其大小。同理可得到点的其他坐标与距离的关系。具体表达式如下：

$x = oa_x = A$ 点到 W 面的距离 Aa''；

$y = oa_y = A$ 点到 V 面的距离 Aa'；

$z = oa_z = A$ 点到 H 面的距离 Aa；

点的坐标的书写形式为：$A(x, y, z)$。

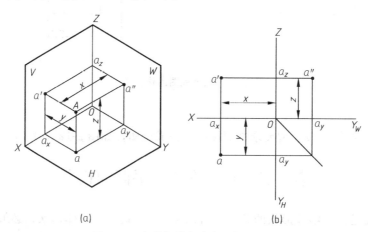

图 2-14　点的投影与直角坐标的关系

因为点的投影与其坐标值是一一对应的，所以，可以直接从点的三面投影图中量得该点的坐标值。反之，根据所给定的点的坐标值，可按点的投影规律画出其三面投影图。

【例 2-1】　已知点 $A(20, 15, 30)$，求该点的三面投影图。

作图步骤：

① 画出投影轴；

② 在 OX 轴上量取 $oa_x = 20$，如图 2-15（a）所示；

③ 过 a_x 作 OX 轴的垂线，量取 $a'a_x = 30$，$aa_x = 15$，如图 2-15（b）所示；

④ 过 a 作 OX 轴的平行线使之与 45°斜线相交于一点，由该点作 OY_W 轴的垂线与过 a' 所作 OZ 轴的垂线相交于 a''，即得点 A 的三面投影图，如图 2-15（c）所示。

3. 两点的相对位置

两点在空间的相对位置，可由这两点同面投影沿左右、前后、上下三个方向的坐标差来确定，如图 2-16 所示。

由图 2-16（b）中可以判别：$B_z > A_z$，所以 B 点在 A 点的上侧，距离为 Δz；$B_y < A_y$，B 点在 A 点的后侧，距离为 Δy；$B_x < A_x$，B 点在 A 点的右侧，距离为 Δx。

在图 2-17 中所示 A、B 两点的投影中，a' 和 b' 重合，这说明 A、B 两点的 X、Z 坐标

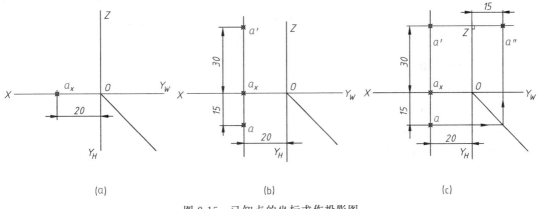

图 2-15 已知点的坐标求作投影图

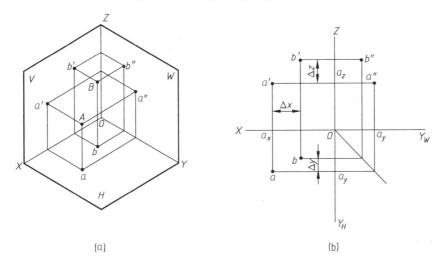

图 2-16 两点的相对位置

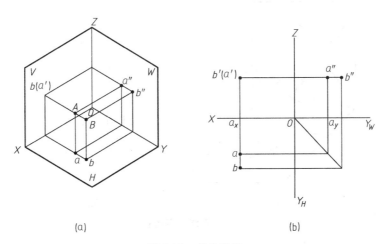

图 2-17 点的重影

相同，即 A、B 两点处于对正面的同一条投射线上。可见，位于同一投射线上的两点，必在相应的投影面上有重合的投影，这个重合的投影称为两个点在该投影面上的重影点。

判断重影点的可见性，可根据"上遮下，左遮右，前遮后"的原则进行，查看投影不重合的那个投影面上两点的坐标值,值大者为可见。图 2-17(b)中,V 面上 a'、b' 重合(Y 不同坐标),$Y_B > Y_A$,B 在前 A 在后,因此对 V 面来说,b' 可见,a' 不可见。投影图中,不可见点的投影需加圆括号表示,如图 2-17(b)所示。

二、直线的投影

1. 直线的投影

直线的投影可由直线上任两点的同面投影来确定。如图 2-18(a)所示,分别作出直线 AB 上两端点 A 和 B 的三面投影,用直线连接两点的同面投影得到 ab、$a'b'$ 和 $a''b''$ 即为 AB 的三面投影,如图 2-18(b)、(c)所示。

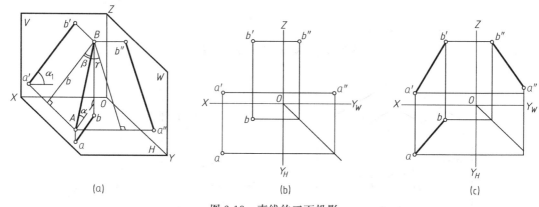

图 2-18 直线的三面投影

2. 直线上点的投影

直线上点的投影具有以下特性。

① 点在直线上,则点的投影一定在该直线的同面投影上。反之,若点的各投影均在直线的各同面投影上,则点必在该直线上,如图 2-19 中 M 点的投影。若有一个投影不在直线上,则该点必不在直线上,图 2-19 中 K 点则不在 AB 线上。

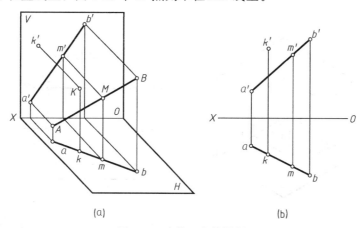

图 2-19 直线上点的投影

② 直线上的点分割直线之比与其投影分割该直线同面投影之比相等。见图 2-19,点 M 在直线 AB 上,则 $AM : MB = am : mb = a'm' : m'b' = a''m'' : m''b''$。

3. 各种位置直线的投影

直线与投影面的相对位置有三种:平行、垂直、倾斜。前两种又称为特殊位置直线,后一种又称为一般位置直线。

(1) 投影面的平行线　平行于一个投影面并倾斜于另外两个投影面的直线称为投影面的平行线。

平行于 H 面的直线，称为水平线；平行于 V 面的直线，称为正平线；平行于 W 面的直线，称为侧平线。

投影特性：直线在所平行的投影面上的投影反映实长，同时反映该直线与另外两个投影面之间的真实夹角；在另两面的投影平行于相应的投影轴。各种投影面平行线图例及投影特性见表 2-1。

表 2-1　投影面平行线图例及投影特性

项目	正平线	水平线	侧平线
直观图	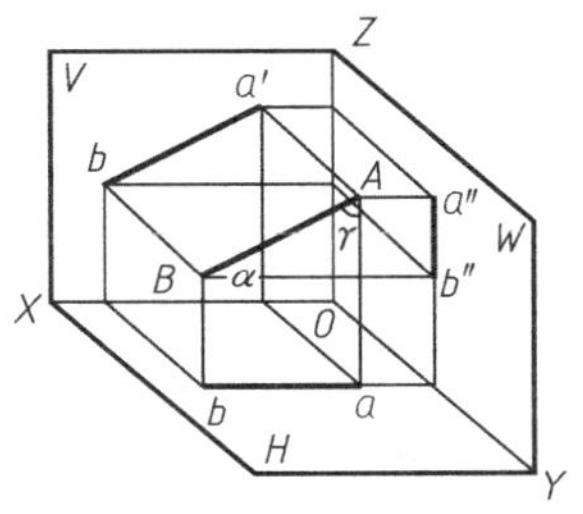	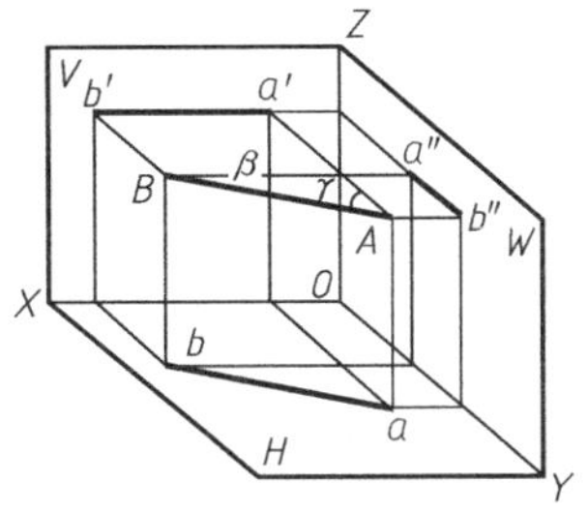	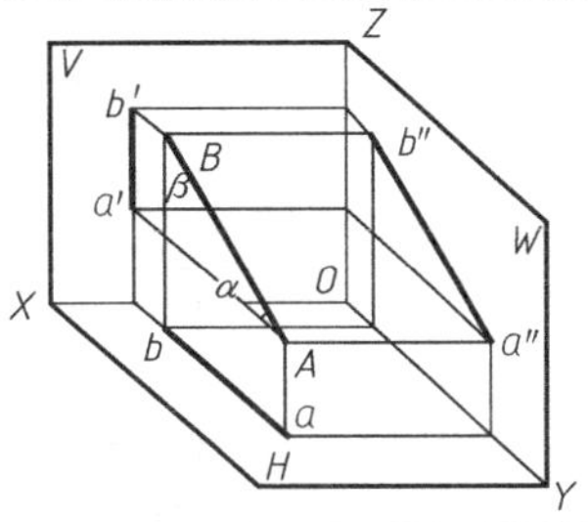
投影图	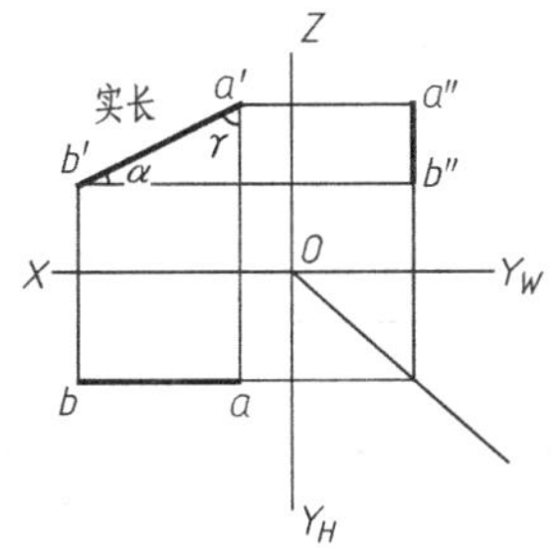	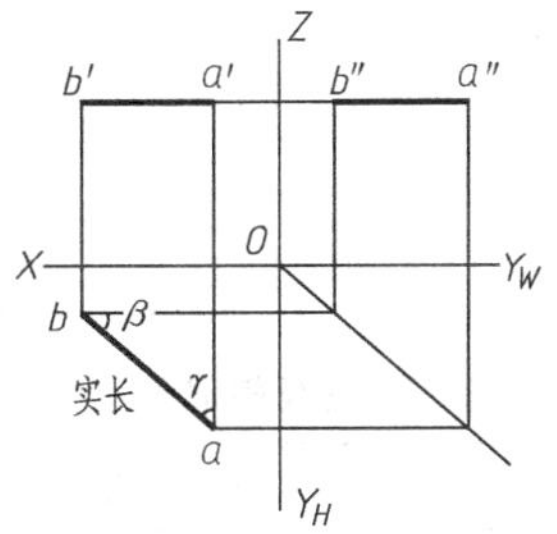	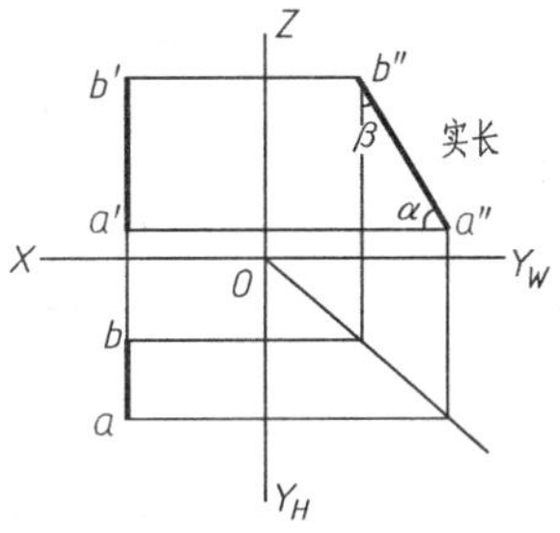
投影特性	(1) 正面投影反映实长，即 $a'b'=AB$ (2) 水平投影 $ab/\!/OX$，侧面投影 $a''b''/\!/OZ$，短于实长	(1) 水平投影反映实长，即 $ab=AB$ (2) 正面投影 $a'b'/\!/OX$，侧面投影 $a''b''/\!/OY_W$，短于实长	(1) 侧面投影反映实长，即 $a''b''=AB$ (2) 水平投影 $ab/\!/OY_H$，正面投影 $a'b'/\!/OZ$，短于实长

(2) 投影面的垂直线　垂直于一个投影面的直线，称为投影面垂直线。垂直于 H 面的直线，称为铅垂线；垂直于 V 面的直线，称为正垂线；垂直于 W 面的直线，称为侧垂线。

投影特性：直线在所垂直的投影面上具有积聚性；在另两面投影皆反映实长，分别垂直于相应的投影轴。各种投影面垂直线图例及投影特性见表 2-2。

(3) 一般位置直线　与三个投影面都倾斜的直线，称为一般位置直线，如图 2-19 所示的 AB 直线。

投影特性：一般位置直线在各投影面上的投影均为倾斜与相应的投影轴并且长度均小于实长。

4. 两直线的相对位置

空间两直线的相对位置有：平行、相交和交叉三种情况。它们的投影特性见表 2-3。判断两直线的相对位置时，若两直线的各组同面投影都平行，则两直线平行，否则不平行；若两直线各面的同面投影都不平行，且各面投影上的交点都符合点的投影规律，则为相交两直线，否则为交叉两直线。

表 2-2 投影面垂直线的图例及投影特性

项目	正垂线	铅垂线	侧垂线
直观图	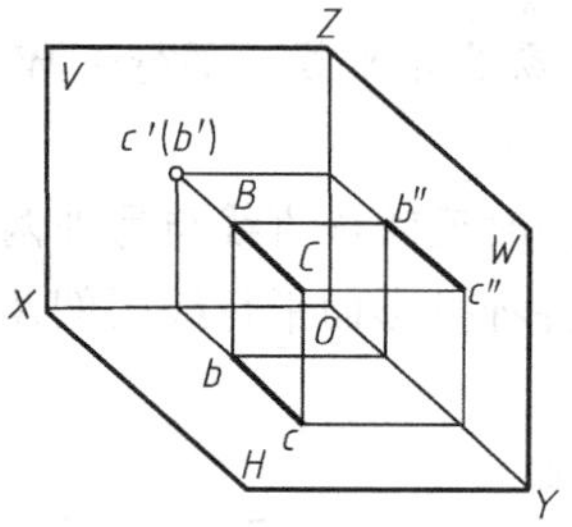	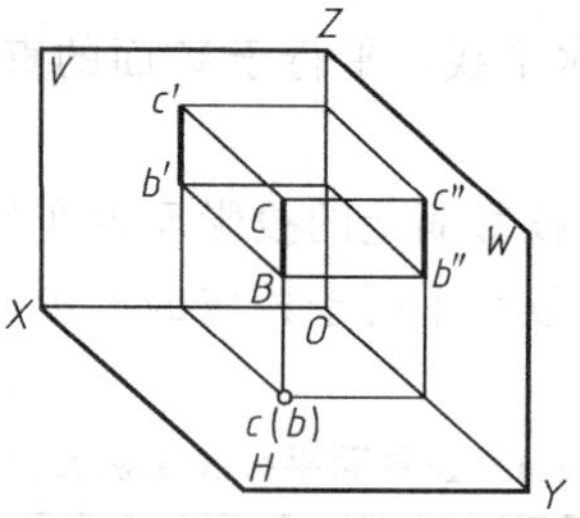	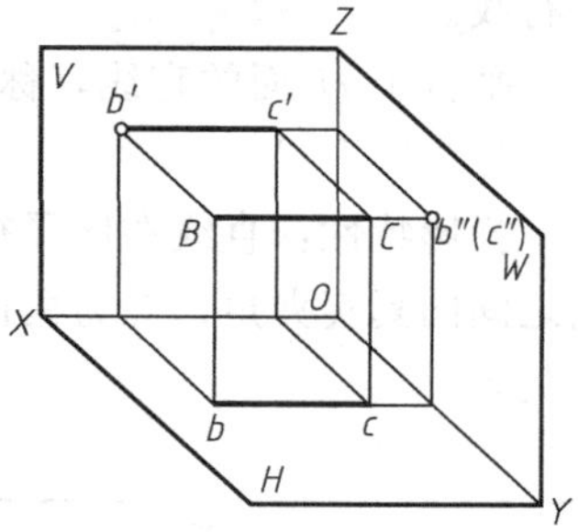
投影图	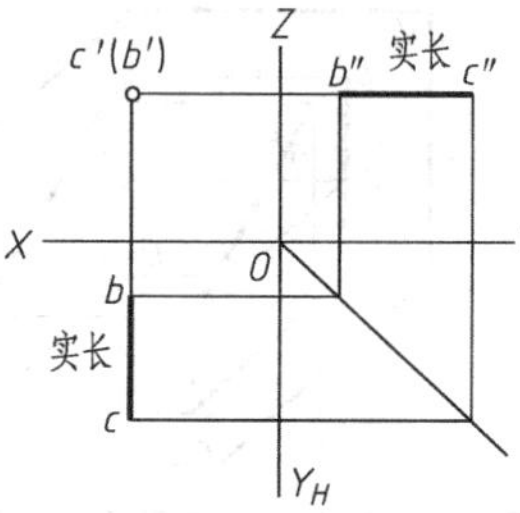	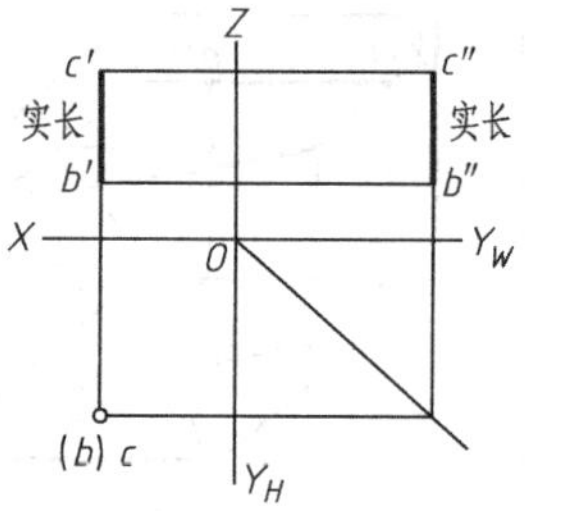	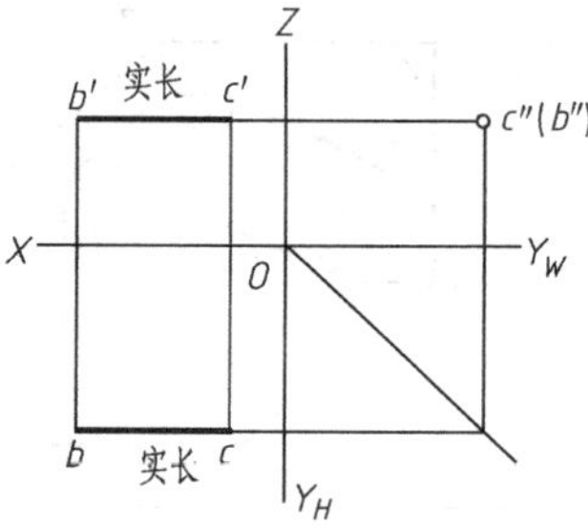
投影特性	(1)正面投影积聚成一点 $c'(b')$ (2)水平和侧面投影反映实长 $cb=c''b''=CB$, $cb \perp OX$, $c''b'' \perp OZ$	(1)水平投影积聚成一点 $c(b)$ (2)正面和侧面投影反映实长 $c'b'=c''b''=CB$, $c'b' \perp OX$, $c''b'' \perp OY_W$	(1)侧面投影积聚成一点 $c''(b'')$ (2)水平和正面投影反映实长 $c'b'=CB$, $cb \perp OY_H$, $c'b' \perp OZ$

表 2-3 两直线相对位置投影特性

项目	两直线平行	两直线相交	两直线交叉
直观图			
投影图			
投影特性	各同面投影平行	各同面投影相交,且交点符合点的投影规律	两直线的同面投影可能有交点,但是只是两直线在该投影面的重影点

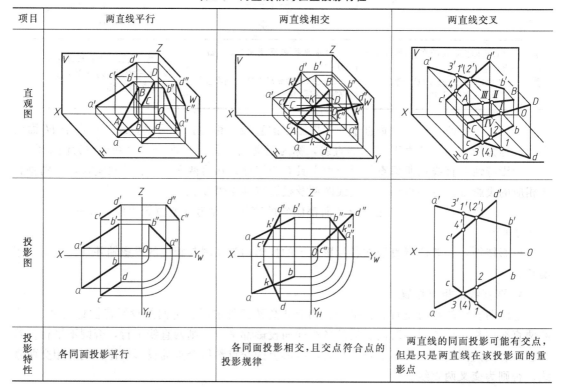

【例 2-2】 判断图 2-20（a）中，直线 AB、CD 的相对位置。

方法一：求出两直线在侧面的投影 $a''b''$、$c''d''$，如图 2-20（b）所示。水平投影 ab、cd 的交点与 $a''b''$、$c''d''$ 的交点不符合点的投影规律（e 是 E_1、E_2 在 H 面的重影点），所以直线 AB 和 CD 交叉。

方法二：利用定比分割的原理判断，如图 2-20（c）所示。

① 假设直线 AB 与 CD 在 V 面上的交点为 f'。

② 在 H 面上，过 a 作任一线段（与 ab 成锐角），在其上量取 $ab' = a'b'$（AB 的正面投影）、$af' = a'f'$（正面投影）。

③ 连 b' 和 b，过 f' 作 $f'f_1 /\!/ b'b$，与 ab 交于 f_1，即为 AB 线上 F 点的水平投影。因为 f 不在 ab 和 cd 的交点处，所以直线 AB、CD 交叉。

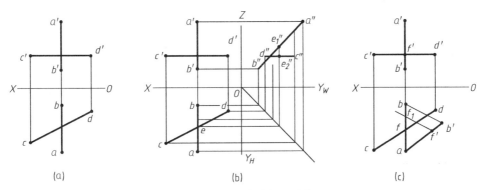

图 2-20 判断两直线的相对位置

三、平面及平面上直线和点的投影

这里所研究的平面，均指平面的有限部分（平面图形）。平面图形的边是由线段（直线或曲线）组成的。因此，平面图形的投影就是组成其平面图形各线段投影的集合，如图 2-21 所示。

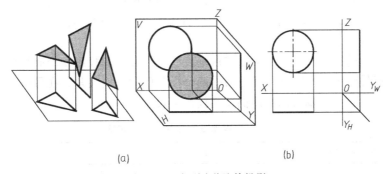

图 2-21 平面图形及其投影

1. 各位置平面的投影

平面按其相对于投影面的位置分为三种：投影面的平行面、投影面的垂直面和一般位置面。

（1）投影面的平行面 平行于投影面的平面，称为投影面的平行面。平行于 V 面的平面，称为正平面；平行于 H 面的平面，称为水平面；平行于 W 面的平面，称为侧平面。

投影面平行面的投影特性：平面在与其平行的投影面上的投影反映实形，在另两投影面上的投影积聚成直线，并分别平行于相应的投影轴。各种投影面平行面的图例及其投影见表 2-4。

表 2-4 投影面平行面

项目	直 观 图	投 影 图	投 影 特 性
正平面	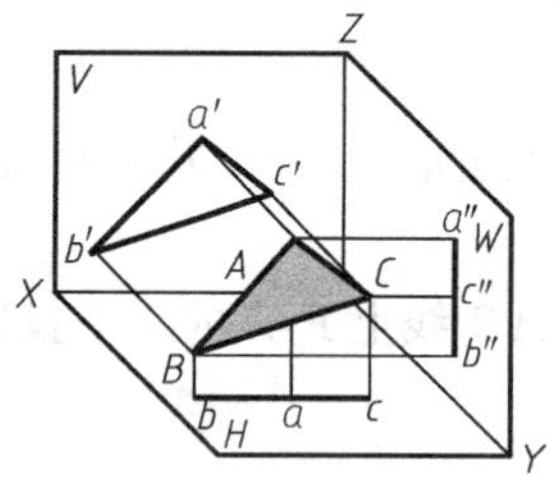	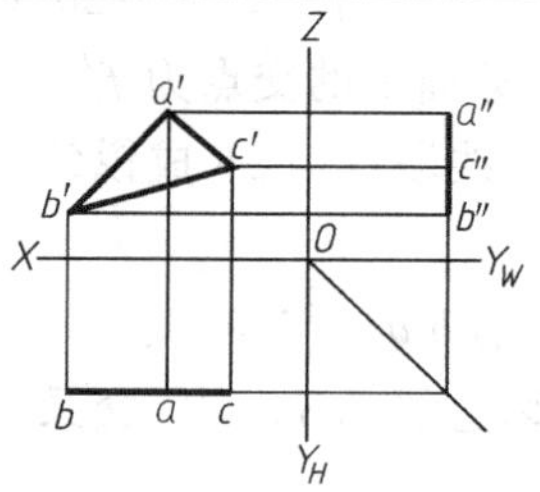	(1)正面投影反映实形 (2)水平和侧面投影积聚成直线且平行于相应的投影轴
水平面	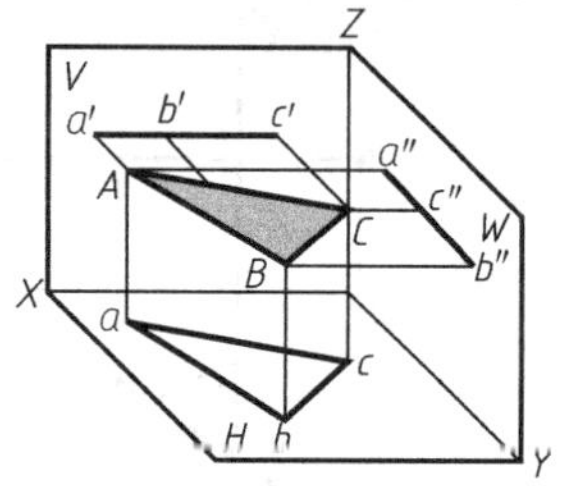	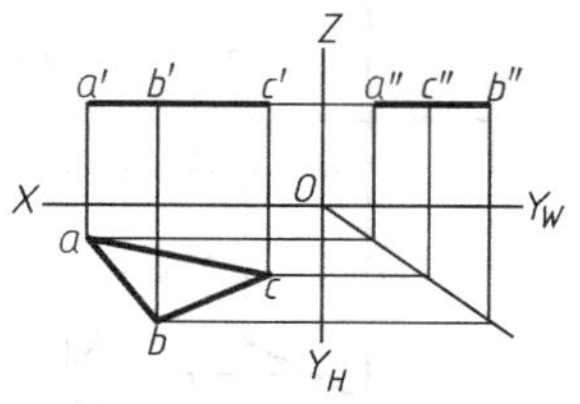	(1)水平投影反映实形 (2)正面和侧面投影积聚成直线且平行于相应的投影轴
侧平面	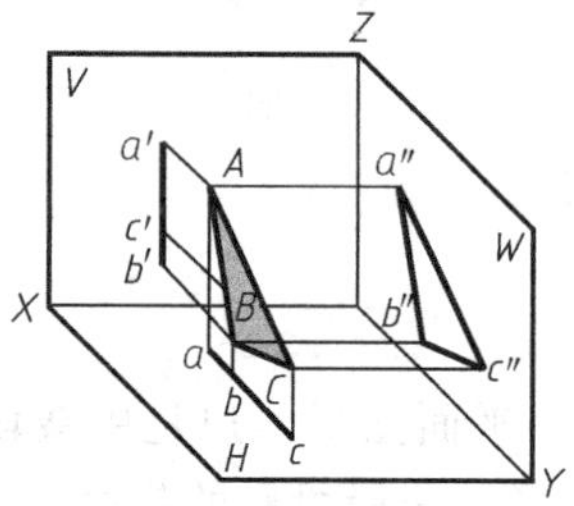	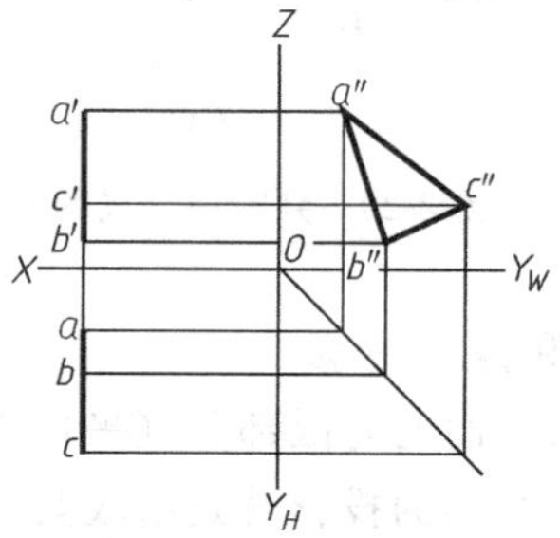	(1)侧面投影反映实形 (2)水平和正面投影积聚成直线且平行于相应的投影轴

（2）投影面的垂直面　垂直于一个投影面并与另外两投影面倾斜的平面，称为投影面的垂直面。垂直于 V 面的平面，称为正垂面；垂直于 H 面的平面，称为铅垂面；垂直于 W 面的平面，称为侧垂面。

投影面垂直面的投影特性：平面在其所垂直的投影面上的投影积聚成与投影轴倾斜的直线，直线与投影轴的夹角反映该平面与另外两个投影面的真实夹角；在另两投影面上的投影均为类似形。各种投影面垂直面的图例及其投影见表 2-5。

表 2-5 投影面垂直面与一般位置面

项目	直 观 图	投 影 图	投 影 特 性
正垂面	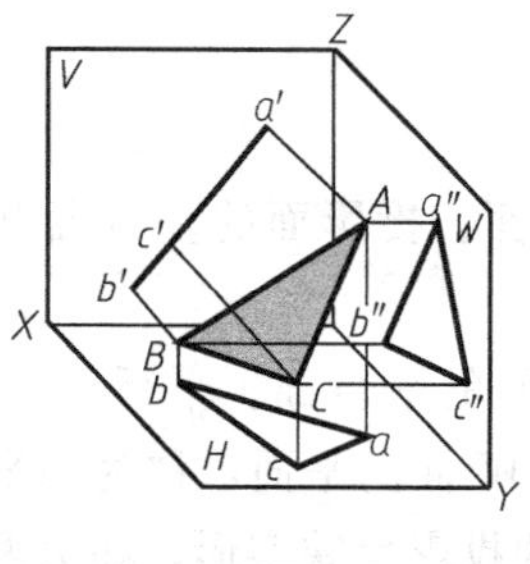	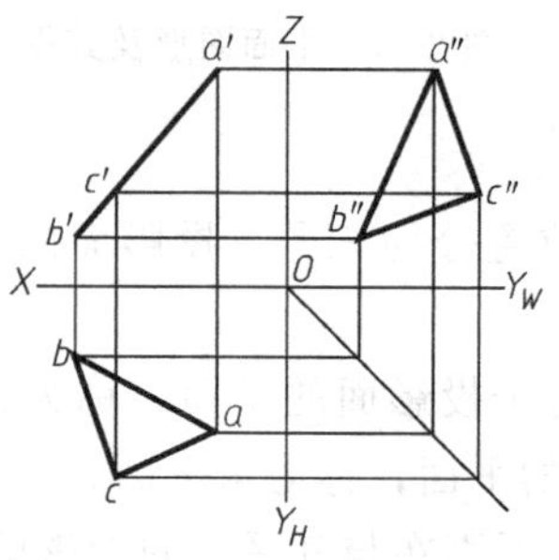	(1)正面投影积聚成一条线 (2)水平和侧面投影为类似形

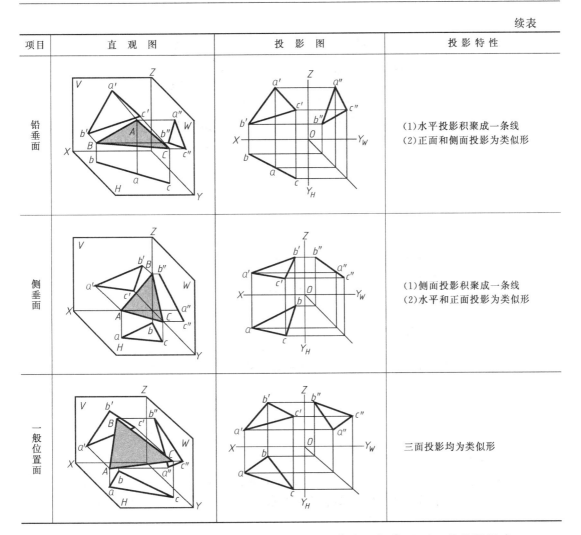

（3）一般位置面　与三个投影面都倾斜的平面，称为一般位置面，其投影见表 2-5。一般位置面的三个投影都没有积聚性，均不反映实形，是平面的类似形。

2. 平面上的点和直线

（1）平面上的点　平面上的点，必通过平面上的一条直线，点的投影，必然在通过该点的直线的同面投影上。

（2）平面上的直线　平面上的直线必符合下列条件之一。

① 直线通过平面内的两个已知点；

② 直线通过平面内的一个已知点，且平行于平面内的一条已知直线。

在图 2-22（a）△ABC 平面中，直线 KL 过 AB 和 BC 上的 K 点和 L 点，则直线 KL 必在△ABC 平面内。在投影图中，直线 LK 的投影即为其同面投影的连线 lk 和 l'k'，如图 2-22（a）所示。

在图 2-22（b）中，过△ABC 上的 M 点，且平行于平面上直线 AB 的直线 MN，必在该平面上。投影图上即为过点 m 和点 m'，且分别平行于 ab 和 a'b'的直线 mn 和 m'n'。

这是在平面上作直线投影的两种基本方法。

【例 2-3】　在图 2-23 中，△DEF 平面上的 M 点在直线 AB 上，则点 M 的投影必然在直线的同面投影上，故可通过面上直线 AB 的投影，作出 M 点的其他投影。在图 2-23（b）

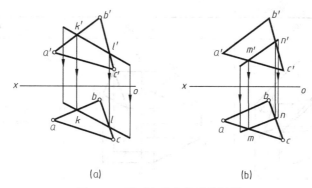

(a)　　　　　　　　(b)

图 2-22　平面上的直线及其投影

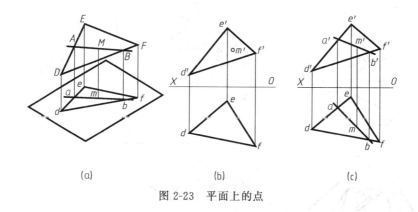

(a)　　　　　　(b)　　　　　　(c)

图 2-23　平面上的点

中，已知点 M 在平面 DEF 中的投影 m'，求 m。

先过 m' 作任意直线，交 $e'd'$ 为 a'，$d'f'$ 为 b'，得到 $a'b'$；再求出其水平投影 ab；然后利用点的投影规律作铅垂线在 ab 上求出 M 点的水平投影 m，如图 2-23（c）所示。

第三节　基本几何体的投影

几何体分为平面立体和曲面立体。表面均为平面的立体，称为平面立体，如棱柱、棱锥等；表面由平面和曲面或全部由曲面组成的立体，称为曲面立体，如圆柱、圆锥、球等。这些立体称为基本体。

一、平面立体

1. 棱柱

（1）棱柱的三视图　棱柱是由顶面、底面和若干棱面所围成的平面立体，它的棱线相互平行。如图 2-24（a）中正六棱柱的顶面和底面为平行且相等的正六边形，均是水平面，其在 H 面上的投影反映实形，在 V 面和 W 面的投影积聚成直线；六个棱面都是相等的长方形，前后两棱面为正平面，在 V 面上的投影反映实形，在 H 面和 W 面的投影积聚成直线；另外四个棱面均为铅垂面，在 H 面上的投影积聚成直线，在 V 面和 W 面上的投影为类似形。

正六棱柱的六条棱线均为铅垂线，在 H 面上的投影积聚成点，在 V 面和 W 面上的投影反映实长。

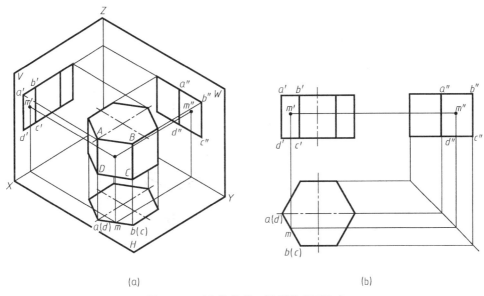

(a)　　　　　　　　　　　　　(b)

图 2-24　正六棱柱的三视图及表面取点

正六棱柱的绘图步骤如下。

① 作基准线：以对称线作为宽度或长度方向的基准线，以底面积聚的线段为高度方向的基准线。

② 作上、下底面的投影。首先，应先画俯视图以反映正六边形的实形，然后作另两个视图上的投影，即平行于相应投影轴的直线。

③ 将上、下底面对应顶点的同面投影连接起来，即为棱线的投影。它们分别与正六边形的相应边围成正六棱柱的六个棱面。绘图时要按投影规律绘制，特别要注意俯视图与左视图宽相等。

(2) 棱柱表面取点　根据已知立体表面上点的一个投影，求出点的另外两面投影。在平面立体表面上取点、线的方法与在平面上取点、线的方法基本相同。首先利用已知的投影确定点在平面立体表面的位置，并且充分利用点所在表面的积聚性，求出该点的其他两面投影。

【例 2-4】　如图 2-24（b）中，已知正六棱柱表面上一点 M 的正面投影 m'，求 m 和 m''。

分析：由图中 m' 未加注括号可知 M 点在主视图上是可见的，处于正六棱柱左前侧的平面 $ABCD$ 上。因点 M 所在平面 $ABCD$ 是铅垂面，因此，其水平投影 m 必落在该平面有积聚性的水平投影 $abcd$ 上，通过点的投影规律（长对正）求出点 M 的水平投影 m；找出 $ABCD$ 平面在左视图上的投影位置，通过点的投影规律（高平齐、宽相等）求出 m''，并判断其可见性为可见。

2. 棱锥

(1) 棱锥的三视图　棱锥由若干棱面和底面组成，棱锥的棱线相交于一点。正棱锥的底面是一个正多边形，锥顶点在正多边形中心且与其底面垂直的直线上。图 2-25（a）所示为一正三棱锥，它由底面和三个棱面组成。底面 $\triangle ABC$ 为水平面，在 H 面上的投影反映实形（即 $\triangle abc$），正面投影和侧面投影积聚为水平直线 $a'b'c'$ 和 $a''b''c''$；棱面 $\triangle SAC$ 为侧垂面，在 W 面上的投影积聚为直线 $s''a''c''$，水平投影和正面投影均为类似形，分别是 $\triangle sac$ 和 $\triangle s'a'c'$，其中 $\triangle s'a'c'$ 不可见；另两个棱面是一般位置平面，三个投影均为类似形。

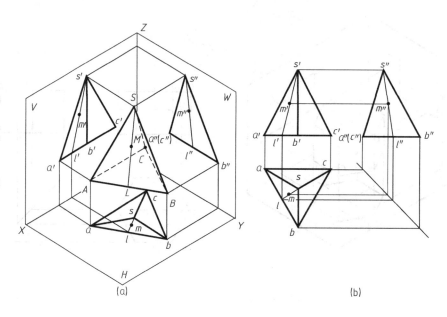

图 2-25 正三棱锥的三视图及表面取点

正三棱锥的作图步骤如下。

① 作基准线。

② 从俯视图开始,作正三棱锥底面的三个投影。

③ 求出 S 点在水平面上的投影(等边三角形的中心),量取正三棱锥的高得 s',即可作正三棱锥的正面投影。

④ 根据高平齐、宽相等求出正三棱锥侧面投影。

(2) 棱锥体表面上的点 处于特殊位置表面上的点,可利用积聚性求解;处于一般位置面上的点,可采用作辅助线的方法求得。

【例 2-5】 在图 2-25 中,已知正三棱锥表面上一点 M 的正面投影 m',求点 M 的另外两面投影。

分析:M 点所在棱面△SAB 是一般位置平面,需过锥顶 S 和点 M 作辅助线 SL,如图 2-25(b) 中过 m' 作 s'l',其水平投影为 sl,然后根据点在直线上的投影特性求出其水平投影 m,再由 m'、m 得出侧面投影 m"。作图时,应注意判断点的可见性。

二、曲面立体

这里介绍的曲面立体主要是回转体,回转体的表面主要由回转面与平面所组成。回转面是由一条母线(直线或曲线)绕一轴线回转而成,如图 2-26 所示。任意位置的母线称为素线,母线上任意点的运动轨迹均为垂直于回转轴线的圆,称为纬圆,如图 2-26 中 A 点的运动轨迹。

1. 圆柱体

(1) 圆柱面的形成 圆柱面是由一条直线围绕与它平行的轴线回转而成,如图 2-26 所示。

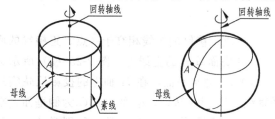

图 2-26 回转面的形成

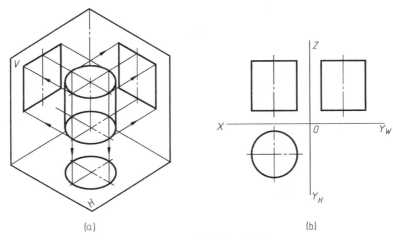

图 2-27　圆柱体的三视图

（2）圆柱体的三视图　图 2-27 所示为圆柱体的三视图。俯视图为圆，圆柱面上所有的素线上的点都积聚在圆周上，圆柱体的顶面和底面均为水平面，其 H 面投影反映实形与该圆重合。主视图为矩形，上下两条水平线表示圆柱体顶面和底面积聚的投影；左右两条竖直线表示圆柱曲面最左、最右素线的投影（它们在左视图上的位置与圆柱的轴线重合），矩形表示以最左、最右素线为界的前半个圆柱面的投影，后半部分圆柱面不可见，且与前半部分圆柱面的投影重合。左视图同为矩形，但与主视图所代表的空间含义不同，左右两条竖直线为圆柱上最前、最后素线的投影，矩形表示以最前、最后素线为界的左半部分圆柱面的投影。右半部分曲面在侧面投影中不可见，且与左半个圆柱面的投影重合。

作图时，先作出基准线——轴线和圆的中心线，然后从投影积聚成圆的视图画起，最后根据投影规律画出其他两个视图。

（3）圆柱体表面上的点　在圆柱体表面上取点时，可利用具有积聚性的投影进行作图。

【例 2-6】　图 2-28 中，已知圆柱面上的 M 点的正面投影，要求作它的另两个投影。

因 M 点的正面投影 m' 为可见，可知它位于圆柱面的前半面的左半部分，圆柱面其水平投影具有积聚性，在俯视图的前半个圆周的左部，所以，按投影规律可在柱圆面由 m' 求得 m 及 m''。

图中又知 N 点的侧面投影 n''，要求另两面投影 n 和 n'，可根据给定的 n'' 的位置，判断出点 N 在最后素线上，按投影规律由 n'' 求得 n 和 (n')。

2. 圆锥

（1）圆锥面的形成　圆锥面是由与轴线相交的直线回转而成，如图 2-29（a）所示。在母线上任一点的运动轨迹为圆，点在母线上位置不同，轨迹圆的直径也不相同。

（2）圆锥的三视图　图 2-29 所示是轴线为铅垂方向的圆锥体及其三视图。在三视图中，俯视图为圆，它既是底圆的水平投影又是圆锥面的水平投影；主视图为三角形线框，底边是圆锥底圆积聚的投影，反映底圆直径的大小。三角形的两腰分别为圆锥面最左、最右素线

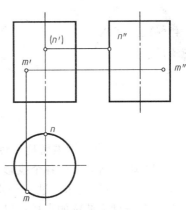

图 2-28　圆柱体表面取点

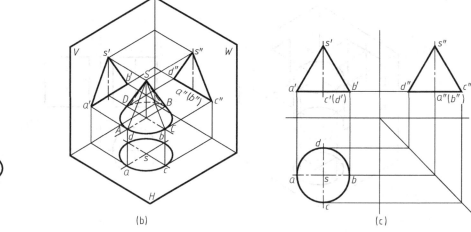

图 2-29 圆锥体的形成及其三视图

的投影,在主视图中,以最左、最右素线为圆锥面前后两半的分界线,圆锥的前半部分可见,后半部分不可见;该圆锥的左视图同为三角形线框,但两腰是圆锥面最前、最后素线的投影,在左视图中,以最前、最后素线为分界线,圆锥的左半部分可见,右半部分不可见。

(3) 圆锥面上的点 圆锥面没有积聚性,在其表面上取点通常采用下列方法。

① 辅助素线法。由于圆锥表面的素线都是直线,可以利用素线作辅助线。

【例 2-7】 如图 2-30(a)所示,已知圆锥面上一点 K 的正面投影 k',求其水平投影和侧面投影。

可以过锥顶 S 和锥面上点 K 作素线 SA,如图 2-30(b)所示,连 s' 和 k' 并延长,交底面投影于 a',得到素线 SA 的正面投影 $s'a'$;由于 K 点的正面投影 k' 可见,故素线 SA 应在前半个圆锥面上,其水平投影的 a 点则在底圆水平投影的前半个圆上,由 a' 利用铅垂线作出 a 点,连接 s 和 a 点,得 SA 的水平投影 sa;再由 k' 作铅垂线交 sa 于 k 点,得 K 点的水平投影 k,再根据 k'、k 求得 k''。

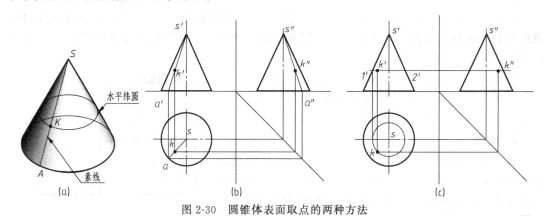

图 2-30 圆锥体表面取点的两种方法

② 纬圆法。由于圆锥面是回转面,过锥面上的点作纬圆,这个圆应垂直于圆锥的轴线(平行于底圆),所求点的各个投影必在纬圆的相应投影上。

如图 2-30(c)所示,过 k' 作水平线交圆锥轮廓素线于 $1'$、$2'$ 两点,$1'2'$ 即为纬圆的正面投影,其长度为纬圆的直径;以 s 为圆心,以 $1'2'$ 的一半为半径画圆,得纬圆在俯视图上的实形;由于 k' 可见,故 K 点在前半锥面上,由 k' 作铅垂线交纬圆水平投影于 k 点;再根

据 k'、k 可求得 k''。

3. 球体

（1）球面的形成　球面可看作一个圆绕其直径回转而成，如图 2-31（a）所示。在母线上任一点的运动轨迹为圆，点在母线上位置不同，轨迹圆的直径也不相同。

（2）球体的三视图　球体的三个视图均为等于球直径的圆，如图 2-31（b）所示。

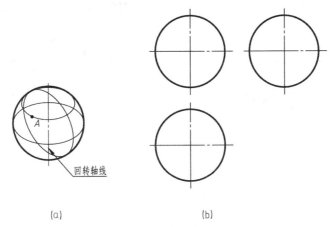

图 2-31　圆球及其三视图

图 2-31（b）中，主视图实质就是前后半球分界圆的投影，前半球可见，后半球不可见。俯视图则是上半球与下半球分界圆的投影，上半球可见，下半球不可见。左视图是左半球与右半球分界圆的投影，左半球可见，右半球不可见。这三个分界圆的其他两面投影，都与圆的相应中心线重合。

（3）球体表面的点　根据球面性质，可以运用纬圆法来求球体表面上点的投影。如图 2-32 所示，已知半球表面上点 S 在俯视图上的投影 s，求其他两个视图上的投影。根据 S 的位置和可见性，点 S 在前半球的右上部分，因此点 S 的侧面投影不可见，正面投影可见。过点 s 在球面上作一平行于 V 面的圆。因点在该圆上，故点的投影必在该圆的同面投影上。

作图时先在水平投影中过 s 作 $ef /\!/ OX$，ef 为该圆在俯视图上的积聚性投影（其正面投影为直径等于 ef 的圆），由 s 作竖直线，与该圆正面投影交于点 s'，再根据 s'、s 求得 s''。

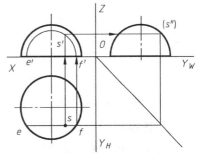

图 2-32　圆球表面取点

第四节　轴测图（GB/T 4458.3—2013）

正投影图虽然度量性好、绘图简便，但缺乏立体感，没有经过专门训练的人一般难以看懂。因此，在工程上，常用富有立体感的轴测图作为辅助图样。

一、轴测图的基本知识

1. 基本概念

（1）轴测图　将物体连同其参考直角坐标体系，沿不平行于任一坐标平面的方向，用平行投影法将其投射在单一投影面上所得到的图形称为轴测图,如图 2-33 所示。

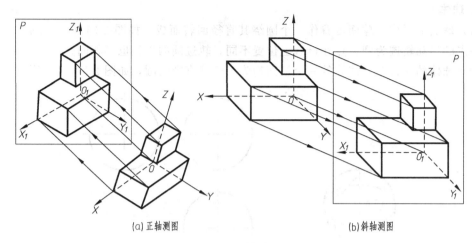

图 2-33　轴测图

(2) 轴测轴　直角坐标轴 (OX、OY、OZ) 在轴测投影面上的投影 (O_1X_1、O_1Y_1、O_1Z_1) 称为轴测轴。

(3) 轴间角　轴测投影中,任意两根轴测轴之间的夹角,称为轴间角。如 $\angle X_1O_1Y_1$、$\angle Y_1O_1Z_1$、$\angle X_1O_1Z_1$。

(4) 轴向伸缩系数　轴测轴上单位长度与相应直角坐标轴上单位长度的比值,称为轴向伸缩系数。X、Y、Z 轴的轴向伸缩系数,分别用 p ($p=O_1X_1/OX$)、q ($q=O_1Y_1/OY$)、r ($r=O_1Z_1/OZ$) 表示。

2. 轴测图的基本性质

① 物体上与坐标轴平行的线段,它们的轴测投影必与相应的轴测轴平行。

② 物体上相互平行的线段,它们的轴测投影也相互平行。

3. 轴测图的种类

根据投射线与轴测投影面的相对位置不同,轴测图可以分为两类。

① 正轴测图:投射线与轴测投影面垂直时得到的轴测图,如图 2-33 (a) 所示。

② 斜轴测图:投射线与轴测投影面倾斜时得到的轴测图,如图 2-33 (b) 所示。

二、正等测轴测图的画法

1. 正等(正等测)轴测图特性

正等轴测图的轴间角都相等,均为 120°〔见图 2-34 (a)〕。轴向伸缩系数 $p=q=r=0.82$。绘图时,为方便起见,用简化伸缩系数,取 $p=q=r=1$。即所有与坐标轴平行的线段,在作图时按物体的实际大小量取,这样画出的图其轴向尺寸均比原来的图形放大 (1/0.82≈1.22) 1.22 倍。

2. 正等轴测图的画法

(1) 平面立体的正等轴测图画法

a. 坐标法:根据物体形状的特点,选定合适的坐标轴,画出轴测轴,再按坐标关系画出物体的各顶点,然后连接各顶点,

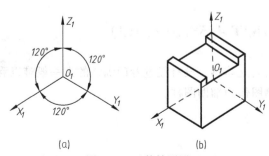

图 2-34　正等轴测图

完成物体的轴测图。

【例 2-8】 求作图 2-35（a）所示，四棱台的正等轴测图。

绘图步骤如下：

① 选定坐标原点和坐标轴。这里选底面中心为坐标原点，以底面对称线和棱台的高线为三坐标轴，如图 2-35（a）所示。

② 画轴测轴，作出下底面的轴测投影，如图 2-35（b）所示。

③ 根据高度尺寸 z_1 确定上底面的中心，作出上底面的轴测投影，如图 2-35（c）所示。

④ 连接上、下底面的对应顶点，即完成四棱台的正轴测图，如图 2-35（d）所示。轴测图上的虚线一般省略不画。

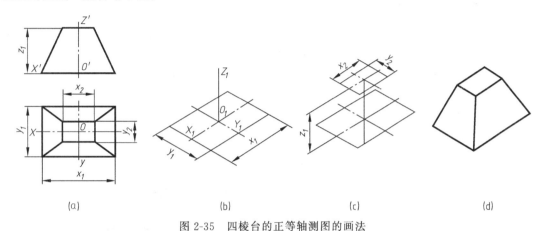

图 2-35　四棱台的正等轴测图的画法

b. 切割法：对于某些带有缺口的物体，可先画出没切割前基本体的轴测图，再按形体形成的过程逐一切去缺口部分，最后得到该形体的轴测图。

【例 2-9】 作出如图 2-36（a）所示，楔形块的正等轴测图。

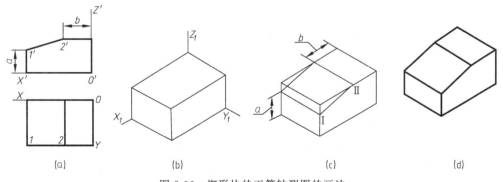

图 2-36　楔形块的正等轴测图的画法

分析视图可知，该形体是由长方体切去一角后形成的。

绘图步骤如下：

① 选定坐标原点和坐标轴，如图 2-36（a）所示。

② 画轴测轴，作完整长方体的轴测图，如图 2-36（b）所示。

③ 根据尺寸 a、b 确定Ⅰ、Ⅱ点的位置，再切去斜角，得到图 2-36（c）所示。

④ 去掉多余图线，加深，得楔形块正等轴测图，如图 2-36（d）所示。

(2) 回转体的正等轴测图画法　画回转体的正等轴测图，关键是画回转体上圆的正等轴

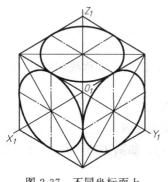

图 2-37 不同坐标面上圆的正等测投影

测投影。平行于各坐标面圆的正等轴测投影均为椭圆,如图 2-37 所示。它们除长、短轴方向不同外,画法基本相同。在圆的正等轴测投影中,椭圆的长、短轴方向与圆的中心线轴测投影的小角、大角平分线重合,画出中心线的轴测投影,椭圆长、短轴方向即可确定。

采用四心法绘制椭圆的作图步骤,如图 2-38 所示(图为平行于 H 面圆的正等轴测)。

图 2-39(a)所示圆柱正等轴测的画法如下:

① 画轴测轴,定左、右底圆中心,画出两底椭圆,如图 2-39(b)所示。

② 画出两边轮廓线,轮廓线应与两椭圆相切,如图 2-39(c)所示。

③ 擦掉多余图线,加深图线,得到图 2-39(d)所示圆柱正等测。

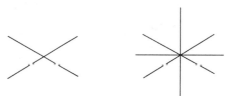

(a) 画圆的两条中心线的轴测投影(轴测轴)　(b) 画大、小角的角平分线

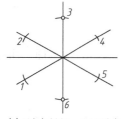
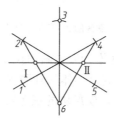
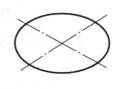

(c) 以交点为圆心,以 $d/2$ 为半径画弧,在轴测轴上取点 1、2、4、5,在短轴上取圆心 3、6

(d) 分别连接 2、6 和 4、6 交长轴于 I、II 点

(e) 以 3、6 为圆心,以 35 为半径画两大弧,以 I、II 为圆心,以 I1 为半径画两小弧即得

图 2-38 椭圆的近似画法

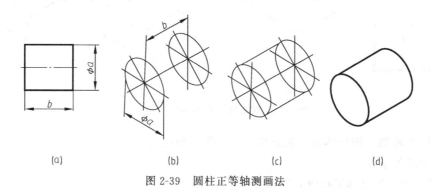

(a)　　　(b)　　　(c)　　　(d)

图 2-39 圆柱正等轴测画法

三、斜二等轴测图画法简介
1. 斜二等轴测图特性

轴测投影面平行于一个坐标平面,且平行于坐标平面的那两条轴的轴向伸缩系数相等的

斜轴测投影，称为斜二等轴测投影，简称斜二测。

斜二测的特点是平行于 XOZ 坐标平面的平面图形，在斜二测中其轴测投影反映实形。轴间角如图 2-40（a）所示，轴向伸缩系数取 $p_1=r_1=1$、$q_1=0.5$。

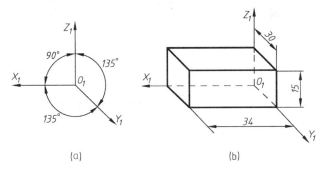

图 2-40　斜二测图

2. 斜二测的画法

因为斜二测中，物体上平行于 XOZ 坐标面的平面，其轴测投影反映实形，故利用这一特点，在画单个方向形状复杂的物体时，作图简便易画出。画斜二测图时，首先要分析物体的结构形状，选形状复杂（非直线组成）的平面与 XOZ 坐标面平行。此时平行于 V 面的圆，其斜二测图仍然是一个圆，但平行 H 面和 W 面的圆，其斜二测都是椭圆。

【例 2-10】　根据图 2-41（a）所示的两视图，画形体的斜二测轴测图。

绘图步骤如下。

① 在视图上确定坐标原点和坐标轴，如图 2-41（a）所示。

② 画出轴测轴，再画物体的最前端面的投影（与主视图相同），如图 2-41（b）所示。

③ 取物体宽度的一半值，确定最后端面的位置并将其画出，并作出左上角的公切线，如图 2-41（c）所示。

④ 校核后加深图线，完成物体的斜二测，如图 2-41（d）所示。

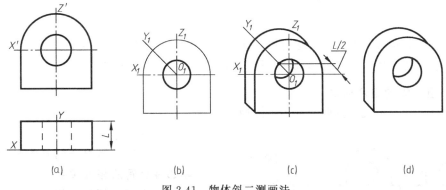

图 2-41　物体斜二测画法

第三章 组 合 体

由两个或两个以上基本体所组成的形体称组合体。本章主要讨论组合体的绘制、阅读及其尺寸标注的方法。

第一节 组合体的形体分析

一、形体分析法

任何一个复杂的形体，都可以看成由一些简单的基本形体按一定的方式组合而成。形体分析法就是假想把组合体分解成若干个简单形体，并确定它们的相对位置、组合形式以及相邻表面间相互关系的方法。

图 3-1 所示形体，是由底板 I、竖板 II 和凸台 III 组成。底板可以看成是长方块上挖去三个小圆柱，切去两个圆角，在底部切去一个长方块；竖板由部分圆柱体与棱柱相切组成，并挖去一个小圆柱。凸台是一个空心圆柱。

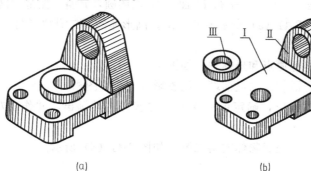

图 3-1 支架及其形体分析

从以上分析可知，形体分析法可以化繁为简，把解决复杂组合体的问题转化为简单的基本体问题。形体分析法是组合体画图、读图和标注尺寸最基本的方法。

二、组合体的组合形式

组合体的组合形式有三种类型：叠加型、切割型和综合型。

1. 叠加型

叠加是形体组合的基本形式。形体相邻表面间的相互关系，可分为表面平齐或不平齐、相切、相交等，在绘图时应正确处理表面分界线的投影。

(1) 表面平齐或不平齐 图 3-2 和图 3-3 中的组合体均可看成是由两个简单体叠加而成的。画图时，可按其相对位置，分别画出各基本体的投影。画图过程中，当两形体的表面不平齐时，中

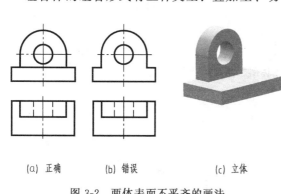

图 3-2 两体表面不平齐的画法

间应该画出分界线，如图 3-2（a）所示；当两形体的表面平齐时，中间不应画出分界线，如图 3-3（a）所示。图 3-2（b）和图 3-3（b）为错误画法。

（2）相切　在图 3-4 中，形体由耳板与圆柱组成。耳板的侧面与圆柱面相切，在相切处形成了光滑过渡，在主、左视图中相切处无交线，所以不画线。但应注意两个切点 A 和 B 的正面投影 a'、(b') 和侧面投影 a''、b'' 的位置，如图 3-4（a）所示。图 3-4（b）为错误画法。

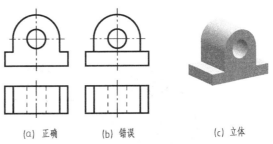

图 3-3　两体表面平齐的画法

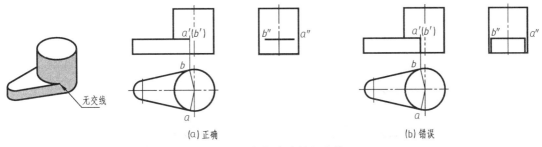

图 3-4　相切方式的组合体

（3）相交　当形体相交时，在表面必然出现交线。

图 3-5（a）中，长方体与圆柱表面相交，其交线由直线和曲线共同组成，在视图中需根据投影关系正确画出。图 3-5（b）所示为两个回转体相交时形成的相贯线及其投影。

由于相贯线是两回转体相交时自然形成的表面交线，因此，绘图时可采用近似画法。如图 3-6 中，两圆柱体轴线垂直相交，其相贯线的水平和侧面投影，分别重合在圆柱的积聚投影上，其正面投影不具有积聚性，可采用近似画法：以相交两圆柱中较大圆柱的半径为半径画弧即得。

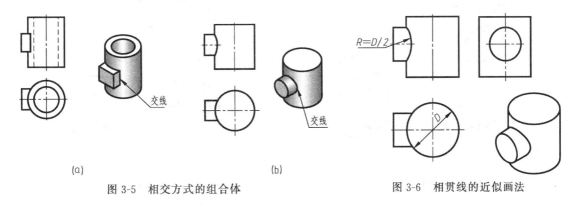

图 3-5　相交方式的组合体　　　　　　　图 3-6　相贯线的近似画法

图 3-7 中所示，组合体为两圆筒相贯，圆筒外表面及内表面均有相贯线，内外相贯线的画法相同，内部相贯线要注意判别可见性。

对复杂的相贯线还可以采用"模糊画法"，即只要求在图样上将相贯体的形状、大小和相对位置清楚地表达出来即可，如图 3-8 所示。因此，这种画法完全可以满足生产实际中的要求。

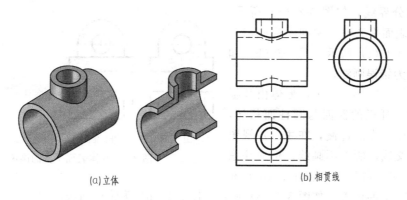

图 3-7　圆柱孔相交时相贯线的画法示例

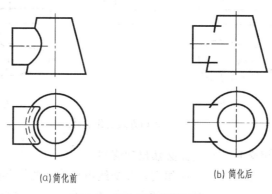

图 3-8　相贯线的模糊画法

回转体相交时，一般情况下表面交线为空间曲线。在特殊情况下会产生平面曲线或直线，如图 3-9 所示。

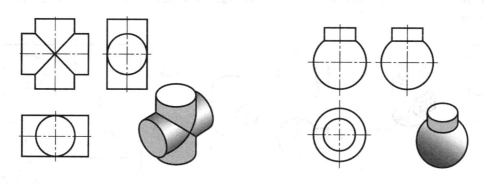

图 3-9　相贯线为非空间曲线的示例

2. 切割型

（1）平面切割平面立体　图 3-10 中的形体，可看成是由一个长方体在左上、左前、左后各切去一部分而形成的。画图时，可先画出基本体的三视图，然后逐个画出被切部分的三面投影。图 3-11（a）所示为先切去左上角的投影（在主视图上定出切割面的位置，然后画出其余两个视图的投影）；图 3-11（b）所示为再切去左前、后角的投影（由俯视图定出切割面的位置，然后再决定其在主、左视图上的投影）。

作图过程中，注意截切面与立体表面的截交线，以及截平面之间的交线。

（2）平面切割圆柱　平面与圆柱体相交时，根据平面与圆柱体轴线相对位置的不同，所得截交线的形状通常有三种：矩形、圆和椭圆，见表 3-1。

【例 3-1】　试画出图 3-12 中所示开槽圆柱的三视图。

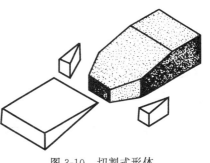

图 3-10　切割式形体

分析：图中圆柱体上的凹槽可看成被平面 Q_1、Q_2 和平面 P 截切而成。其中 Q_1 和 Q_2 面与轴线平行且以轴线对称，与圆柱产生的截交线是矩形，P 面与轴线垂直，截交线是与圆柱直径相同的部分圆周。作图步骤如下。

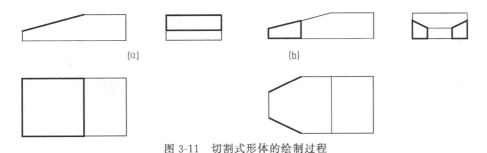

图 3-11　切割式形体的绘制过程

表 3-1　平面截切圆柱时的三种截交线

截平面位置	与轴线倾斜时	与轴线垂直时	与轴线平行时
轴测图			
投影图			
截交线形状	椭圆	圆	矩形
与轴线的关系	相交	垂直	平行

① 作出未切割前圆柱体的三视图，在主视图上画出 Q_1、Q_2、P 积聚的投影。

② 运用投影规律画出俯视图，Q_1、Q_2 两面为侧平面，其在俯视图上的投影积聚成直线。通过长对正即可画出；P 面在俯视图上反映实形，投影为 Q_1、Q_2 两平面积聚性投影中

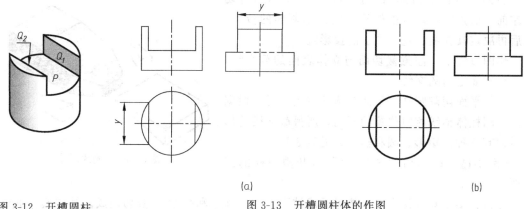

图 3-12 开槽圆柱体的截交线分析

图 3-13 开槽圆柱体的作图

间的部分，如图 3-13（a）所示。

③ 运用投影规律画出左视图。通过宽相等、高平齐画出左视图上关于轴线对称的矩形，即 Q_1、Q_2 面在左视图上的投影；P 面在左视图上的投影积聚成直线，并且贯穿圆柱前后（在主视图中可以观察到圆柱上左右分界的轮廓素线已经被切掉），但由于该直线在 Q_1、Q_2 面投影的矩形范围内的部分不可见，应画成虚线。完成后的三视图如图 3-13（b）所示。

(3) 平面切割圆球　平面截切球体时，所得到的截交线都是圆。圆的直径随截切平面与球心的距离不同而不同。截切平面平行于哪一个投影面，截交线圆在其上的视图中反映实形，其他视图上积聚成线，其长度等于截交线圆的直径，图 3-14 为球体被侧平面截切的球体的投影。

【例 3-2】　完成图 3-15（a）中球形物体的俯、左视图。

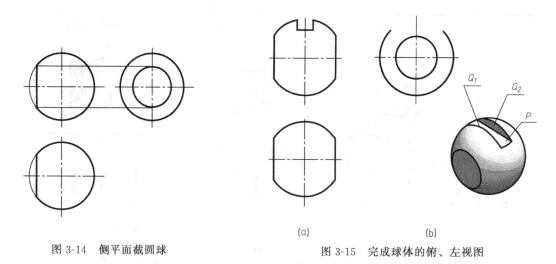

图 3-14　侧平面截圆球

图 3-15　完成球体的俯、左视图

分析：图示物体其基本形体是球体，球的正上方有一个凹槽，它可以看成被两个左右对称的侧平面 Q_1、Q_2 和一个水平面 P 截切而成；两侧面被两个对称的侧平面截切，如图 3-15（b）所示。

作图步骤如下：

① 作出未截切前球体的三视图，并画出截切面 Q_1、Q_2、P 及两个侧平面积聚的投影。

② 延长主视图上 P 面积聚的线段至球体轮廓得截交线圆直径，据此直接作出俯视图上

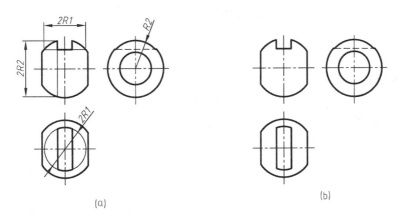

图 3-16 球形物体俯、左视图的作图

反映实形的圆。由 Q_1、Q_2 在主视图上积聚的线段向俯视图上作铅垂线，与 P 面截得的圆相交，得到的圆内部两直线段为 Q_1、Q_2 的水平投影。圆在它们之间的区域为 P 面的实形，如图 3-16（a）所示。

③ 同理可作出左视图上各截面的投影。因平面 P 贯穿前后，所以它积聚的线段应该画至球的轮廓线处，左视图中球体因开槽而被切去的轮廓圆不应画出；P 面在左视图中的投影有一段不可见，应画成虚线。最终的三视图如图 3-16（b）所示。

3. 综合型

在组合体的组合形式中更常见的为综合型。这类组合体组合时既有切割形式又有叠加形式，如图 3-17 所示，详细分析在下一节介绍。

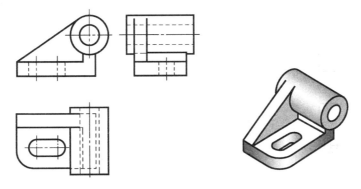

图 3-17 综合型组合体

第二节 组合体视图的画法

现以图 3-18 支座为例介绍组合体视图的画法。

一、形体分析

画图前，首先应对组合体进行形体分析。该支座主要由底板、竖板和肋板组成，组合形式为叠加与切割的综合。底板的前方两侧有圆角，还有两个圆柱孔；竖板为等腰梯形，顶部为小半圆柱，并有一个与此半圆柱同轴的圆柱孔；肋板为三角形板。竖板紧靠底板的后侧；

图 3-18 由物体画三视图

肋板在正中间。

二、主视图的选择

组合体的主视图是由其安放位置和主视图的投射方向来确定的。

（1）安放位置　通常选择组合体自然放平，并使物体主要表面尽可能多地平行或垂直于投影面的位置为安放位置。

（2）主视方向　选择能较多地反映组合体的形状特征（各组成部分的形状特点和相互关系）的方向作为主视图的投射方向，并尽可能减少其他视图上出现虚线。支座的安放位置和主视图的投射方向，如图 3-18 所示。

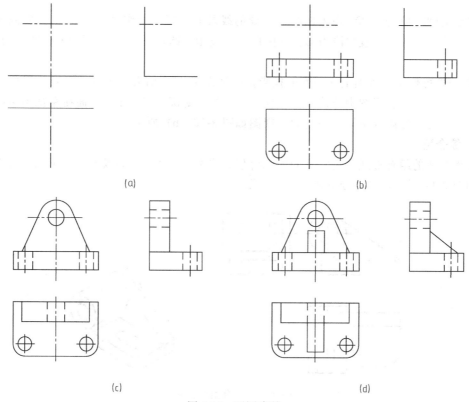

图 3-19 画图步骤

三、组合体的画图方法和步骤

（1）选比例，定图幅　视图确定后，要根据物体的大小和复杂程度，按标准规定选定适当的比例和图幅。一般尽可能的选用 1∶1 的比例，图幅要根据所绘制视图的大小、尺寸标注和画标题栏的位置来确定。

（2）布置视图，画作图定位线　确定各视图中的对称中心线，主要轴线或主要轮廓线在图纸上的位置，即确定长、宽、高三方向的基准线位置，如图 3-19（a）所示。

（3）逐个画出各部分的三视图　按组成部分将其逐个画出。一般顺序是：先画主体，后画截切的形体；先画大形体，后画小形体；先画反映形体特征的视图，后画其他视图；先画主要轮廓，后画细节，并且三个视图联系起来画，如图 3-19（b）~（d）所示。

（4）校核加深　检查底稿，纠错补漏，擦去多余的图线，最后按规定的图线要求加深图线，如图 3-20 所示。

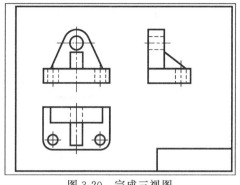

图 3-20　完成三视图

（5）填写标题栏　根据要求填写标题栏的相关内容，完成整个图形的绘制。

第三节　组合体视图的读图方法

画图是把空间物体的结构形状用正投影方法表达在图纸上，读图是根据图纸上的视图想象出物体结构形状的过程。读图是画图的逆过程。要能正确、快速地读懂视图，必须掌握读图的基本知识和正确的读图方法。

一、读图的基本要领
1. 联系多个视图看图

一般情况下，读图应从主视图入手，但一个视图通常不能完全确定物体的空间形状，因此，要根据投影规律将各视图联系起来进行阅读。如图 3-21 中两个不同的组合体，其主、俯视图完全相同，只有联系左视图才能真正分析清楚组合体的形状结构。

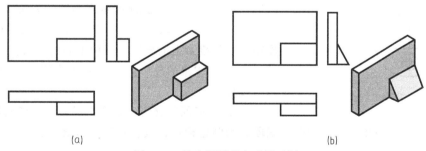

图 3-21　几个视图配合看图示例

2. 找出形体特征视图

组合体读图的关键是首先找出三视图中组成组合体的各个部分的特征视图，以便在最短时间内判断组合体各部分的形状特征，如图 3-22 所示的组合体，通过寻找图中各部分的形状特征能快速判断组合体的组成情况。

3. 分析视图中线框和线段的含义

（1）视图中封闭线框的含义　视图上每一个封闭线框都表示物体上一个面的投影，具体可分为以下几种情况。

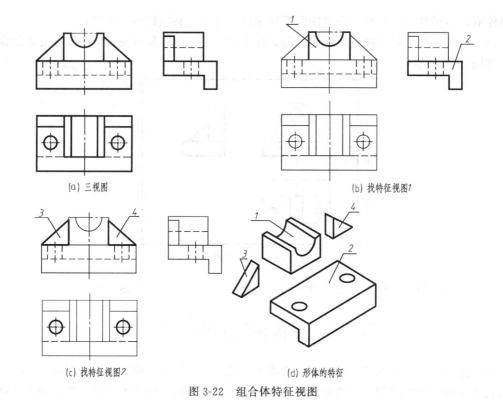

图 3-22 组合体特征视图

① 平面的投影，如图 3-23 中线框 1 为平面的实形；线框 2 为平面的类似形。
② 曲面及切面的投影，如图中线框 3 为圆柱面的投影；线框 4 为切面的投影。

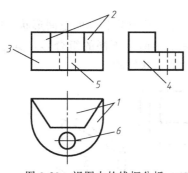

图 3-23 视图中的线框分析

③ 孔洞、凸台的投影，如图中虚线框 5 和线框圆 6。

(2) 视图中相邻两个线框的含义　一个线框代表一个面，那么相邻的两个线框（或线框里面套线框）必然代表两个表面。既然有两个表面，就会有上下、左右、前后和斜交之分，图 3-24 表示了判别的方法。

(3) 视图中线段的含义　从图 3-25 所示的组合体的投影，可知投影上的线段有三种不同的含义。

① 表面积聚的投影，如图 3-25 中线段 1 为铅垂面和圆的投影。

② 两个表面的交线，如图中线段 2 为棱线的投影。

③ 曲面的转向轮廓线，如图中线段 3 为圆柱最左、最右两条轮廓线的投影。

二、读组合体视图的方法和步骤

1. 形体分析法

形体分析法多用于识读叠加型与综合型组合体的视图，下面举例说明组合体读图的方法和步骤。

【例 3-3】　根据图 3-26 中的三视图，想象出该组合体的形状。

(1) 抓住特征分部分　读图时首先从主视图入手，结合其他视图，运用形体分析法把组合体分解成四部分。如图 3-26 所示。1 为底板、2 为支撑板、3 为空心圆柱、4 为肋板。

(2) 根据投影想形状　依据"三等"规律，从反映特征部分的线框出发，结合该部分其

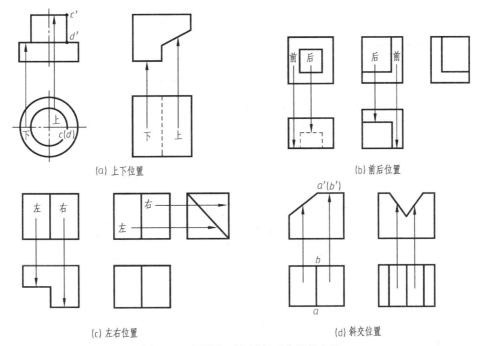

图 3-24 判别表面之间相互位置的方法

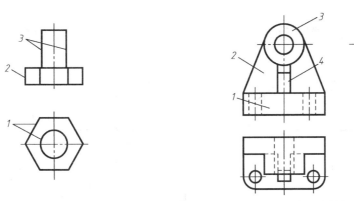

图 3-25 视图中的线条分析　　　图 3-26 读组合体视图（一）
1—底板；2—支撑板；3—空心圆柱；4—肋板

他视图的投影（复杂的要运用线面分析）想象出它们的形状。

如图 3-27 中，1 的三面投影基本是矩形，可知底板是以水平投影为形状特征的板，如图 3-27（a）所示；2 的侧面和水平投影基本是矩形，主视图反映该部分形状特征，所以支撑板是以正面投影为形状特征的板，如图 3-27（b）所示；同理，3 是轴线垂直于正投影面的空心圆柱，如图 3-27（c）所示；4 是以侧面投影为形状特征的板，如图 3-27（d）所示。

（3）综合起来想整体　读懂各组成部分的形状时还应分析它们彼此的相对位置，弄清它们的组合方式，最后综合想象出视图所表达组合体的完整形状，如图 3-27（e）所示。

2. 线面分析法

线面分析法是指通过投影规律把物体表面分解为线、面等几何要素，并分析这些几何要素的空间形状、位置，从而想象出物体实际形状的方法。常用来阅读切割体的视图，也作为

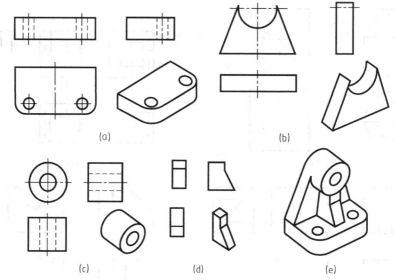

图 3-27　读组合体视图（二）

形体分析法读图的补充，用来分析视图中投影复杂的局部结构。

【例 3-4】　根据图 3-28（a）中的三视图，想象出该组合体的形状。

① 分析视图可以看出这是一个切割体（形体分析难以分出组成部分），基本体为长方体，如图 3-28（b）所示。

② 分析左视图上方斜线及其他视图上的对应投影，可知长方体前方上侧被切掉一部分，如图 3-28（c）所示。

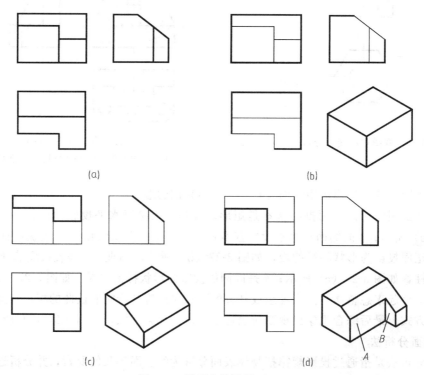

图 3-28　读组合体视图（三）

③ 根据俯视图中投影缺口，对应其他视图上的投影，运用已学知识分析，可知 A 为正平面的水平投影，B 为侧平面的水平投影，两面共同完成对形体的切割，这样就得出组合体的空间形状，如图 3-28（d）所示。

三、已知两个视图补画第三视图

补画第三视图，其实质是读懂已有视图，并想象出物体实形，然后再正确画出第三个视图。作图时，应按各组成部分并结合投影规律完成第三视图。

【例 3-5】 根据图 3-29（a）所示的两个视图，补画左视图。

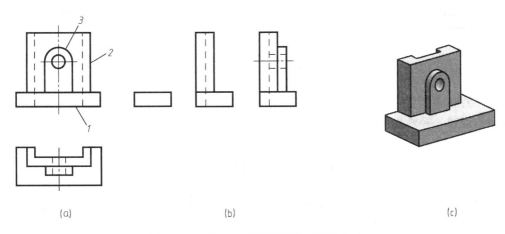

图 3-29 已知两个视图补画第三视图（一）

从主、俯视图可以看出该组合体左右对称。对视图进行分析可知物体由三部分组成，其中 1 为长方形的底板；2 为长方形的竖板，竖板与底板的后面平齐，呈左右对称布置，叠加后在后面对称位置上开一长方形槽；3 是由半圆柱体与小长方体组成的凸台，与 2 贴合后，在前面开了一个与半圆柱同轴的通孔。这样综合想象可得如图 3-29（b）中物体形象。然后根据已知的两个视图，结合获得的空间形象，按底板、竖板、凸台顺序作出左视图，如图 3-29（b）所示。

【例 3-6】 由俯、左视图[见图 3-30(a)]，补画主视图。

对照图 3-30（a）中的俯、左视图分析可知，该物体由两部分组成，下部为一个"⌐"形底板，底板左侧是半圆柱形，并开有长圆孔，右前方被一铅垂面截切；上部在"⌐"形右

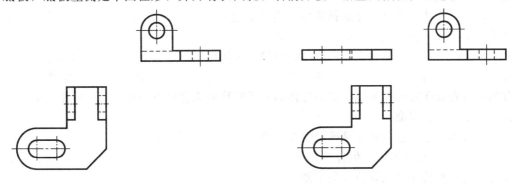

图 3-30

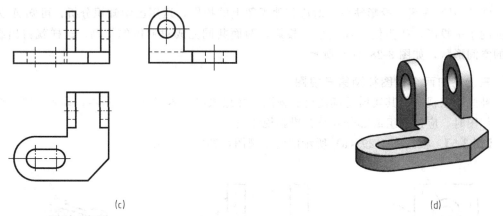

图 3-30 已知两个视图补画第三视图（二）

后部位上对称布置了两块竖板，并与最后端面平齐，综合想象可得图 3-30（d）所示。最后根据投影规律，补画出主视图，先画底板［见图 3-30（b）］，再画竖板［见图 3-30（c）］。

第四节　组合体的尺寸标注

视图只能表达组合体的结构和形状，而它的大小及各组成部分的相对位置则要通过尺寸来反应。标注组合体尺寸要做到：

① 正确，尺寸标注严格遵守国家标准中有关规定。这已在第一章第二节中作了介绍。

② 完整，不遗漏也不重复标注，每一尺寸只标注一次。

③ 清晰，尺寸标注的位置明显，排列清楚，应标注在形状特征明显的视图上，便于看图。

一、组合体视图的尺寸分析及分类

组合体的尺寸标注主要运用形体分析的方法。通过形体分析把组合体分解成若干组成部分，标注时通过尺寸表达出各组成部分的大小和它们之间的相对位置，有时还需标注组合体的总体尺寸。

（1）定形尺寸　确定组合体各基本形体形状、大小的尺寸为定形尺寸。组合体是由基本形体组合而成的，所以必须熟悉常见基本形体尺寸的标注方法。图 3-31 中列出了常见基本形体的尺寸标注。

（2）定位尺寸　定位尺寸是指确定组合体各组成部分相对位置的尺寸，如图 3-32 中所注出的尺寸。决定各组成部分的相对位置时，需要选定长、宽、高三方向的尺寸基准。在组合体中，常选用其对称面、主要回转体的轴线及大的端面、底面等几何元素为尺寸基准。基准选定后，各方向的主要定位尺寸就应从相应的尺寸基准引出。图 3-32 中，以物体中支撑板右侧端面为长度方向的基准；以该物体的前后对称面为宽度方向的基准；以物体底板的下底面为高度方向的基准。

（3）总体尺寸　总体尺寸是确定组合体总长、总宽和总高的尺寸。如图 3-33（b）中底板的尺寸 80 即为总宽尺寸。但并不是所有总体尺寸都必须标注，应根据总体尺寸、定位尺寸和定形尺寸的具体情况调整以免重复。

二、组合体的尺寸注法

标注组合体的尺寸时，一般步骤如下。

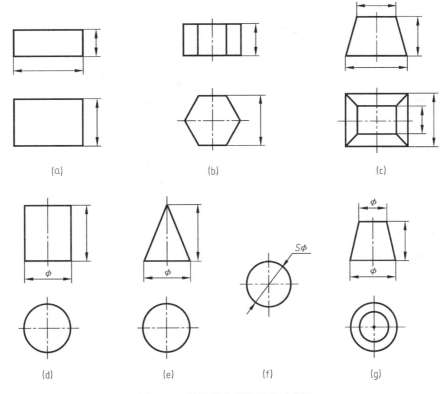

图 3-31 常见基本形体的尺寸标注

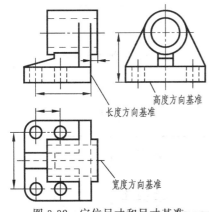

图 3-32 定位尺寸和尺寸基准

(1) 形体分析　根据视图进行形体分析，把物体分解成几个基本部分。如图 3-34 中物体可分解成四个组成部分：底板、支撑板、圆筒和肋板，底板上有四个圆柱孔。

(2) 选定尺寸基准　在前面定位尺寸举例中已经讲述过，这里不再重复。

(3) 逐个标注各部分的定形尺寸　标注时应逐个形体，按顺序标注，避免遗漏。在图 3-33（a）中标注了该物体各组成部分的定形尺寸。

(4) 标注定位尺寸　除各组成部分间需标明相对位置尺寸外，细节上的孔洞、通槽的位置尺寸也要注全。

(5) 标注总体尺寸　确定和标注总体尺寸时，需剔除重复和不合理的尺寸，这样就完成了整个物体的标注，如图 3-33（b）所示。

三、常见简单形体的尺寸标注

常见简单形体的尺寸标注方法，如图 3-35 所示。

四、尺寸标注的注意事项

① 尺寸要尽量标注在反映形状特征最明显的视图上，并且尽量位于视图的外部或相关的两视图之间。

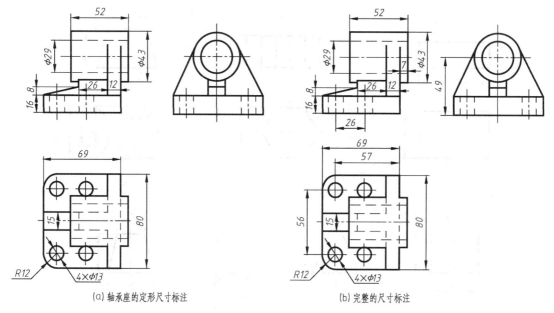

图 3-33 轴承座的尺寸标注

② 同一基本形体的尺寸应尽量集中标注。

③ 标注时应尽量避免尺寸线与其他尺寸线或尺寸界线相交。互相平行线段的尺寸标注时应小尺寸布置在内,大尺寸布置在外。

④ 直径尺寸一般标注在投影为非圆的视图上。圆弧的半径尺寸应标注在反映圆弧实形的视图上。

⑤ 对称的尺寸,应以对称中心线为尺寸基准,跨过中心标注全长。

⑥ 尺寸尽量不标注在虚线上。

图 3-34 轴承座及其形体分析

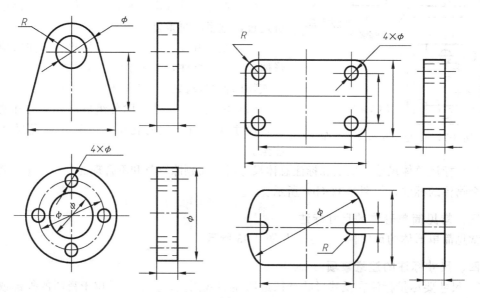

图 3-35

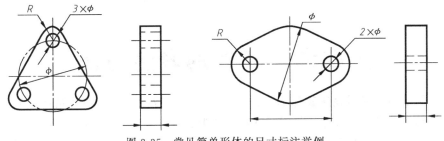

图 3-35　常见简单形体的尺寸标注举例

第四章 机件的表达方法

前面介绍了用三视图表达物体的方法。但是，在工程实际中，机件的结构形状多种多样，对于结构形状复杂的机件，仅用三视图往往难以表达清楚它们的内外结构。因此，为了正确、完整、清晰、简便地表达出它们的结构形状，国家标准规定了视图、剖视图、断面图等多种图样的表达方法，本章将逐一介绍这些方法。

第一节 视 图

用正投影法将机件向投影面投射所得的图形称为视图。用于表达机件的视图有基本视图、向视图、局部视图和斜视图等。视图主要用来表达机件的可见轮廓，必要时可用虚线表达出其不可见轮廓。

一、基本视图

当机件的外部形状比较复杂时，为了清晰地表示其各面的形状，在原有三个投影面的基础上，增加了三个投影面，组成一个六面体。国家标准将这六面体的六个面称为基本投影面。将机件放置在六面投影体系中，分别向六个基本投影面投射并展开所得的图形称为基本视图，如图 4-1 所示。除了前面介绍的主视图（或称 A 视图）、俯视图（或称 B 视图）和左视图（或称 C 视图）外，由右向左投射，得到右视图（或称 D 视图）；由下向上投射，得到仰视图（或称 E 视图）；由后向前投射，得到后视图（或称 F 视图）。各视图的配置关系如图 4-2 所示。

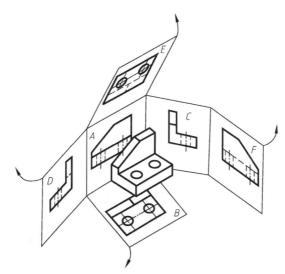

图 4-1 六个基本投影面的展开

在同一张图样内按图 4-2 所示关系配置的基本视图，一律不标注视图名称。
基本视图具有如下投影规律。

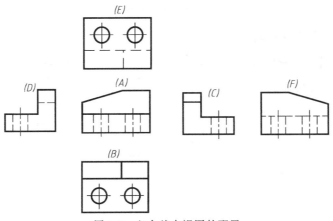

图 4-2 六个基本视图的配置

① 六个基本视图的度量对应关系，符合"长对正、高平齐、宽相等"。即主、俯、仰、后视图长对正；主、左、右、后视图高平齐；左、右、俯、仰视图宽相等。

② 六个基本视图的方位对应关系，仍然反映物体的上、下、左、右、前、后的位置关系。其中左、右、俯、仰视图靠近主视图的一侧代表物体的后面，而远离主视图的外侧代表物体的前面，后视图的左侧对应物体右侧。

没有特殊情况，优先选用主、俯、左视图。

二、向视图

在实际绘图中，为了使视图在图样中布局合理，并方便读图，国家标准规定了自由配置（不按图 4-3 所示关系配置）的基本视图称为向视图。

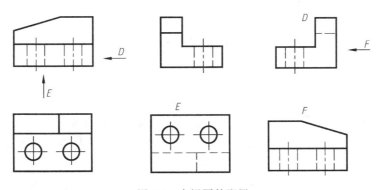

图 4-3 向视图的配置

自由配置视图时，应在视图的上方标出"×"（其中"×"为大写拉丁字母）表示视图的名称，并在相应的视图附近用箭头指明投射方向，并注上同样的字母，如图 4-3 所示。

三、局部视图

将机件的某一部分向基本投影面投射所得的视图称为局部视图。

局部视图同基本视图一样，都是向基本投影面投射，所不同的是局部视图是将机件的某一个局部向基本投影面投射，如图 4-4 所示。

画局部视图时，应注意以下几点。

① 局部视图可按向视图的形式配置和标注，如图 4-4 中"A"局部视图；当局部视图按

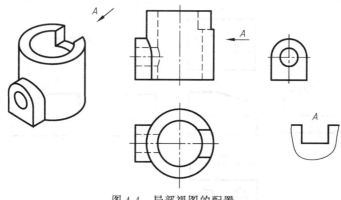

图 4-4 局部视图的配置

基本视图的形式配置时,可省略标注,如图 4-4 中未标注的局部视图。

② 局部视图的断裂处边界线应以细波浪线表示。当所表示的局部结构完整,外轮廓线成封闭状态时,波浪线可省略,如图 4-4 所示。

③ 为了节省局部视图绘图时间和图幅,绘制对称机件的视图［见图 4-5（a）］只画出一半或四分之一时,应在对称中心线的两端画出两条与其垂直的平行细实线,如图 4-5（b）、(c) 所示。

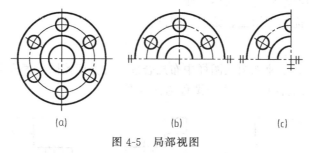

图 4-5 局部视图

四、斜视图

将机件向不平行于任何基本投影面的平面投射所得的视图,称为斜视图。

当机件上具有与主体部分倾斜结构时,它在基本视图中不能反映实形。这时,可增设一个与机件上的倾斜部分平行（同时垂直于某一基本投影面）的辅助投影面,然后将机件上的倾斜部分向辅助投影面投射,如图 4-6（a）所示。

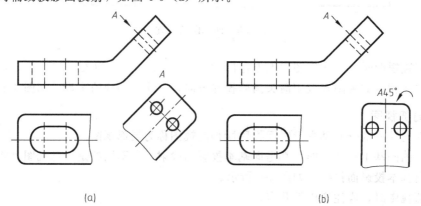

图 4-6 斜视图的配置

画斜视图时，应注意以下几点。

① 斜视图只反映机件上倾斜部分的形状，其余省略不画，并用细波浪线断开。

② 斜视图通常按向视图的配置形式配置并标注。

③ 必要时，允许将斜视图旋转放正配置，但须画出旋转符号，旋转符号箭头指向应与实际旋转方向一致。旋转符号的半圆半径等于字高 h，表示该视图名称的大写拉丁字母，应靠近旋转符号的箭头端，也可将旋转角度标注在字母之后，如图 4-6（b）所示，旋转角度不得超过 90°。

第二节　剖　视　图

为清晰地表达机件的内部结构形状，国家标准《技术制图》规定了剖视图的画法。

一、剖视图的概念

1. 剖视图的形成

假想用剖切面剖开机件，将处在观察者和剖切面之间的部分移去，而将其余部分向投影面投射所得的图形，称为剖视图，简称剖视（见图 4-7）。

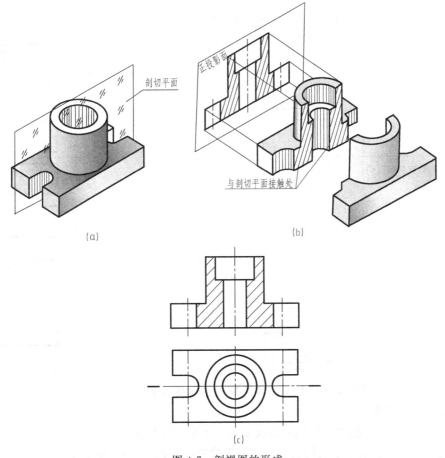

图 4-7　剖视图的形成

2. 剖视图的画法

① 剖切平面应平行于投影面，一般应通过内部孔、槽的对称平面或轴线。

② 剖切是假想的，当一个视图取剖视后，其余视图应按完整画出，如图4-7（c）所示。
③ 剖视图中，若不可见部分已表达清楚，虚线可省略不画。

3. 剖面符号

国家标准规定：剖视图和断面图中，假想剖切面与物体的接触部分，称为剖面区域。画剖视图时，通常在剖面区域内画出剖面符号，使之与未剖部分区别开，如图4-7（c）所示。当不需要在剖面区域中表示被剖切物体的材料类别时，剖面符号可用通用剖面线表示。通用剖面线为一组间隔相等的平行细实线，一般与主要轮廓或剖面区域的对称线成45°，如图4-8所示。当需要在剖面区域中表示材料的类别时，应采用特定的剖面符号表示，见表4-1。

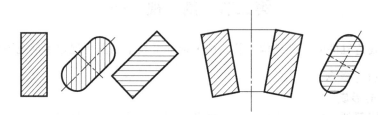

图4-8 通用剖面线的画法

表4-1 剖面符号（摘自 GD/T 4457.5—2013）

金属材料(已有规定剖面符号者除外)		木质胶合板	
线圈绕组元件		基础周围的泥土	
转子,电枢、变压器和电抗器等的叠钢片		混凝土	
非金属材料(已有规定剖面符号者除外)		钢筋混凝土	
型砂、填砂、粉末冶金、砂轮、陶瓷刀片、硬质合金刀片等		砖	
玻璃及供观察用的其他透明材料		格网(筛网、过滤网等)	
木材	纵剖面	液体	
	横剖面		

同一机件的各个剖面区域，其剖面线的倾斜方向应一致，间隔要相同。

4. 剖视图的标注

为了便于看图，应根据剖视图的形成及其配置位置作相应的标注。

① 剖切符号。在剖切平面的起、迄和转折位置用长约5mm，线宽$1\sim1.5d$的粗实线表示，它不能与图形轮廓线相交，并在剖切符号的起、迄和转折处注上字母，在剖切符号的两端外侧用箭头指明剖切后的投射方向，如图4-9所示。

② 剖视图的名称。在相应的剖视图上方采用相同的大写字母，标注成"×-×"形式，

以表示该剖视图的名称，如图 4-9 所示。

在下列两种情况下，可省略或部分省略标注。

① 当剖视图按投影关系配置，中间又没有其他图形隔开时，可以省略箭头，如图 4-10（a）所示。

② 当单一剖切平面通过机件的对称面（或基本对称面），同时满足上一个条件时，可省去全部标注，如图 4-10（b）所示。

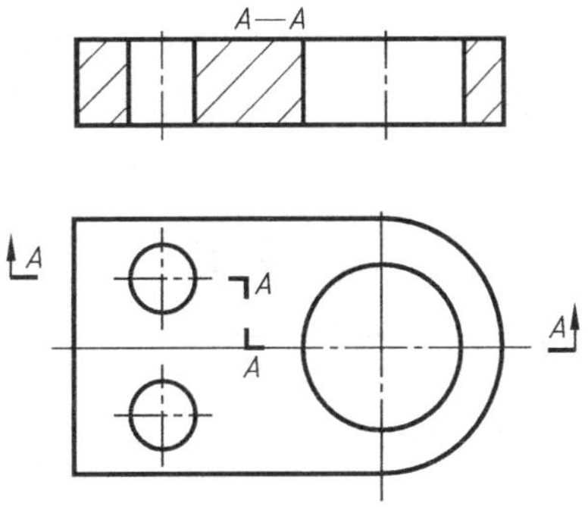

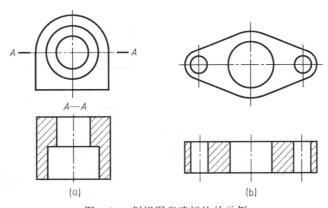

图 4-9 剖切符号的标注

二、剖视图的种类

剖视图按其剖切范围分为全剖视图、半剖视图和局部剖视图三种。

1. 全剖视图

用剖切面完全地剖开机件所得的剖视图，称为全剖视图。

全剖视图主要用于外形简单（或外形已表达）、内部形状复杂的机件，如图 4-9、图 4-10 所示。

图 4-10 剖视图省略标注的示例

2. 半剖视图

当机件具有对称平面时，向垂直于对称平面的投影面上投射所得的图形，可以对称线为界，一半画成剖视，另一半画成视图，这种组合的图形称为半剖视图，如图 4-11 所示。

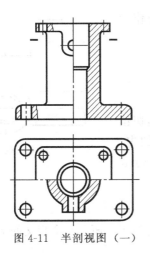

图 4-11 半剖视图（一）

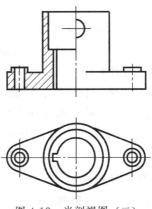

图 4-12 半剖视图（二）

半剖视图主要用于内外形状都需要表达的对称机件。当机件的结构接近对称，且不对称部分已表达清楚时，也可以画成半剖视图，如图 4-12 所示。

在半剖视图中，剖视部分与视图部分应以对称线（细点画线）为界，由于机件的内部结构在剖视部分已表达清楚，因此，视图部分应省略虚线。半剖视图的标注方法与全剖视图相同。

3. 局部剖视图

用剖切面局部地剖开机件所得的剖视图，称为局部剖视图。局部剖视图适用于以下情况。

① 仅需表达局部内部结构，而不必采用全剖视图的机件，如图 4-13 所示。

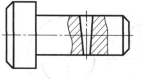

图 4-13　局部剖视图（一）

② 轮廓线与中心线重合而内外结构都需要表达的对称机件，若采用半剖视图易引起误解，宜采用局部剖视。如图 4-14 所示。

③ 内外结构都需要表达但机件不对称，应使用局部剖视图，如图 4-15 所示。

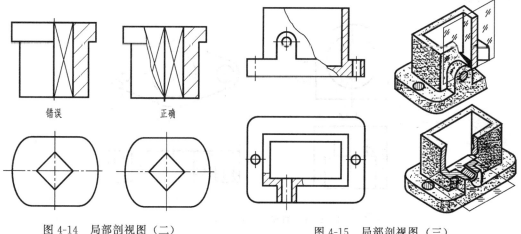

图 4-14　局部剖视图（二）　　　　图 4-15　局部剖视图（三）

画局部剖视图时，应注意以下几点。

① 对于剖切位置明显的局部剖视图，一般不予标注，如图 4-13～图 4-15 中所示。必要时，可按全剖视图的标注方法标注。

② 当被剖结构为回转体时，允许将该结构的中心线作为局部剖视和视图的分界线，如图 4-16 中的主视图。

③ 局部剖视的视图部分和剖视部分以细波浪线分界。波浪线要画在物体的实体部分，不应超出视图的轮廓线或与其他图线重合，如图 4-17 所示。

④ 局部剖视是一种灵活、便捷的表达方法。它的剖切位置和剖切范围大小，可根据实际需要确定。但在一个视图中，不宜过多地选用局部剖视，以免使图形凌乱，给读图造成困难。

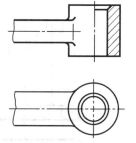

图 4-16　局部剖视图（四）

三、剖切面的种类

国家标准规定了三种剖切面：单一剖切面、几个平行的剖切面、几个相交的剖切面。

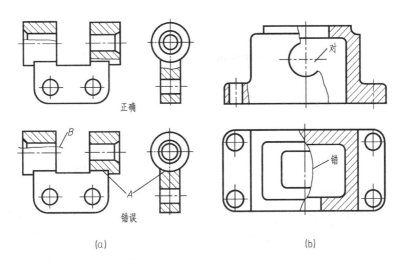

图 4-17　波浪线的画法

1. 单一剖切面

仅用一个剖切面剖开机件。本节前述的图例中除图 4-9 外均为单一剖切面，这是种最为常见的剖切方式。

一般情况下，用一个平行于基本投影面的平面剖开机件，如图 4-7 所示。

当采用单一剖切面剖切机件倾斜部分的内部结构时，为反映实形，可采用倾斜的剖切面，再按照斜视图的方式投射和绘制，绘制和标注如图 4-18 所示。

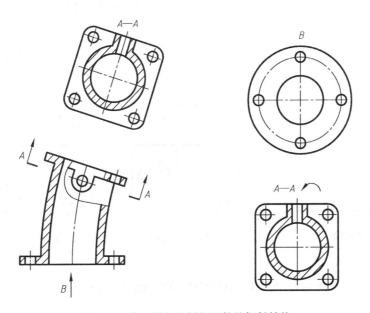

图 4-18　单一剖切面剖切机件的倾斜结构

2. 几个平行的剖切面剖切

当机件上有若干个不在同一平面上，而又需要表达的内部结构时，可采用几个平行的剖切平面剖开机件。几个平行的剖切平面可以是两个或两个以上，各剖切平面的转折必须是直角。如图 4-19 所示，物体上部两个孔不在左右对称面上，用一个剖切面不能同时剖到上部孔和下部孔，这时，可用两个相互平行的剖切平面分别通过一个小孔和左右对称面，再将两个剖切平面假想移动到共面后面的部分向基本投影面投射，即得到用两个平行平面剖切的全剖视。

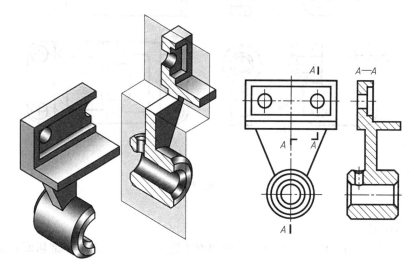

图 4-19　几个平行剖切面的剖视图

用几个平行的剖切平面剖切时，应注意以下几点。

① 在剖视图上不应出现剖切平面转折处的界线，如图 4-20（a）所示；剖切平面转折处的线不应与轮廓线重合，如图 4-20（b）所示；剖视图中也不应出现不完整的结构要素，如图 4-20（c）所示。

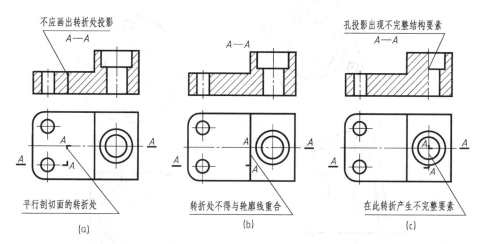

图 4-20　几个平行剖切面获得的剖视图画法注意点（一）

② 如物体中有两个结构要素具有公共的对称线或轴线时，可以对称线或轴线为界，各画一半。如图 4-21 所示。

③ 几个平行剖切平面的剖视图上方必须标注图名"×-×"，在剖切面的起、迄、转折处画上剖切符号，注上相同字母，在图 4-19 和图 4-21 中转折处若因位置有限，在不致引起误解的情况下，可以省略字母。

3. 几个相交的剖切平面

当物体上的内部结构不在同一平面，且物体具有较明显的回转轴线时，可采用几个相交的剖切面剖开机件，剖切面的交线应与机件的回转轴线重合并垂直于某一基本投影面，如图 4-22 所示。

采用这种方法画剖视图时，首先假想按剖切位置剖开机件，将处于倾斜位置的剖切面所剖开的结构及其有关部分，一起绕两剖切平面的交线旋转至与选定基本投影面平行后，再向该投影面进行投射。

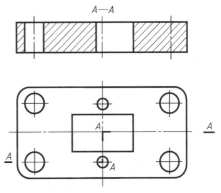

图 4-21 几个平行剖切面获得的剖视
图画法注意点（二）

在图 4-23 中所示的机件，需剖切的内部结构主要有两组孔，用单一剖切面无法同时把它们的内部形状表达出来。因此采用了相交的水平面和正垂面作为剖切面，将物体剖切。两剖切平面相交于大圆柱孔的轴线，将倾斜部分绕轴线旋转至与水面平行后投射，从而得到用两相交平面剖切的全剖视图。

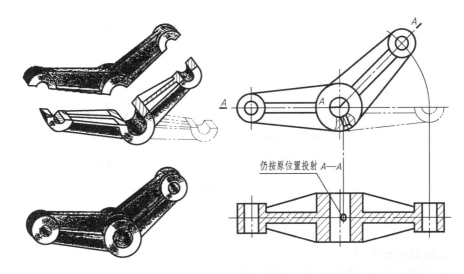

图 4-22 几个相交剖切面的剖视图（一）

用几个相交的剖切面剖切时，应注意以下几点。

① 采用这种"先剖切、后旋转"的方法绘制的剖视（往往旋转的部分投射后会比原投影伸长），剖切平面后的其他结构，一般仍按原来的位置进行投射，如图 4-22 所示。

② 剖切平面的交线一般应与形体的回转轴线重合。

③ 相交剖切面剖视的标注，其标注形式及内容与几个平行平面剖切的剖视相同。

以上三种类型的剖切面均可以获得全剖视图、半剖视图和局部剖视图。

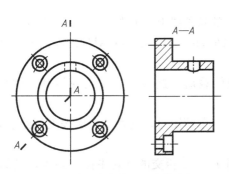

图 4-23 几个相交剖切面的剖视图（二）

第三节 断 面 图

一、断面图的概念

假想用剖切平面将机件的某处切断，仅画出该剖切面与机件接触部分的图形，称为断面图（简称断面），如图 4-24 所示。

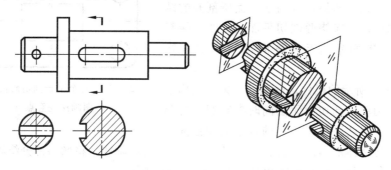

图 4-24 断面图

断面图与剖视图之间的区别：断面图只画出断面的形状，而剖视图除了画出其断面形状之外，还必须画出剖切面后所有的可见轮廓，如图 4-25 所示。

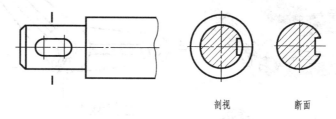

剖视　　断面

图 4-25 断面图与剖视图的区别

断面图主要用于表达机件的断面形状。

二、断面图的种类和标注

断面图分为移出断面图和重合断面图两种。

1. 移出断面图

画在视图之外的断面图，称为移出断面图，如图 4-26 所示。

画移出断面图应注意以下几点。

① 移出断面图应尽量配置在剖切符号（剖切线）的延长线上，如图 4-26（a）所示；必要时也可配置在其他适当位置，但必须标注，如图 4-26（b）、（c）所示；对称的断面图也可画在视图的中断处，如图 4-26（d）所示。

② 当剖切平面通过由回转面形成的孔或凹坑的轴线时，这些结构按剖视绘制，如图 4-26（a）、（b）所示。

③ 当剖切面通过非圆孔，导致出现完全分离的两个断面图时，这些结构应按剖视绘制，如图 4-26（c）所示。

④ 剖切平面应与物体的主要轮廓线垂直。由两个或多个相交的剖切平面剖切得出的移出断面图，中间以波浪线断开，如图 4-26（e）所示。

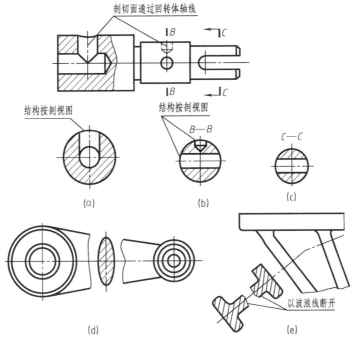

图 4-26 移出断面图的画法

2. 重合断面图

画在视图轮廓线之内的断面图称为重合断面图。

为了避免与视图轮廓线相混淆,重合断面的轮廓线用细实线绘制。当视图中轮廓线与重合断面图的图形重叠时,视图中的轮廓线仍应连续画出,不可间断,如图 4-27 所示。

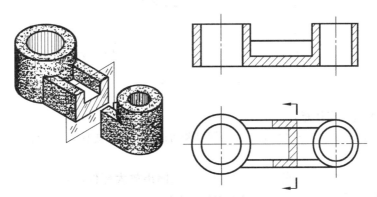

图 4-27 重合断面图的画法(一)

3. 断面图的标注

(1) 移出断面图的标注

① 移出断面图一般用剖切符号表示剖切位置,剖切符号之间的剖切线省略不画,用箭头表示投射方向并注上大写拉丁字母;在断面的上方,用同样的字母标出相应的名称,如图 4-26(c) 所示。

② 配置在剖切线延长线上的对称移出断面,可省略标注,如图 4-26(a) 所示;配置在视图中断处的移出断面,可省略标注,如图 4-26(d) 所示。

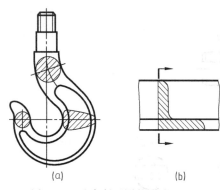

图 4-28 重合断面图的画法（二）

③ 配置在剖切符号延长线上的不对称移出断面，要画出剖切符号和箭头，可以省略字母，如图 4-24 所示。

④ 不配置在剖切符号延长线上的对称移出断面［见图 4-26（b）］，以及按投影关系配置的不对称移出断面（见图 4-25），均可省略箭头。

（2）重合断面图的标注

① 相对于剖切线对称的重合断面图可不必标注，如图 4-28（a）所示。

② 当重合断面非对称时，应标注剖切符号，表示剖切面的位置及投射方向，如图 4-28（b）所示。

第四节 其他表达方法

一、局部放大图

将图样中所表示机件的部分结构，用大于原图形的比例画出的图形，称为局部放大图。

当机件上某些局部细小结构在视图上表达不够清楚或不便于标注尺寸时，往往采用局部放大图，如图 4-29 所示。

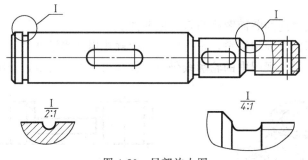

图 4-29 局部放大图

画局部放大图时应注意：

① 局部放大图可以画成视图、剖视图或断面图，它与被放大部分所采用的表达方式无关。

② 绘制局部放大图时，应在视图上用细实线圈出放大部位，并将局部放大图尽量配置在被放大部位的附近。

③ 当同一机件上有几个放大部位时，需用罗马数字按顺序注明，并在局部放大图上方标出相应的罗马数字及所采用的比例，如图 4-29 所示。

④ 局部放大图中标注的比例为放大图中机件要素线性尺寸与实际机件相应要素线性尺寸之比，与原图所采用的比例无关。

二、简化画法

简化画法是包括规定画法、省略画法、示意画法等在内的图示方法。

① 在不致引起误解的情况下，允许省略剖面符号，如图 4-30 所示。

② 若干直径相同且成规律分布的孔，可以仅画出一个或几个，其余只需用细点画线表

示其中心位置，但图中应注明孔的总数，如图 4-31 所示。

③ 剖视图中，对于机件上的肋、轮辐及薄壁等，如按纵向剖切，这些结构都不画剖面符号，而用粗实线将它与邻接部分分开，如图 4-32 所示。但当剖切平面垂直它们剖切时，仍要画出剖面符号，如图 4-32 中的俯视图。

④ 当零件回转体上均匀分布的肋、轮辐、孔等结构不处于剖切平面上时，可将这些结构旋转到剖切平面上画出，如图 4-33 所示。

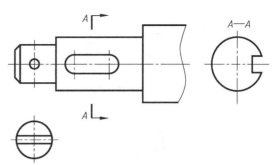

图 4-30 剖面符号的简化画法

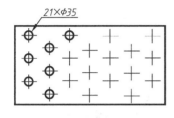 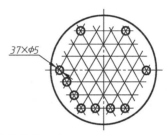

图 4-31 相同要素的简化画法

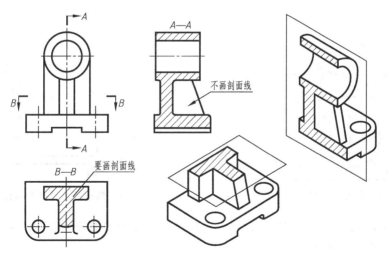

图 4-32 肋板剖切时的规定画法

⑤ 较长的机件（轴、杆、型材等）沿长度方向的形状一致或按一定规律变化时，可断开后缩短绘制，如图 4-34 所示。断开后尺寸仍按实际的尺寸长度标注。

⑥ 与投影面倾斜角度小于或等于 30° 的圆或圆弧，其投影可用圆或圆弧代替，如图 4-35 所示。

⑦ 圆柱形法兰盘和类似机件上均匀分布的孔，可按图 4-36 的方法绘制。

⑧ 当回转机件上的平面在图形不能充分表达时，可用两条相交的细实线表示，如图 4-37 所示。

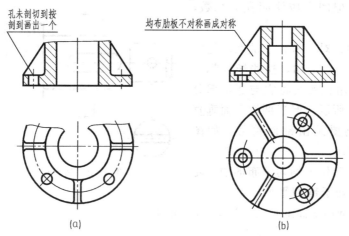

图 4-33 均匀分布的孔和肋的规定画法

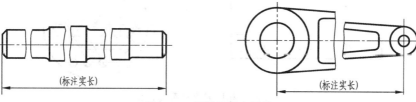

图 4-34 折断的规定画法

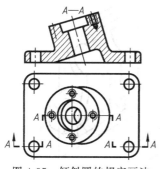

图 4-35 倾斜圆的规定画法

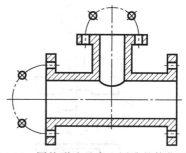

图 4-36 圆柱形法兰盘上圆孔的简化画法

⑨ 零件上的滚花、槽沟等网状结构，应用粗实线完全或部分地表达出来，并在图中按规定标注，如图 4-38 所示。

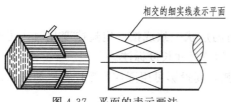

图 4-37 平面的表示画法

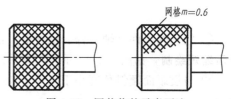

图 4-38 网状物的示意画法

第五章 标准件和常用件

在机器和设备上,除了一般零件外,还经常使用到螺钉、螺栓、螺母、垫圈、键、销、滚动轴承等零件,为了便于专业化批量生产,提高产品质量,降低生产成本,对这些常用零件的结构、尺寸实行了标准化,故称它们为标准件。还有一些零件,虽然常用到,但国家标准只对其部分结构、尺寸和参数作了规定,如齿轮、弹簧等,称这类零件为常用件。

绘制标准件和常用件的图样时,对这些零件的形状和结构不必按真实投影画出,只要按国家标准规定的画法、代号和标记,进行绘图和标注即可,其具体尺寸可从相应标准中查阅。

本章将分别介绍螺纹及螺纹紧固件、键、销、滚动轴承、弹簧、齿轮等的基本知识、规定画法和标记等。

第一节 螺 纹

螺纹是零件中常见的一种结构,它是在圆柱或圆锥表面上,沿着螺旋线所形成的具有特定断面形状的连续凸起(凸起是指螺纹两侧面间的实体部分又称牙)和沟槽。在圆柱(圆锥)的外表面上形成的螺纹称为外螺纹,在圆柱(圆锥)的内表面上形成的螺纹称为内螺纹。内、外螺纹成对使用。

一、螺纹的种类和要素

1. 螺纹的种类

螺纹的种类很多,其分类方法也较多。按其用途可分为四类:连接和紧固用螺纹、管用螺纹、传动螺纹、专门用途螺纹。

2. 螺纹的要素

螺纹的要素有牙型、直径、螺距、线数、旋向,其各部分名称如图5-1所示。

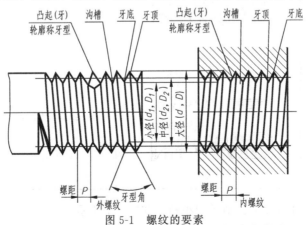

图 5-1 螺纹的要素

(1)牙型 在通过螺纹轴线的断面上,螺纹的轮廓形状称为牙型。常用的牙型有三角形、梯形、锯齿形等。不同的螺纹牙型有不同的用途,见表5-1。

表 5-1　常用标准螺纹的种类、牙型与用途

螺纹名称及特征代号	牙型	用途
粗牙普通螺纹 细牙普通螺纹 M	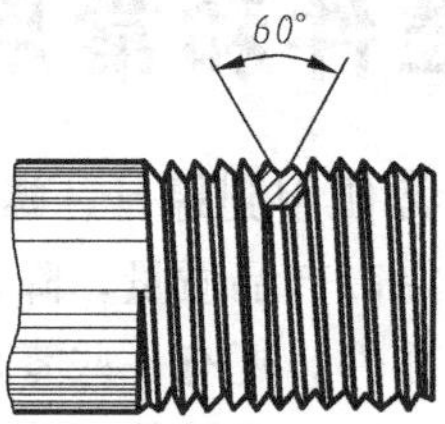 60°	一般连接用粗牙普通螺纹，薄壁零件的连接用细牙普通螺纹
非螺纹密封螺纹 G	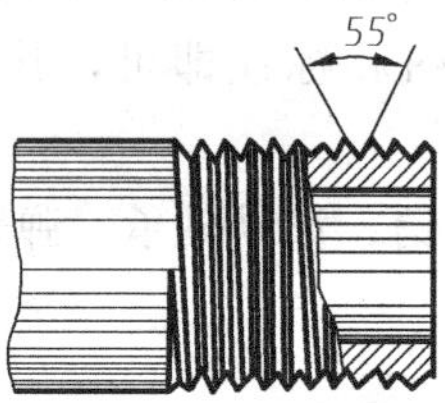 55°	常用于电线管等不需要密封的管路系统中的连接
用螺纹密封的管螺纹 （圆锥内螺纹 R_c） （圆柱内螺纹 R_p） （圆锥外螺纹 R）	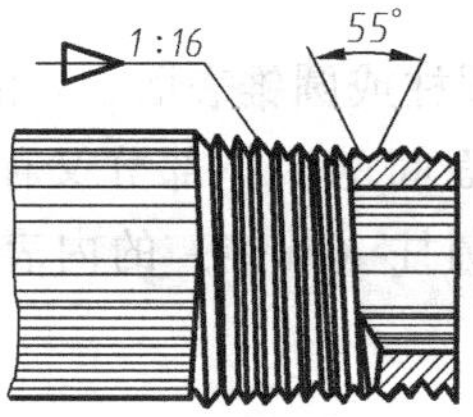 1:16　55°	常用于日常生活中的水管、煤气管、机器上润滑油管等系统中的连接
梯形螺纹 Tr	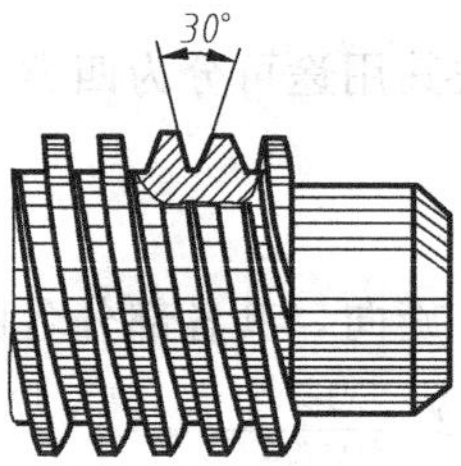 30°	多用于各种机床上的传动丝杆
锯齿形螺纹 B	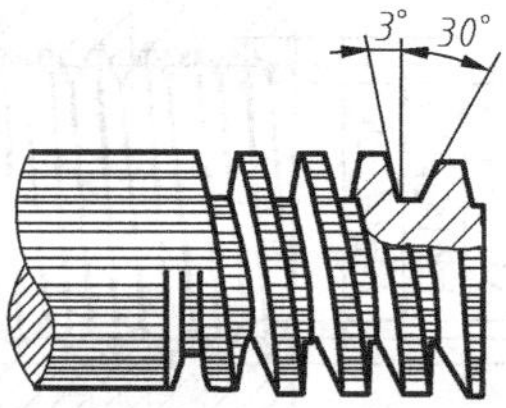 3°　30°	用于螺旋压力机的传动丝杆

　　(2) 直径　直径分为大径、中径和小径，如图 5-1 所示。

　　大径，指与外螺纹牙顶或内螺纹牙底相切的假想圆柱的直径。外螺纹的大径用 d 表示（内螺纹的用 D）。

　　中径，指一个假想圆柱的直径，该圆柱的母线通过牙型上的沟槽和凸起宽度相等的地

方。外螺纹中径用 d_2 表示（内螺纹的用 D_2）。

小径，指与外螺纹牙底或内螺纹牙顶相切的假想圆柱的直径。外螺纹小径用 d_1 表示（内螺纹的用 D_1）。

螺纹的大径一般也称为公称直径，外螺纹大径和内螺纹小径亦称顶径。

(3) 线数（n）　螺纹有单线和多线之分：沿一条螺旋线形成的螺纹称为单线螺纹；沿两条或两条以上的螺旋线形成的螺纹称为多线螺纹。螺纹的线数用 n 表示，如图 5-2 所示。

(4) 螺距（P）和导程（P_h）　螺纹上相邻两牙在中径线上对应两点间的轴向距离称为螺距，用 P 表示；同一条螺旋线上的相邻两牙在中径线上对应两点间的轴向距离，称为导程，用 P_h 表示。单线螺纹的螺距等于导程，多线螺纹的螺距 $P=P_h/n$，如图 5-2 所示。

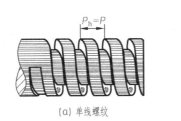
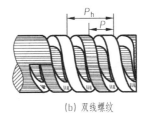

(a) 单线螺纹　　　　(b) 双线螺纹

图 5-2　螺纹与导程

(5) 旋向　内、外螺纹旋合时的旋转方向称为旋向。螺纹旋向有右旋和左旋两种。顺时针旋转时旋入的螺纹为右旋螺纹，逆时针旋转时旋入的螺纹为左旋螺纹，其中以右旋为最常见。判断螺纹旋向的方法如图 5-3 所示。

因螺纹的牙型、大径和螺距是决定螺纹结构规格最基本的要素，故称它们为螺纹的三要素。凡三要素符合国家标准的螺纹，称为标准螺纹；仅螺纹牙型符合标准，而大径、螺距不符合标准的称为特殊螺纹；若螺纹牙型不符合标准，则称为非标准螺纹。内、外螺纹总是成对地使用，只有当五个要素相同时，内、外螺纹才能旋合在一起。

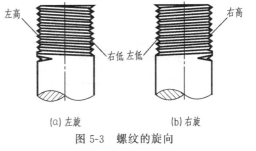

(a) 左旋　　　　(b) 右旋

图 5-3　螺纹的旋向

二、螺纹的规定画法

国家标准（GB/T 4459.1—1995）规定了螺纹和螺纹紧固件的画法，所以在绘制螺纹时，不必按其真实投影画出，而采用规定画法，见表 5-2。

三、标准螺纹的标注

由于螺纹规定画法不能表达螺纹的种类和螺纹的牙型、螺距、旋向等要素，因此绘制螺纹图样时，还必须按照国家标准的规定进行标注。标准螺纹的标注方法，见表 5-3～表 5-5。

四、特殊螺纹与非标准螺纹的标注

① 特殊螺纹应在特征代号前加注"特"字，并标出大径和螺距，如图 5-4（a）所示。

② 非标准的螺纹应画出螺纹的牙型，并注出所需要的尺寸及有关要求，如图 5-4（b）所示。

表 5-2 螺纹的规定画法

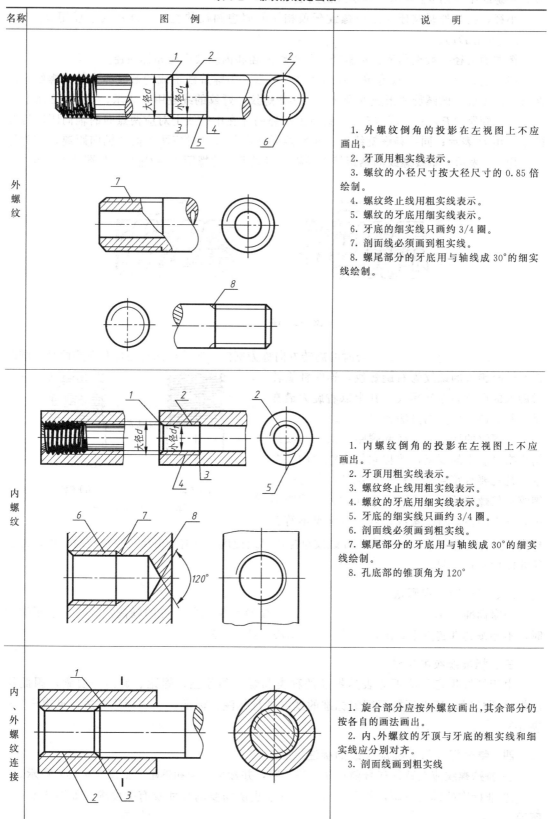

第五章 标准件和常用件

表 5-3 普通螺纹的标注

螺纹种类	标注的内容和方式	图 例	说 明
粗牙普通螺纹	M10-5g6g-S 短旋合长度代号 顶径公差带代号 中径公差带代号 螺纹公称直径 M10LH-7H-L 长旋合长度代号 顶径和中径公差带(相同)代号 左旋	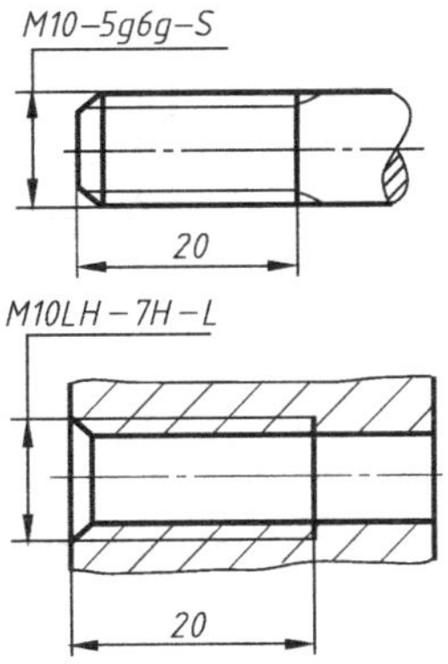 M10-5g6g-S, 长度 20 M10LH-7H-L, 长度 20	1. 不注螺距。 2. 右旋省略不注,左旋要标注。 3. 中径和顶径公差带相同时,只注一个代号,如 7H。 4. 当旋合长度为中等长度时,不标注。 5. 图中所注螺纹长度,均不包括螺尾在内
细牙普通螺纹	M10×1-6g 螺距	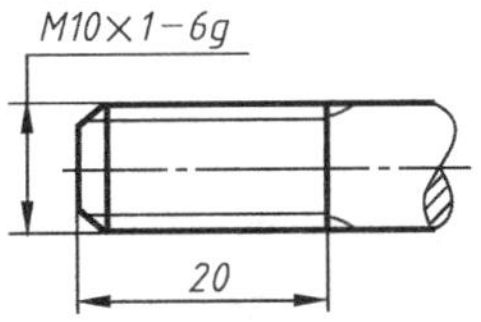 M10×1-6g, 长度 20	1. 要注螺距。 2. 其他规定同上

表 5-4 管螺纹的标注

螺纹种类	标注方式	图 例	说 明
非螺纹密封的管螺纹	G1A (外螺纹公差等级分 A 级和 B 级两种,此处表示 A 级) G3/4 (内螺纹公差等级只有一种)	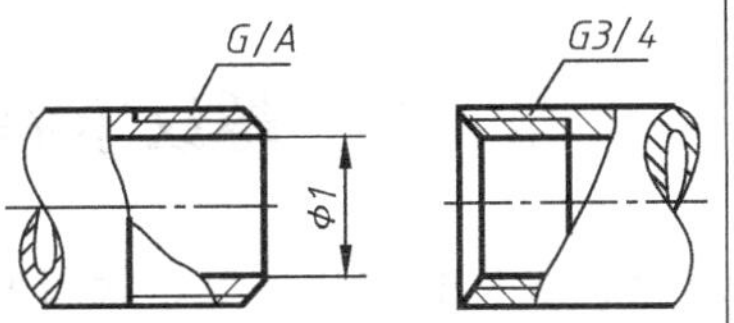 G1A, φ1; G3/4	1. 特征代号后边的数字是管子尺寸代号而不是螺纹大径,管子尺寸代号数值等于管子的内径,单位为英寸。作图时应据此查出螺纹大径。 2. 管螺纹标记一律注在引出线上(不能以尺寸方式标记),引出线应由大径处引出(或由对称中心处引出)
用螺纹密封的圆柱管螺纹	R3/4 Rp3/4 (内螺纹均只有一种公差带)	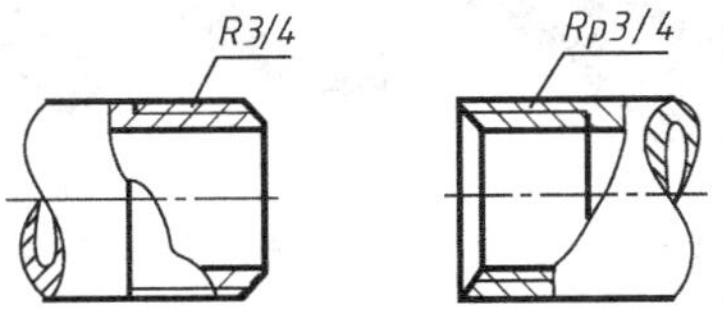 R3/4; Rp3/4	
用螺纹密封的圆锥管螺纹	R1/2(外螺纹) Rc1/2(内螺纹) (内外螺纹均只有一种公差带)	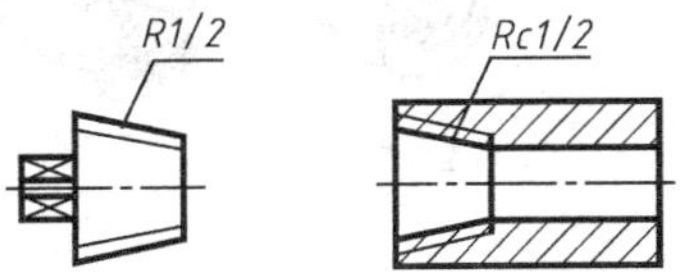 R1/2; Rc1/2	

表 5-5 梯形螺纹的标注

螺纹种类	标注方式	图 例	说 明
单线梯形螺纹	Tr36×6—8e 中径公差带代号 导程＝螺距 螺纹公称直径	Tr36×6—8e	1. 单线注导程即可。 2. 多线的要注导程、螺距。 3. 右旋省略不注，左旋要注 LH。 4. 旋合长度分为中等(N)和长(L)两组，中等旋合长度代号 N 可以不注
多线梯形螺纹	Tr36×12(P6)LH—8e—L 左旋 螺距 导程	Tr36×12(P6)LH—8e—L	

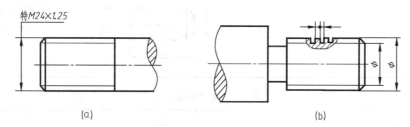

图 5-4 特殊螺纹和非标准螺纹的标注

第二节 螺纹紧固件

常用的螺纹紧固件有螺栓、双头螺柱、螺钉、螺母和垫圈等，如图 5-5 所示。

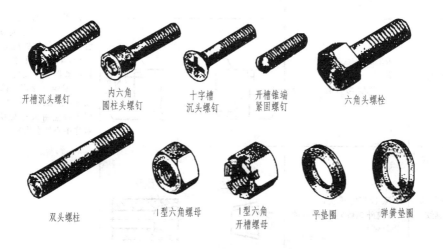

图 5-5 常见的螺纹紧固件

一、螺纹紧固件及规定标记

螺纹紧固件是标准件,因此,只要知道规定标记,就可以从有关标准中查出它们的结构形式、尺寸和技术要求。常见的螺纹紧固件的规定标记格式及说明,见表5-6。

表5-6 常见螺纹紧固件的规定标记

名称	图例	标记格式及示例	说 明
六角头螺栓	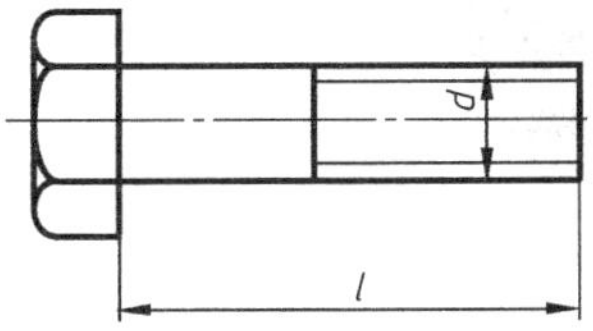	名称 标准代号 螺纹代号×长度 螺栓 GB/T 5780 M20×100	螺纹规格d=M20、公称长度l=100、性能等级为4.8级、不经表面处理、产品等级为C的六角头螺栓
双头螺栓	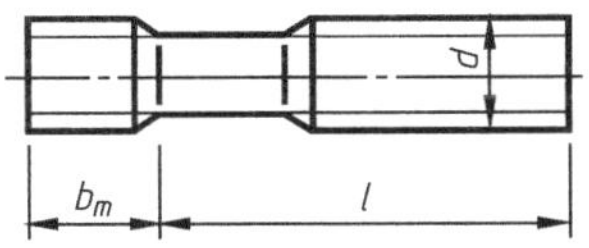	名称 标准代号 螺纹代号×长度 螺柱 GB/T 899 M10×50	两端均为粗牙普通螺纹、d=M10、l=50、性能等级为4.8级、不经表面处理、B型、b_m=1.5d 的双头螺柱
螺钉	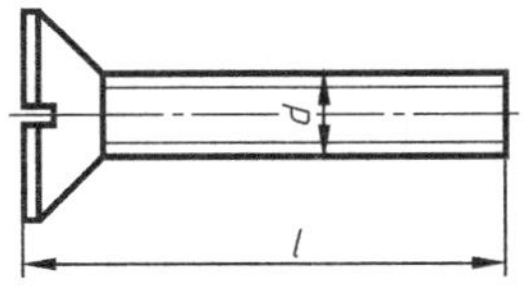	名称 标准代号 螺纹代号×长度 螺钉 GB/T 68 M10×30	螺纹规格d=M10、公称长度l=30、性能等级为4.8级、不经表面处理的开槽沉头螺钉
螺母	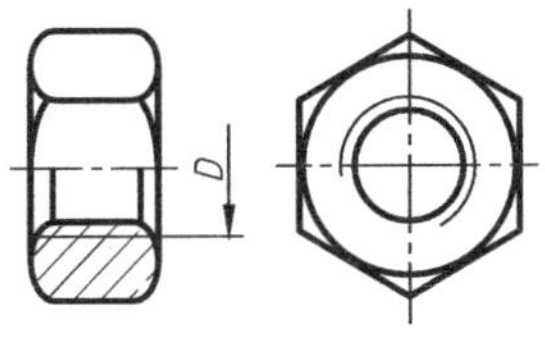	名称 标准代号 螺纹代号 螺母 GB/T 41 M12	螺纹规格D=M12、性能等级为5级、不经表面处理的、产品等级为C的六角螺母
垫圈	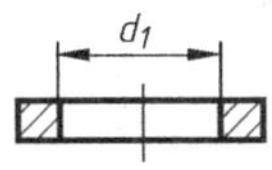	名称 标准代号 垫圈 GB/T 95 8	标准系列、公称尺寸d_1=8、性能等级为100HV级、不经表面处理的平垫圈

二、螺栓连接的画法

螺栓连接通常由被连接件、螺栓、螺母和垫圈组成,如图5-6所示。

为作图方便,装配图中螺栓、螺母、垫圈等连接件一般采用比例画法,各部分尺寸都取与螺栓直径d成一定的比例,如图5-7所示。

装配图中螺栓连接一般采用近似画法,如图5-8(a)所示,螺栓的有效长度L可按下式计算:

$$L \approx \delta_1 + \delta_2 + h + m + a$$

式中,δ_1、δ_2 分别表示两个被连接件的厚度;h 表示垫片的厚度;m 表示螺母的高度;a 大约为 $(0.3\sim0.4)d$。计算出的数值须查表取标准值为螺栓的有效长度L。

画图时必须遵守下列规定:

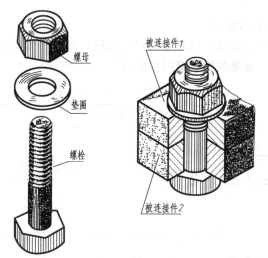

图 5-6 螺纹连接

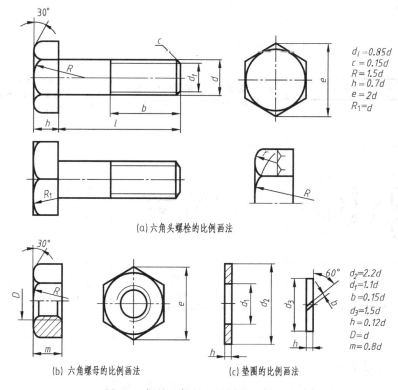

(a) 六角头螺栓的比例画法

(b) 六角螺母的比例画法　　(c) 垫圈的比例画法

图 5-7 螺栓、螺母、垫圈的比例画法

① 两零件的接触表面只画一条粗实线，不接触表面画两条粗实线。

② 相邻两零件的剖面线方向应相反（或方向一致间隔有明显的区别）；同一零件在各剖视图中的剖面线方向和间隔应一致。

③ 在剖视图中，当剖切平面通过螺纹紧固件的轴线时，紧固件按不剖绘制，仍画出其外形。

为作图简便，在装配图中还可采用简化画法，螺栓倒角、六角头部曲线等均可省略不画，如图 5-8（b）所示。

第五章 标准件和常用件

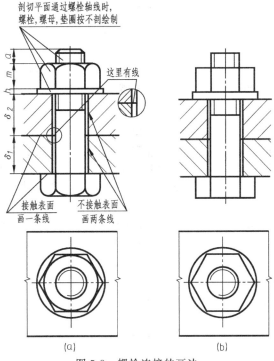

图 5-8 螺栓连接的画法

三、螺柱、螺钉连接的画法
1. 螺柱连接

当被连接的两个零件之一较厚，可采用螺柱连接：用双头螺柱、螺母和垫圈将两个零件连接在一起，如图 5-9 所示。

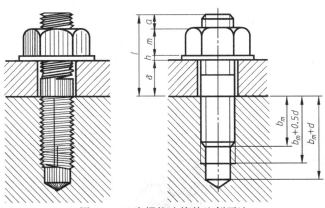

图 5-9 双头螺柱连接的比例画法

双头螺柱旋入端长度（b_m）的确定，主要是依据被旋入零件材料的不同来选择的：

钢、青铜　　　　　　　　　　　$b_m=d$
铸铁　　　　　　　　　　　　　$b_m=1.25d$ 或 $b_m=1.5d$
其他有色金属及软质材料　　　　$b_m=2d$

螺孔的深度一般取 $b_m+0.5d$；钻孔深度一般取 b_m+d。螺柱有效长度 l 应按下式要求确定：

$$l \geqslant \delta + h + m + a(a \approx 0.3d)$$

计算出的数值须查表取标准值为螺柱的有效长度 l。

2. 螺钉连接

当被连接的零件不常拆卸或受力不大，可采用螺钉连接。这种连接是在较厚的机件上加工出螺孔，另一被连接件加工成通孔，然后将螺钉穿过通孔拧入螺孔，从而达到连接的目的。螺钉连接的简化画法如图 5-10 所示。

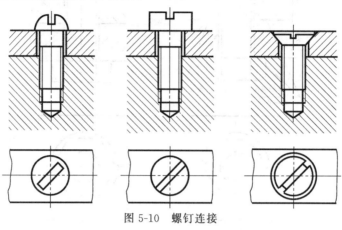

图 5-10 螺钉连接

第三节 其他标准件和常用件

一、齿轮的画法

1. 齿轮的基本知识

齿轮在机器中用来传递动力和运动。由一对啮合齿轮组成的基本机构，称为齿轮副。常用的齿轮副按两轴的相对位置不同，可分成以下三种（见图 5-11）。

① 平行轴齿轮副（圆柱齿轮啮合）：用于平行两轴之间的传动，如图 5-11（a）所示。

② 相交轴齿轮副（圆锥齿轮啮合）：用于相交两轴之间的传动，如图 5-11（b）所示。

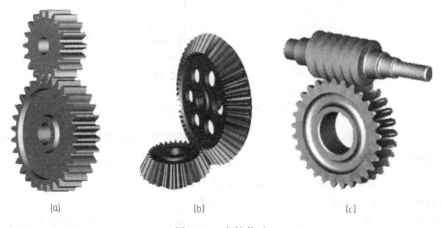

图 5-11 齿轮传动

③ 交错轴齿轮副（蜗杆与蜗轮啮合）：用于交叉两轴之间的传动，如图5-11（c）所示。

2. 直齿圆柱齿轮的各部分名称和代号（见图5-12）

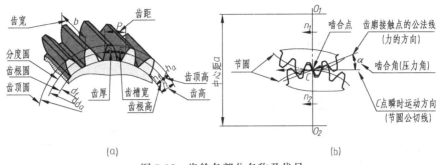

图 5-12 齿轮各部分名称及代号

(1) 齿顶圆直径 d_a　在圆柱齿轮上，齿顶圆柱面和端平面的交线称为齿顶圆，其直径为齿顶圆直径，用 d_a 表示。

(2) 齿根圆直径 d_f　在圆柱齿轮上，齿根圆柱面和端平面的交线称为齿根圆，其直径为齿根圆直径，用 d_f 表示。

(3) 分度圆直径 d　圆柱齿轮的分度圆柱面与端平面的交线称为分度圆，其直径为分度圆直径，以 d 表示。

(4) 齿顶高 h_a、齿根高 h_f 和齿高 h　齿顶圆与分度圆之间的径向距离称为齿顶高，用 h_a 表示。齿根圆与分度圆之间的径向距离称为齿根高，用 h_f 表示。齿顶圆与齿根圆之间的径向距离称为齿高，用 h 表示。在标准齿轮中，$h=h_f+h_a$。

(5) 齿距 p、齿厚 s 和槽宽 e　分度圆上相邻两齿对应点之间的弧长，称为分度圆齿距，以 P 表示；两啮合齿轮的齿距应相等。在圆柱齿轮的端平面上，一个齿的两侧端面齿廓之间的分度圆弧长，称为齿厚，以 s 表示；在圆柱齿轮的端平面上，一个齿槽的两侧齿廓之间的分度圆弧长，称为槽宽，用 e 表示。在标准齿轮中，$s=e=p/2$，$p=s+e$。

(6) 齿数 z　齿轮上轮齿的个数。

(7) 模数 m　由于分度圆的周长 $\pi d=zp$，故
$$d=zp/\pi$$
令 $m=p/\pi$ 则 $d=mz$

式中，m 称为齿轮的模数。因为一对啮合齿轮的齿距 p 必须相等，所以它们的模数也必须相等。

模数 m 是设计、制造齿轮的重要参数。模数大，则齿距 p 也大，随之齿厚 s、齿高 h 也大，因而齿轮的承载能力也增大。不同模数的齿轮要用不同模数的刀具来加工制造，为了便于设计和加工，国家标准对齿轮的模数作了统一规定，见表5-7。

(8) 压力角 α　一对齿轮啮合时，在分度圆上啮合点的法线方向与该点的瞬时速度方向所夹的锐角称为压力角，以 α 表示，标准齿轮的压力角 $\alpha=20°$。

表 5-7　渐开线圆柱齿轮的模数（摘自 GB/T 1357—1987）　　　　单位：mm

第一系列	1	1.25	1.5	2	2.5	3	4	5	6	8	10	12	16	20	25	32	40	50
第二系列	1.75	2.25	2.75	(3.25)	4.5	5.5	(6.5)	7	9	(11)	14	18	22	28	36	45		

(9) 传动比 i　传动比 i 为主动齿轮的转速 n_1（r/min）与从动齿轮的转速 n_2（r/min）之比，也是从动齿轮的齿数与主动齿轮的齿数之比。即：

$$i = n_1/n_2 = z_2/z_1$$

(10) 中心距 a　两圆柱齿轮轴线之间的最短距离称为中心距，即：

$$a = (d_1 + d_2)/2 = m(z_1 + z_2)/2$$

3. 齿轮各部分的尺寸关系（见表 5-8）

表 5-8　标准直齿圆柱齿轮各部分的尺寸关系

名称及代号	计算公式	名称及代号	计算公式
齿顶高 h_a	$h_a = m$	齿顶圆直径 d_a	$d_a = d + 2h_a = m(z+2)$
齿根高 h_f	$h_f = 1.25m$	齿根圆直径 d_f	$d_f = d - 2h_f = m(z-2.5)$
分度圆直径 d	$d = mz$	中心距 a	$a = (d_1+d_2)/2 = m(z_1+z_2)/2$

4. 直齿圆柱齿轮的规定画法

(1) 单个直齿圆柱齿轮的规定画法，如图 5-13 所示。

齿顶圆和齿顶线用粗实线绘制；分度圆和分度线用细点画线表示；齿根圆和齿根线用细实线绘制，或者省略不画，在剖视图上，齿根线用粗实线绘制。

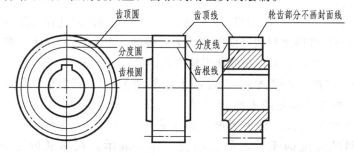

图 5-13　单个直齿圆柱齿轮的画法

(2) 圆柱齿轮的啮合画法，如图 5-14 所示。

在投影为圆的视图中，啮合区内的齿顶圆均用粗实线绘制，也可省略不画；两分度圆相切并用细点画线画出；两齿根圆省略不画。在剖视图中，啮合区内的规定画法为被挡住的齿

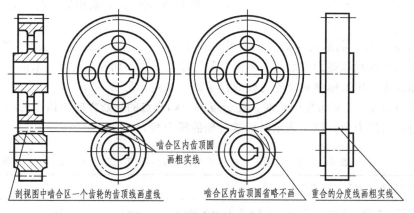

图 5-14　圆柱齿轮的啮合画法

顶线用虚线绘制,也可省略不画,齿顶与齿根之间有 0.25m 的间隙,若不作剖视,则啮合区内的齿顶线与齿根线不必画出,此时分度线用粗实线绘制。

二、键、销连接的画法

常用标准件除螺纹紧固件外,还有键、销等,如图 5-15 所示。

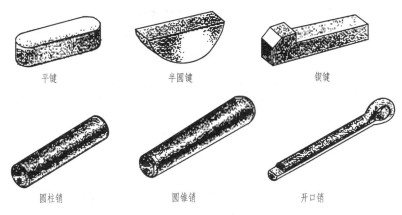

图 5-15 常见键、销

1. 键连接

键是用来连接轴和装在轴上的传动件(如齿轮、皮带轮等),起传递扭矩的作用。键连接的种类较多,其中平键连接制造简单,装拆方便,应用最为广泛,如图 5-16(a)所示。

普通平键是标准件,其结构形式和尺寸都有相应的规定。选择平键时,先根据轴径 d 从标准中查取键的截面尺寸 $b \times h$,然后按轮毂宽度 B 选定键长 L,一般 $L=B-(5\sim10)$ mm,并取为标准值。键和键槽的型式、尺寸,参见附表 9。

键的标记示例如下:

键　16×100　GB/T 1096—2003

其含义为:圆头普通平键,键宽 $b=16$mm,键高 $h=10$mm,键长 $L=100$mm(其中,键的种类和键高 $h=10$mm 为查表所得)。

图 5-16(b)表示键连接的画法。键连接的画法应注意:键与键槽顶面不接触,应画两条线,双侧面接触线只画一条线,键的倒角省略不画,当剖切平面沿键的纵向剖切时,键按不剖绘制。

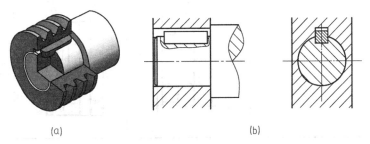

图 5-16 键连接的画法

2. 销连接

销是标准件,主要用于零件之间的连接或定位。常用的销有圆锥销、圆柱销、开口销等

(见图 5-15)，销连接的画法，如图 5-17 所示。

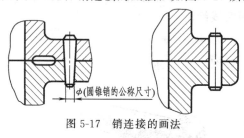

图 5-17 销连接的画法

三、滚动轴承、弹簧、蛇管的画法

1. 滚动轴承

滚动轴承是用来支承轴的标准部件。常见的滚动轴承，如图 5-18 所示。

当需要表示滚动轴承时，可采用规定画法或简化画法。简化画法有通用画法和特征画法两种。其画法见表 5-9。

表 5-9 滚动轴承的通用画法、特征画法及规定画法

名称和标准号	查表主要数据	画法			装配示意图
		简化画法		规定画法	
		通用画法	特征画法		
深沟球轴承 (GB/T 276 —94)	D d B				
圆锥滚子轴承 (GB/T 297 —94)	D d B T C				
推力球轴承 (GB/T 301 —95)	D d T				

2. 弹簧

弹簧是一种用来减振、夹紧、测力和储存能量的零件，如图 5-19 所示。

圆柱螺旋压缩弹簧的画法如图 5-20 所示。

圆柱螺旋压缩弹簧的各部分名称及尺寸关系如下：

深沟球轴承　　　圆锥滚子轴承　　　推力球轴承

图 5-18　常见的滚动轴承

压缩弹簧　　　拉伸弹簧　　　扭转弹簧　　　平面涡卷弹簧

图 5-19　常见的弹簧

① 簧丝直径 d，即弹簧丝的直径。

② 弹簧外径 D，即弹簧最大的直径：$D=D_2+d$。

③ 弹簧内径，即弹簧最小的直径：$D_1=D-2d$。

④ 弹簧中径，即弹簧的平均直径：$D_2=D-d$。

⑤ 节距 t，相邻两个有效圈上对应点的轴向距离。

⑥ 有效圈数 n、支承圈 n_2，为了使弹簧工作时受力均匀，保证轴线垂直于支承面，常将压缩弹簧两端并紧并端面磨平。这些圈数仅起支承作用，称为支承圈。一般情况 $n_2=2.5$ 圈，除支承圈外，具有相等节距的圈数称为有效圈数。

⑦ 总圈数，有效圈数与支承圈数之和称总圈数，即：$n_1=n+n_2$。

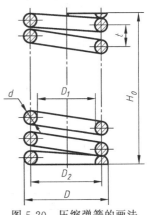

图 5-20　压缩弹簧的画法

⑧ 自由高度 H_0，弹簧不受外力时的高度。

当支承圈为 2.5 时，$H_0=nt+2d$；

当支承圈为 2 时，$H_0=nt+1.5d$；

当支承圈为 1.5 时，$H_0=nt+d$。

⑨ 旋向（分右旋和左旋，常用右旋）。

⑩ 弹簧丝展开长度，$L\approx n_1\sqrt{(\pi D_2)^2+t^2}$。

画图时，应注意以下几点：

① 螺旋弹簧在平行于轴线的投影面上的图形，其各圈的轮廓应画成直线。

② 有效圈数为 4 圈以上的螺旋弹簧，中间部分可以省略。可在每端只画 1~2 圈（支撑

圈除外），中间各圈只需用通过弹簧钢丝中心的两条点画线连起来表示，且允许适当缩短图形长度。

③ 右旋弹簧一定要画成右旋。左旋或旋向不规定的螺旋弹簧，允许画成右旋，但左旋弹簧不论画成左旋或右旋，一律要加注"LH"字。

④ 在装配图中，被弹簧挡住的结构轮廓不必画出，如图 5-21（a）所示，可见部分应从弹簧的外轮廓线或从弹簧钢丝断面的中心线画起。

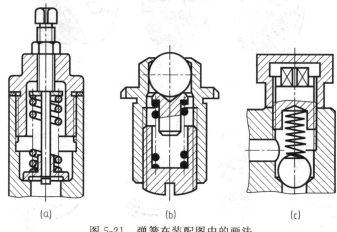

图 5-21　弹簧在装配图中的画法

⑤ 弹簧丝直径在图形上小于或等于 2mm 的断面可以用涂黑表示，如图 5-21（b）所示，也可采用示意画法，如图 5-21（c）所示。

已知圆柱螺旋压缩弹簧的各参数 H_0、d、D_2、n_1、n_2，其作图步骤如图 5-22 所示。

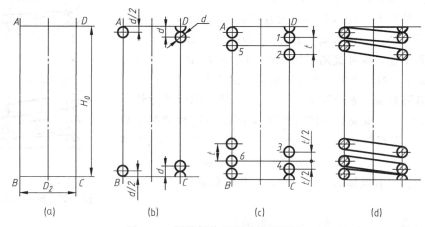

图 5-22　圆柱螺旋压缩弹簧的画法

3. 蛇管

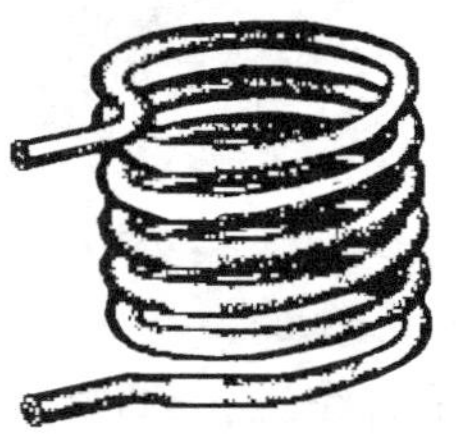

蛇管是化工设备中一种常见的传热结构，一般都放置在设备内部，起加热或冷却作用，如图 5-23 所示。

（1）蛇管的规定画法（见图 5-24）

① 在平行于蛇管轴线的投影面上所得到的视图中，各圈管子的中心线及轮廓线均画成直线，不必按螺旋线的真实投影画出。

② 蛇管两端进出的管线，可根据需要弯制成各种形状，分别由

图 5-23　蛇管

蛇管的主、俯视图表示两端弯曲圆弧的形状和大小，如图 5-24（a）所示。

③ 四圈以上的蛇管，中间圈可省略。如图 5-24（b）所示。

蛇管的尺寸 $d \times s$（直径×壁厚）、蛇管中心距 D、节距 t（相邻两圈的间距）、蛇管的总高 H 等。

同时，还有用文字注明的圈数 n、展开长度（不包括引申部分）L。蛇管的展开长度可按下式计算：

$$L = n\sqrt{(\pi D)^2 + t^2}$$

（2）蛇管的作图步骤　蛇管的画法与螺旋弹簧的画法基本相同，具体的作图步骤如图 5-25 所示。在蛇管的外形图中，被遮盖的图线（虚线）可不画出，如图 5-25（c）所示。图 5-25（b）所示为蛇管的全剖视图画法，它表示了管子的壁厚及蛇管在剖切平面后各圈的轮廓线。

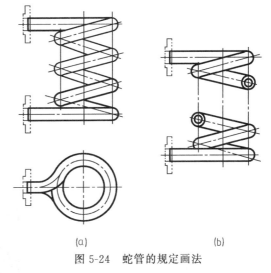

图 5-24　蛇管的规定画法

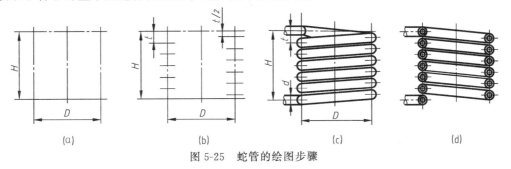

图 5-25　蛇管的绘图步骤

在蛇管的零件图上，应注明蛇管的直径、壁厚、中心距、节距、总高等，并用文字说明圈数和展开长度。

模块 Ⅱ 机械制图

第六章 零件图

第一节 零件图的作用和内容

任何机器或设备,都是由若干零件按一定要求装配而成的。制造机器时先按零件图生产出全部零件,再按照装配图装配成机器。零件图是表示零件结构形状、大小及技术要求的图样。它是制造、检验零件的依据,是设计和生产部门的重要技术文件。

图 6-1 所示为齿轮轴的零件图。

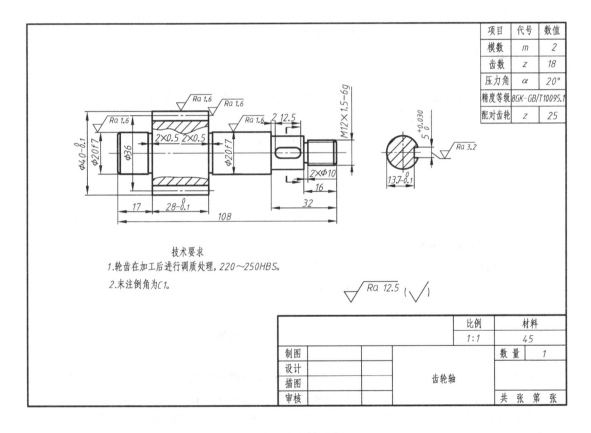

图 6-1 齿轮轴零件图

一张完整的零件图应包含以下内容:

(1) 一组图形　用适当的表达方法,正确、完整、清晰、简便地表示出零件的结构形状,如图 6-1 的齿轮轴零件图。

(2) 完整的尺寸　正确、完整、清晰、合理地标注出零件所需的全部尺寸。

(3) 技术要求　用国家标准中规定的代(符)号、数字或文字(字母),简明、准确地表示出零件在制造、检验、材质处理等过程中应达到的各项质量指标和技术要求。

(4) 标题栏　用于填写零件的名称、材料、数量、图样代号、绘图比例以及责任人员签名和日期等。

第二节　零件图的视图选择

零件图的视图选择，就是选用适当的表达方法将零件内外的结构形状正确、完整、清晰地表达出来，并力求图形简单、看图方便。因此，必须通过对零件的了解，合理地选择主视图和其他视图，以确定适当的表达方案。

一、主视图的选择

主视图应比较清楚和较多的表达出该零件的结构形状，它是零件表达方案的核心，选择主视图应从以下几方面来考虑。

1. 形状特征原则

应把最能反映零件结构形状特征的方向，作为主视图的投射方向。使主视图较多地表达出零件的主要结构和各组成部分之间的相对位置。

2. 合理位置原则

（1）加工位置原则　主视图上零件的安放位置应与该零件在加工时的位置尽量一致，便于加工时看图。例如轴、套、轮、盘等由回转体形成的零件，其加工以车削加工为主，主视图通常按加工位置（轴线横放）画出。

（2）工作位置原则　主视图上零件的安放位置与该零件在机器中的工作位置一致，便于将零件和整台机器联系起来，想象其工作情况。例如支座、底座、支架等零件的主视图通常都按工作位置画出。

当零件加工位置多变、工作位置不固定或斜放时，可按零件安放时平稳的位置画出其主视图。

确定零件的安放位置应首先考虑加工位置，其次选择工作位置，并应注意安放平稳和便于画图。

二、其他视图的选择

主视图确定之后，应根据零件中尚未表达清楚的结构形状，有针对性地选择其他视图及相应的表达方法。注意所选择的每个视图都应该有明确的表达目的。

三、典型零件的视图表达

机器零件的种类繁多，按结构形状通常可分为以下四类：

1. 轴套类零件

轴套类零件主要有轴、套筒和衬套等。此类零件一般都由若干段同轴异径回转体构成，在轴上通常带有键槽、销孔、退刀槽等局部结构。此类零件主要在卧式车床上加工。

图 6-2 所示为轴零件图。其主视图按加工位置将轴线水平放置画出，结合图中某些尺寸（数字前标有直径符号 ϕ），即可表示出该零件的基本形状。轴上的键槽则采用两个移出断面图和一个简化画法的局部视图表示，轴上的退刀槽用两个局部放大图表达。

2. 盘盖类零件

盘盖类零件主要有齿轮、带轮、手轮、法兰盘及端盖等。此类零件的基本形状多为扁平的盘（板）状，并常带有肋、孔、槽、轮辐等结构。盘盖类零件主要在卧式车床上加工。

如图 6-3 所示为法兰盘零件图，主视图按加工位置将其轴线水平放置画出，由于外形简单，因此采用相交剖切平面剖切的全剖视来反映其内部结构。此外采用左视图表达零件沿圆周均匀分布的孔、外形等结构。

第六章 零件图

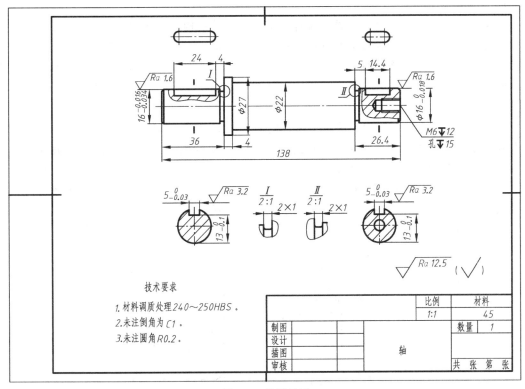

图 6-2 轴零件图

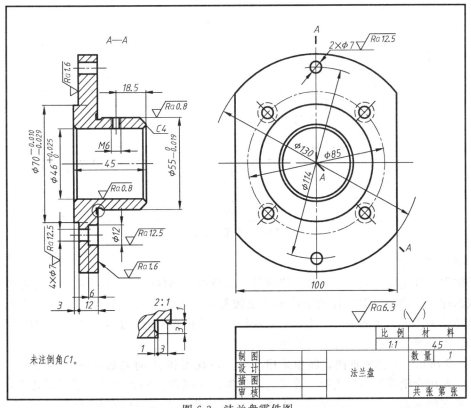

图 6-3 法兰盘零件图

3. 叉架类零件

叉架类零件主要有拨叉、连杆、拉杆、支架等，其结构形状多比较复杂，常带有倾斜或弯曲部分。此类零件的毛坯多为铸件或锻件，需经多道工序加工才能得到最终成品。叉架类零件的主视图常按其工作位置（或安放时平稳的位置）放置，并选择最能反映其形状特征的方向作为投射方向。除主视图外，还需用斜视图、局部视图、局部剖视和断面图等表达方法补充才能将零件表达清楚。

图 6-4 所示为支架零件图，采用了主、俯两个基本视图，另外还采用了一个局部视图和一个移出断面图。主视图按工作位置画出，清楚地反映了组成该零件的轴承孔、底板、肋板三部分的形状及相对位置；采用了俯视图表示支架三个部分的宽度及前后方向的位置关系；在主、俯视图中均作了局部剖视图，表达轴承上孔的内部形状；用 A 向局部视图补充表达安装板左端面的形状；采用了移出断面图表达肋板的断面形状。

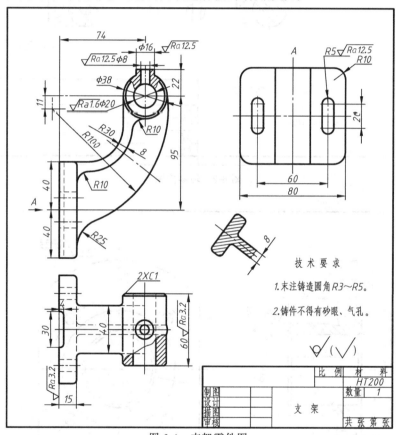

图 6-4 支架零件图

4. 箱体类零件

箱体类零件主要有泵体、阀体、机座等，在机器或部件中用于容纳和支承其他零件，是机器或部件的主体。此类零件的结构形状比较复杂，毛坯多为铸造而成，需经多道工序加工。箱体类零件的主视图一般应根据形状特征及工作位置考虑，需用几个基本视图再配以其他辅助视图补充，才能将零件表达清楚。

图 6-5 所示为泵体零件图，图中采用了主、左视图和 A 向局部视图。主视图按工作位置画出，并用全剖视图表达内腔、孔等内部结构；左视图主要表达其外形及端面孔的分布，用三个局部剖来表达泵体上进出油孔和底板上螺栓孔的内部结构和相对位置；A 向局部视

图则反映底板形状和螺栓孔的位置。

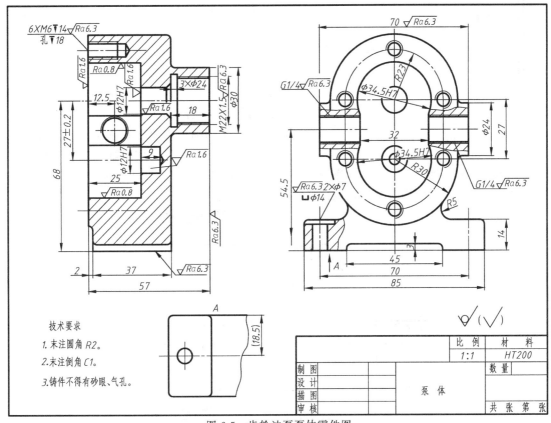

图 6-5 齿轮油泵泵体零件图

第三节 零件图上的尺寸标注

零件图上的尺寸是零件加工和检验的重要依据,是零件图中主要内容之一。

零件图的尺寸标注应做到正确、完整、清晰和合理。所谓合理标注尺寸是指标注尺寸时应符合设计要求和生产工艺要求。这里主要介绍一些合理标注尺寸的基本知识(对正确、完整和清晰的要求,前面章节已作介绍)。

一、正确选择尺寸基准

基准是指零件在机器中或在加工测量时,用以确定零件位置的一些点、线或面。在零件图中标注尺寸时,必须首先选择尺寸基准。而尺寸基准的选择应符合零件的设计要求,同时符合加工工艺要求。

1. 设计基准和工艺基准

根据零件的结构和设计要求而确定的基准为设计基准,根据零件加工工艺、测量检验要求而确定的基准为工艺基准。图 6-6 中的阶梯轴是以其轴线作为径向基准(设计基准),而以右端面作为轴向尺寸的基准(工艺基准)。因为在车床上车削外圆时,车刀切削每段长度的最终位置都是以右端面为起点来测量的,所以将它确定为工艺基准,便于加工时测量。

2. 主要基准的选取

标注零件图尺寸时,首先应确定零件各方向的主要基准,即决定零件主尺寸的基准。

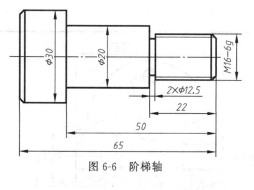

图 6-6 阶梯轴

常选零件上的设计基准作为主要基准，如零件上一些重要的面（安装底面、对称面、零件与零件间的结合面、主要端面等）及主要回转体的轴线等为主要基准。确定主要基准时，应尽量使设计基准和工艺基准重合。图 6-7 中的轴承座，其底面决定着轴承孔的中心高，而中心高是影响其工作性能的主要尺寸。一般是由两个轴承座来支承轴，为使轴线水平，两个轴承座支承孔的轴线应等高；加工轴承座时其底面通常是先加工出来，因此在标注轴承座的尺寸时，高度方向一般以底面作为主要基准，长度方向和宽度方向应以对称面为基准，以保证结构的对称性。

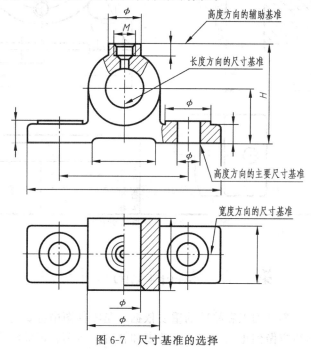

图 6-7 尺寸基准的选择

3. 辅助基准

为了便于加工和测量，在长、宽、高的某一方向有时除主要基准外，还常常选一些辅助的基准。图 6-7 中的轴承座上部螺孔的深度则是以上端面为基准标注的，这样标注便于加工时的测量，因此是工艺基准。像这样在同一方向上除主要基准外而再选的基准称为辅助基准。图 6-6 中，阶梯轴中的退刀槽宽度尺寸不从右端面直接标注，而以轴肩为辅助基准标注，就是为了便于加工和测量。在确定辅助基准时，应注意辅助基准和主要基准之间应有一个联系尺寸，图 6-7 中的 H 即为联系尺寸。

二、合理标注尺寸的注意事项

在零件图上合理标注尺寸，除了根据设计要求和工艺要求正确选择尺寸基准外，还应做到：主要尺寸直接注出；避免封闭的尺寸链；符合零件的加工顺序以及便于测量。

1. 主要尺寸应直接注出

零件的重要尺寸要从主要基准直接标注，这样可避免加工误差的积累，保证尺寸精度。

在图 6-8（a）中，轴承孔的高度 A 是影响轴承座工作性能的主要尺寸，直接以底面为基准标注出来，而不能将其代之为 B 和 C［见图 6-8（b）］。在加工零件过程中，总会产生尺寸误差，如果标注 B 和 C，由于每个尺寸都有误差，两个尺寸的误差加在一起就会有积累误差，设计要求就难以保证。同样，轴承座底板上两个螺栓孔的中心距 L 也应直接标注，而不应标注 E［见图 6-8（a）、(b)］。

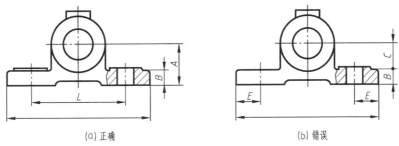

(a) 正确　　(b) 错误

图 6-8　主要尺寸应直接注出

2. 避免出现封闭的尺寸链

由若干个相互有联系的尺寸按一定顺序首尾相接形成的封闭图形，称为尺寸链。各个尺寸称为尺寸链的组成环，若将轴的总长和各段长度都注上尺寸，这样就形成首尾相接、一环接一环的封闭的链状尺寸链，称为封闭的尺寸链，如图 6-9（b）所示。零件在加工过程中各段尺寸总存在误差（在允许的范围内），若将尺寸注成封闭的链状尺寸，保证了各段尺寸的精度，总长的尺寸精度就难以保证；保证了总长的尺寸精度，每一段尺寸的精度也难保证。因此，在一般情况下应避免将尺寸标注成封闭的尺寸链。在图 6-9（a）中，选择一段不重要的尺寸空出来不注，该段尺寸称为开环，这样，各段尺寸的加工误差都积累在开环上，既保证了设计的要求，又便于加工。

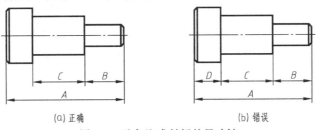

(a) 正确　　(b) 错误

图 6-9　避免注成封闭的尺寸链

3. 尺寸标注应符合加工顺序

图 6-10 所示为轴的一部分（轴端），轴端上有一退刀槽。其轴端的加工顺序是：先车 $\phi 20$ 的外圆到 30 长，再用切槽刀切槽，因此，图 6-10（a）中的尺寸标注是比较合理的。退刀槽的宽度尺寸是选择合适宽度切槽刀的依据，应直接标注，而图 6-10（b）中的尺寸，则不便于加工。

图 6-11（a）套筒中尺寸 A 不便于测量，如没有特殊要求应标注成图 6-11（b）中的 C、D，以便于测量。

(a) 便于加工　　(b) 不便于加工

图 6-10　尺寸标注要便于加工

(a) 不便于测量　　(b) 便于测量

图 6-11　尺寸标注要便于测量

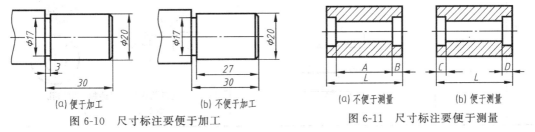

三、零件上常见孔的尺寸注法

零件上常见孔的尺寸注法见表 6-1。

表 6-1 常见孔的尺寸标注

零件结构类型		一般注法	简化注法
光孔	一般孔	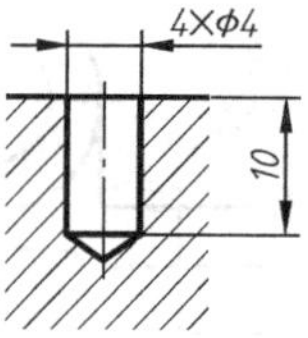 4×φ4，深 10	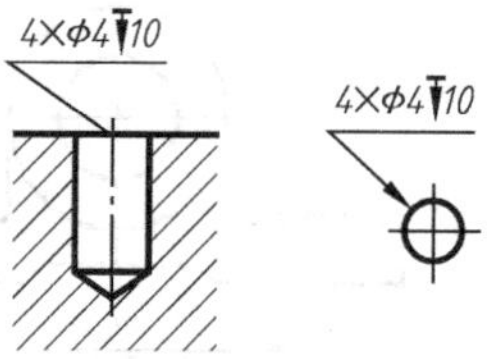 4×φ4▽10
	精加工孔	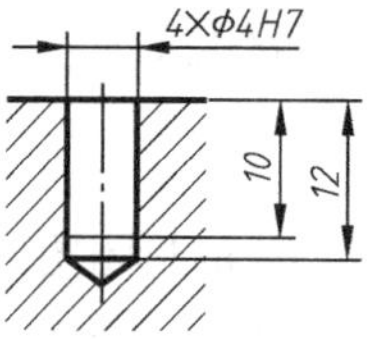 4×φ4H7，深 10，孔深 12	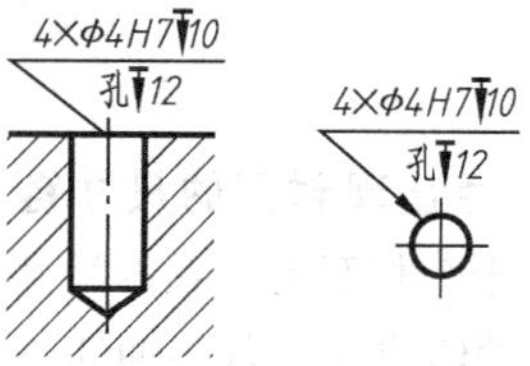 4×φ4H7▽10 孔▽12
	锥销孔		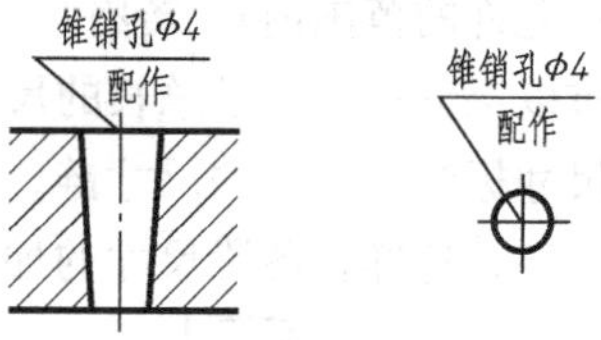 锥销孔 φ4 配作
沉孔	开槽沉头螺钉沉孔	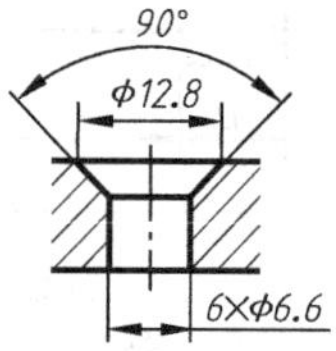 90°，φ12.8，6×φ6.6	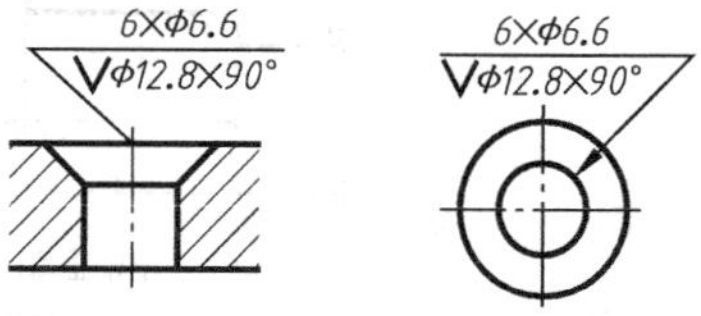 6×φ6.6 ∨φ12.8×90°
	内六角圆柱头螺钉沉孔	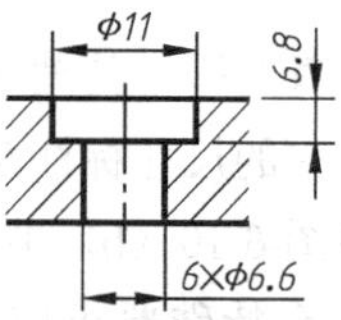 φ11，6.8，6×φ6.6	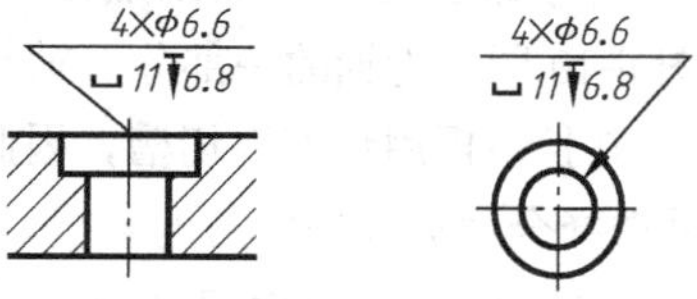 4×φ6.6 ⌴11▽6.8
	六角螺栓与螺母沉孔（锪平面）	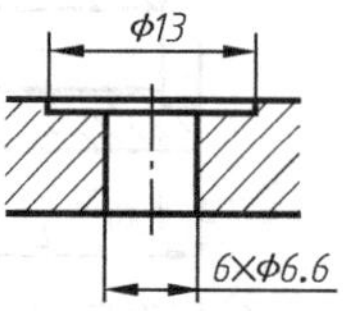 φ13，6×φ6.6	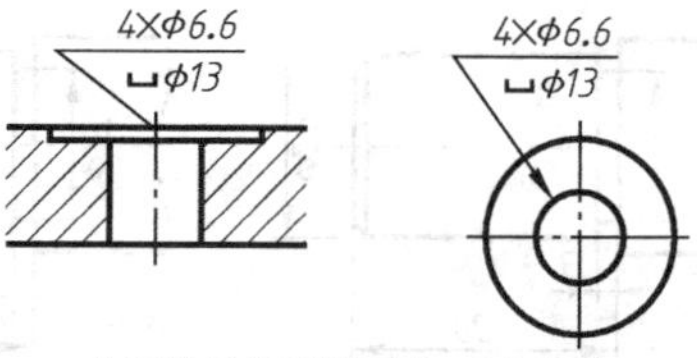 4×φ6.6 ⌴φ13 （此沉孔的深度以能加工出与孔轴线垂直的圆平面即可）

续表

零件结构类型		一 般 注 法	简 化 注 法
螺孔	通孔	3×M6-6H	3×M6-6H 3×M6-6H
	不通孔	3×M6-6H 10	3×M6-6H▼10 3×M6-6H▼10
		3×M6-6H 10 12	3×M6-6H▼10 孔▼12 3×M6-6H▼10 孔▼12

第四节　零件图上技术要求的注写

零件图上除了有表达零件结构形状与大小的一组视图和尺寸外，还应该标注出零件在制造和检验中应达到的技术要求。它们有的用代（符）号标注在图中，有的则用文字加以说明，如前面典型零件图所示。技术要求涉及面广，内容多，这里主要介绍表面结构（表面粗糙度）、极限与配合的基本知识和标注方法。

一、表面结构（表面粗糙度）简介

有关表面结构（表面粗糙度）的详细内容可参阅 GB/T 131—2006。

1. 表面结构的概念

表面结构要求包括粗糙度、波纹度、原始轮廓等，是指零件表面上具有的较小间距和峰谷所组成的微观几何形状特性，是表示零件表面质量的重要技术指标之一。

图 6-12 所示为零件表面的放大状况。零件表面结构与零件在加工过程中机床、刀具的振动，金属表面被切削时产生的塑性变形以及残留的刀痕等因素有关。零件的表面质量与零件的疲劳强度、耐磨性、抗腐蚀性、零件间的配合特性等有密切的关系，并对机器的使用性能和寿命产生很大的影响。

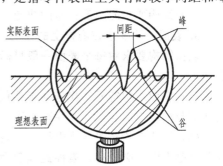

图 6-12　零件表面的放大状况

2. 表面结构的符号

表面结构的符号由图形符号和参数等构成。

（1）表面结构的图形符号　表面结构的图形符号意义和画法见表 6-2。

在报告和合同的文本中用文字表达表面结构的图形符号时，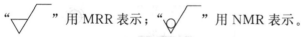

表 6-2　表面结构图形符号的意义和画法

类　型	符　号	说　明
基本图形符号	 ∨	表示表面可用任何方法获得，当不加注粗糙度参数值或有关说明时，仅适用于简化代号标注
扩展图形符号	 ∨	表示表面用去除材料的方法获得，如车、铣、钻、磨、剪切、抛光等，可称为加工符号
扩展图形符号	 ∨	表示表面用不去除材料的方法获得，如铸、锻、冲压、热轧、冷轧、粉末冶金等，可称为毛坯符号
完整图形符号	 ∨ ∨ ∨	在基本或扩展图形符号右上方加一横线，用于标注有关参数和说明
表面结构图形符号的画法	（见图）	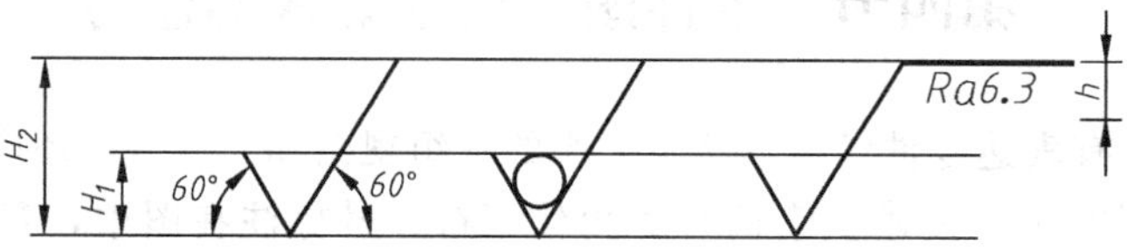 一般用细实线绘制 h = 字号（字高） 通常取 0.25mm $H_1 = h \times 1.4$ $H_2 = H_1 \times 2$

（2）表面结构的参数　给出表面结构要求时，应标注其参数代号和相应数值（单位：μm）。表面结构常用的评定参数是轮廓算术平均偏差 Ra 和轮廓最大高度 Rz。其中，轮廓算术平均偏差 Ra 是目前常用的零件表面结构参数。Ra 参数的数值越小，零件表面越光滑，加工工艺越复杂，成本也越高。确定表面结构参数时，应根据零件的工作条件和使用要求，并考虑加工工艺的经济性和可行性，合理地进行选择。

表面结构要求的图形符号的演变，见表 6-3。

3. 表面结构要求在图样上的注法

表面结构要求对每个表面一般只标一次，并尽可能标注在相应的尺寸及其公差的同一视图上。

（1）表面结构符号、代号的标注位置与方向　根据 GB/T 4458.4 的规定，使表面结构的注写与读取方向与尺寸的注写与读取方向一致，如图 6-13 所示。

（2）标注在轮廓线或指引线上　表面结构要求可标注在轮廓线上，其符号应从材料外指向并接触表面。必要时，表面结构符号也可用带箭头或黑点的指引线引出标注，如图 6-14 和图 6-15 所示。

表 6-3　表面结构要求的图形符号的演变

序号	GB/T 131 的版本		表面结构符号的说明
	1993(第二版)	2006(第三版)	
1	1.6　1.6	Ra 1.6	表示去除材料,单向上限值,默认传输带,Ra 的参数最大高度 1.6μm
2	R_y 3.2　R_x 3.2	Rz 3.2	表示去除材料,单向上限值,默认传输带,Rz 的参数最大高度 3.2μm
3	R_y 1.6 / 6.3	Ra 1.6 / Rz 6.3	表示去除材料,Ra 的参数最大高度 1.6μm,Rz 的参数最大高度 6.3μm
4	3.2 / 1.6	U Ra 3.2 / L Ra 1.6	表示去除材料,双向极限值,双极限值均使用默认传输带,Ra 的参数:上限值为 3.2μm,下限值为 1.6μm

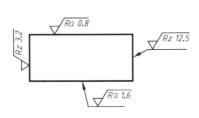

图 6-13　表面结构要求的注写方向

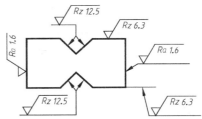

图 6-14　表面结构要求在轮廓线上的标注

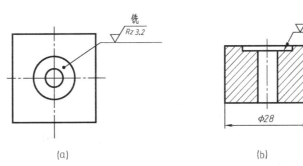

图 6-15　用指引线引出标注表面结构要求

（3）标注在特征尺寸的尺寸线上　在不致引起误解时，表面结构要求可以标在给定的尺寸线上，如图 6-16 所示。

（4）标注在延长线上　表面结构要求可以直接标注在延长线上，或用带箭头的指引线引出标注，如图 6-14 和图 6-17 所示。

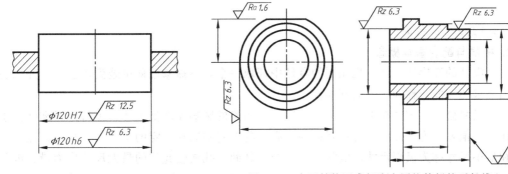

图 6-16　表面结构要求标注在尺寸线上　　　图 6-17　表面结构要求标注在圆柱特征的延长线上

(5) 标注在圆柱和棱柱表面上　圆柱和棱柱表面的表面结构要求只标注一次,如图 6-17 所示。如果每个棱柱表面有不同的表面结构要求,则应分别单独标注,如图 6-18 所示。

(6) 有相同表面结构要求的简化注法　如果在工件的多数(包括全部)表面有相同的表面结构要求,则其表面结构要求可统一标注在图样的标题栏附近。此时(除全部表面有相同情况外),表面结构要求的符号后面应有:

① 在圆括号内给出无任何其他标注的基本符号(见图 6-19);

② 在圆括号内给出不同表面结构要求(见图 6-20)。

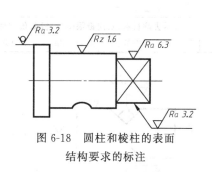

图 6-18　圆柱和棱柱的表面结构要求的标注

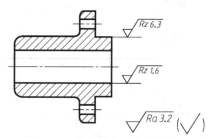

图 6-19　大多数表面有相同表面结构要求的简化注法(一)

(7) 多数表面有共同要求的注法

① 用带字母的完整符号的简化注法。可用带字母的完整符号,以等式的形式,在图形或标题栏附近,对有相同表面结构要求的表面进行简化标注,如图 6-21 所示。

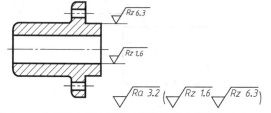

图 6-20　大多数表面有相同表面结构要求的简化注法(二)

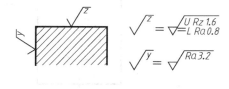

图 6-21　在图纸空间有限时的简化注法

② 只用表面结构符号的简化注法。可用表面结构符号,以等式的形式给出多个表面共同的表面结构要求,如图 6-22～图 6-24 所示。

图 6-22　未指定工艺方法的多个表面结构要求的简化注法

图 6-23　要求去除材料的多个表面结构要求的简化注法

图 6-24　不允许去除材料的多个表面结构要求的简化注法

二、极限与配合简介

1. 极限与配合基本概念

(1) 零件的互换性　在一批相同的零件中任取一个,不需修配便可装到机器上,并能满足使用要求的性能,称为零件的互换性。

(2) 尺寸公差　零件在加工过程中,因各种因素的影响无法把尺寸加工得绝对准确,总会存在一定偏差,为了保证零件的互换性,必须将偏差限制在一定的范围内。孔或轴允许的最大和最小尺寸称为极限尺寸,实际尺寸应介于其间。孔或轴允许的最大尺寸称为最大极限尺寸,孔或轴允许的最小尺寸称为最小极限尺寸[见图 6-25 (a)]。极限尺寸减去其基本尺寸之差，称为极限偏差。最大极限尺寸减去其基本尺寸之差，称为上偏差（ES 或 es）；最小极限尺寸减去其基本尺寸之差，称为下偏差（EI 或 ei）。最大极限尺寸减去最小极限尺寸或上偏差与下偏差之差称为尺寸公差（简称公差，TD 或 Td），它是尺寸允许变动的量。若是这种变动范围用图形表示，则上下偏差之间的区域称为公差带［见图 6-25（b）］。

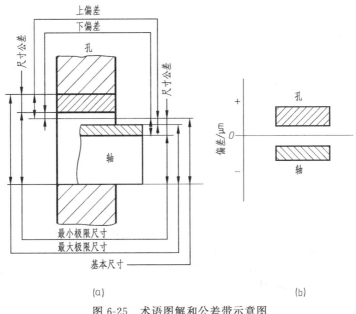

图 6-25 术语图解和公差带示意图

例如，孔的基本尺寸为 20，若最大极限尺寸为 20.02，最小极限尺寸为 19.98，则：
上偏差（ES）：20.02－20＝＋0.02　　　　　下偏差（EI）：19.98－20＝－0.02
公差（TD）：20.02－19.98＝0.04　　或　　公差（TD）：0.02－（－0.02）＝0.04

（3）公差带代号及查表方法　公差带包含两个要素：一个是公差带的大小；一个是其相对零线的位置。国家标准规定了标准公差和基本偏差用来分别确定公差大小和相对零线的位置。

标准公差分 20 个等级：IT01、IT0、IT1、IT2、…、IT17、IT18。从 IT01 至 IT18 等级依次降低，对应的标准公差数值依次增大。

标准公差只决定公差带的大小，而它的位置却是由基本偏差来决定的。一般取靠近零线的那个偏差为基本偏差。国家标准规定了孔、轴的基本偏差系列（见图 6-26），基本偏差的代号用拉丁字母表示，大写字母表示孔，小写字母表示轴。

公差带代号由其基本偏差代号（字母）和标准公差等级（组合时只取后面数字）组成，如 H8：基本偏差 H、公差等级 IT8 的孔。f7：基本偏差 f、公差等级 IT7 的轴。

由基本尺寸和公差带代号可查表确定孔和轴的上、下偏差值（见附表 10 和附表 11）。例如，ϕ20H8 查孔的极限偏差表可得，其上偏差为＋0.033，下偏差为 0；由 ϕ20f7 查轴的极限偏差表可得，其上偏差为－0.020，下偏差为－0.041（查表时注意基本尺寸的范围）。

（4）配合　基本尺寸相同、相互结合的孔和轴公差带之间的关系称为配合。国家标准规定的配合制有两种：基本偏差（H）为一定孔的公差带与不同基本偏差轴的公差带的配合称为基孔制配合（简称基孔制）；基本偏差（h）为一定轴的公差带与不同基本偏差孔的公差

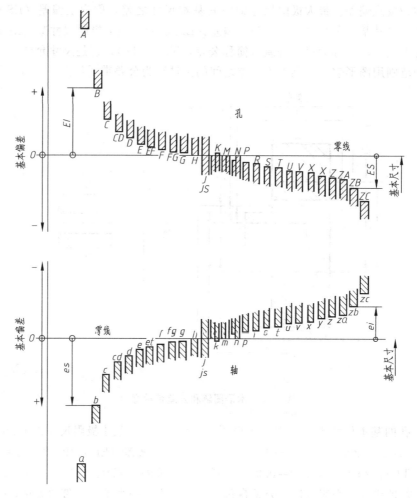

图 6-26　基本偏差系列示意图

带的配合称为基轴制配合（简称基轴制）。其中：基本偏差代号为"H"的孔（下偏差为基本偏差等于零）为基准孔；基本偏差代号为"h"的轴（上偏差为基本偏差等于零）为基准轴。

根据使用要求的不同，配合有紧有松，出现了间隙、过渡、过盈三种配合（见表 6-4）。

(5) 配合代号及识读　配合代号用分数形式表示：分子为孔的公差带代号，分母为轴的公差带代号。标注时将配合代号标注在基本尺寸之后，如：ϕ20H8/f7、ϕ20H8/h7、ϕ20K8/h7。

如果配合代号的分子里基本偏差代号为 H，说明是基孔制配合；如果配合代号的分母中基本偏差代号为 h，说明是基轴制配合。

例如：40H9/d8 表示基本尺寸为 40，标准公差等级 IT9 的基准孔与相同基本尺寸、标准公差等级 IT8、基本偏差为 d 的轴组成的间隙配合。

ϕ40K8/h7 表示基本尺寸为 ϕ40，标准公差等级 IT7 的基准轴与相同基本尺寸、标准公差等级 IT8、基本偏差为 K 的孔组成的过渡配合。

配合时，由于孔比轴难加工，通常取孔的公差等级比轴的低一级。

表 6-4 配合状态

配合种类		间隙配合	过渡配合	过盈配合
基孔制		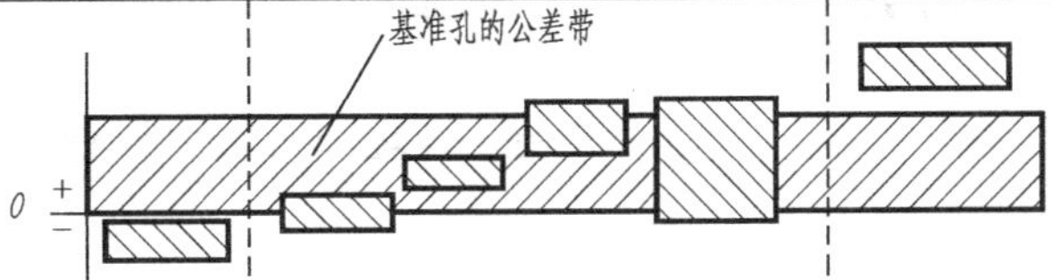基准孔的公差带 0 + −		
基轴制		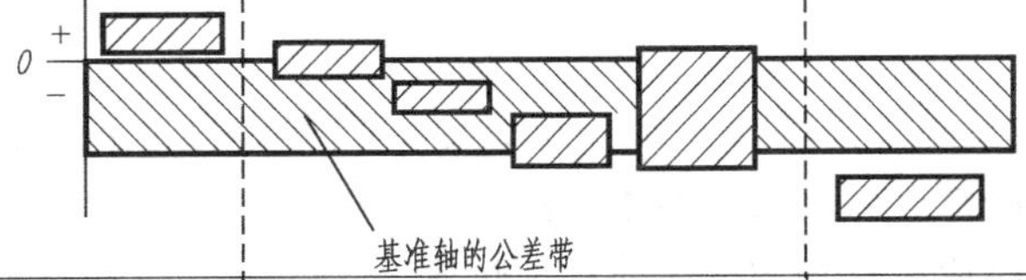0 + − 基准轴的公差带		
公差带位置		孔的公差带在轴的公差带之上	孔、轴公差带重叠	孔的公差带在轴的公差带之下
说明	原因	孔的最小极限尺寸大于轴的最大极限尺寸	孔的最小极限尺寸小于轴的最大极限尺寸；孔的最大极限尺寸大于轴的最小极限尺寸	孔的最大极限尺寸小于轴的最小极限尺寸
	结论	孔的尺寸一定大于轴的尺寸，孔与轴之间一定存在间隙	孔的尺寸可能大于轴的尺寸，轴的尺寸也可能大于孔的尺寸；孔与轴之间可能出现间隙，也可能出现过盈	孔的尺寸一定小于轴的尺寸，孔与轴之间一定存在过盈

2. 极限与配合在图样上的标注（见表 6-5）

表 6-5 极限与配合的标注

类型	零件图		装配图
	轴	孔	
标注方法	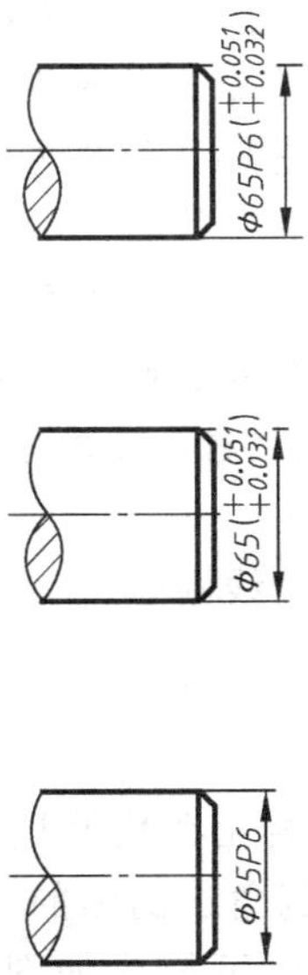φ65P6(+0.051 +0.032) φ65(+0.051 +0.032) φ65P6	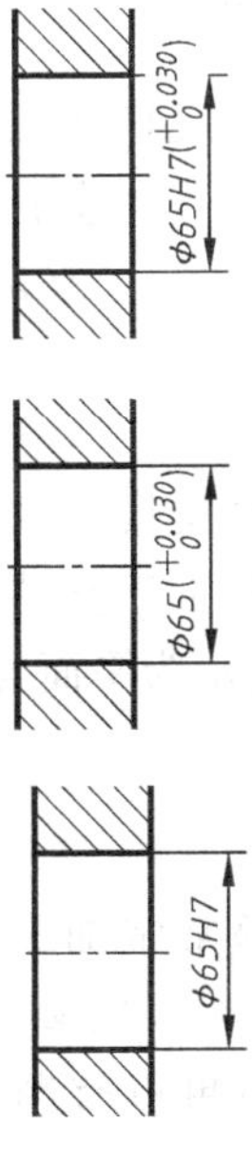φ65H7(+0.030 0) φ65(+0.030 0) φ65H7	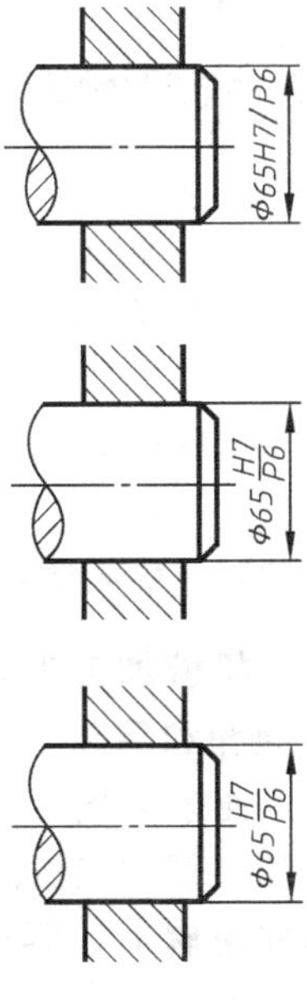φ65H7/P6 φ65 H7/P6 φ65 H7/P6

第五节　零件上常见的工艺结构

在零件的结构设计中，考虑加工是否方便、合理和可行而设计的结构称为零件的工艺结构。

一、铸造工艺结构

1. 铸件壁厚

如图 6-27 所示，当铸件的壁厚不均匀时，冷却和凝固速度不一样，薄的地方先冷却、先凝固，厚的地方后冷却、后凝固。后凝固的部分受先凝固部分的拉动，容易形成缩孔或产生裂纹。所以铸件壁厚应尽量均匀或厚薄逐渐过渡。

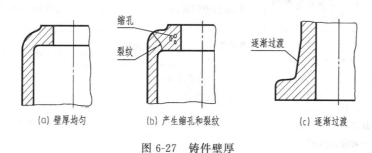

图 6-27　铸件壁厚

2. 起模斜度

为了便于从砂型中取出木模，一般将木模沿起模方向作成一定的斜度（约 1∶20，亦可用角度表示），称为起模斜度，如图 6-28 所示。在零件图上一般不画出起模斜度。如有特殊要求，可在技术要求中说明。

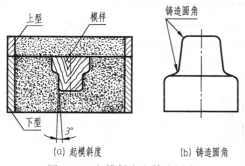

图 6-28　起模斜度和铸造圆角

3. 铸造圆角和过渡线

为了满足铸造工艺要求，防止产生浇不透、裂纹等缺陷，在铸件表面相交处应圆角过渡，如图 6-28 所示。铸造圆角尺寸通常较小，一般为 $R2\sim R5$，在零件图上可省略不标而在技术要求中统一说明。由于铸造圆角的存在，使零件上两表面的交线不太明显了，为了区分不同表面，规定在相交处仍然画出理论上的交线，但两端不与轮廓线接触，此线称为过渡线（细实线画出）。图 6-29（a）所示为两圆柱面正交的过渡线画法；图 6-29（b）所示为两等径圆柱正交过渡线的画法；图 6-29（c）所示为平面与曲面相交的过渡线画法。

二、机械加工工艺结构

1. 倒角和倒圆

为了便于装配，在轴或孔的端部常常加工出倒角。为了避免在热处理中产生裂纹，在轴肩的根部加工成圆角过渡形式，即为倒圆。如图 6-30 为倒角、倒圆的尺寸注法。在不致引起误解时，零件图上的 45° 倒角可省略不画，其尺寸也可简化如图 6-31 所示的标注。

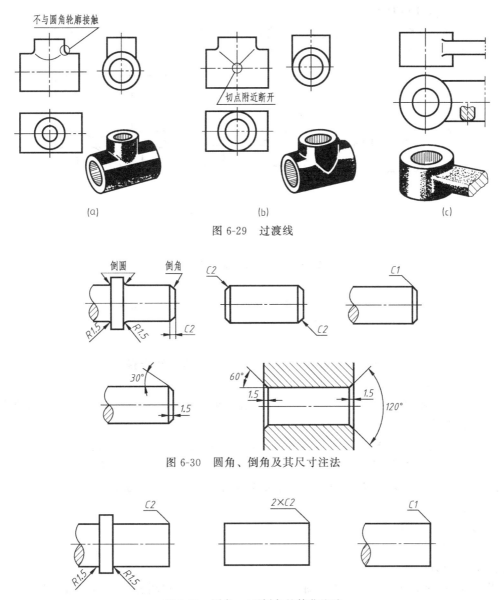

图 6-29 过渡线

图 6-30 圆角、倒角及其尺寸注法

图 6-31 圆角、45°倒角的简化注法

2. 退刀槽和砂轮越程槽

在车削和磨削时为便于退刀或使砂轮可稍越过被加工表面，常在加工面的末端预先车出退刀槽或砂轮越程槽，其尺寸可按"槽宽×直径"或"槽宽×槽深"的形式来标注（见图6-32），当标注尺寸困难时，可画出局部放大图来标注。

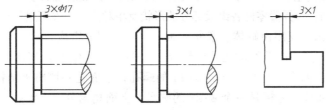

图 6-32 退刀槽和砂轮越程槽

3. 凸台、沉孔和凹槽

为使零件间接触良好，凡与其他零件接触的面一般都要进行加工，但应尽量减小加工面积。因此在加工面处常作出凸台、沉孔或凹槽，如图 6-33 所示。

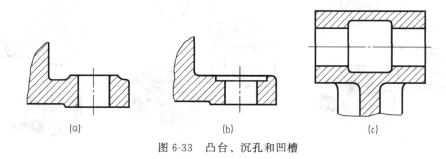

图 6-33 凸台、沉孔和凹槽

第六节 读零件图

在设计、生产、安装、维修机器设备以及进行技术交流时，经常要阅读零件图。工程技术人员必须掌握看零件图的方法。看零件图时一方面要看懂视图，想象出零件的结构形状；另一方面还要看懂零件的尺寸和技术要求。

下面以图 6-34 中的支座为例，说明看零件图的一般方法和步骤。

1. 概括了解

从标题栏了解零件的名称、材料、比例判断零件的用途，并结合已给的视图初步了解该零件的大致形状。

从图 6-34 中的标题栏可知，该零件是支座（控制阀支座），材料为铸铁 HT150，画图比例 1∶4。支座是控制阀的主要零件之一。从图中可以看出，支座大致由三部分组成：一个是具有内腔的空心圆柱体（缸体）；一个是与阀体连接的盘状盖板；再一个是连接二者的支承部分。

2. 分析表达方案

了解该零件选用了几个视图，弄清各视图间的关系及表达重点。对于剖视图则应确定剖切位置及投射方向。

图 6-34 中的支座由两个基本视图（主、左），一个局部视图和一个移出断面图表示。主视图采用了单一剖切面剖切的半剖视图，剖切平面通过支座前后方向的对称面，表达了支座的外形结构和缸体的内部形状。左视图采用了局部剖视图，反映了支座左视方向的外部结构和形状及两个螺孔的内部结构情况。B—B 局部视图表达了支座俯视方向的外形和支承部分的断面形状。A 向视图则反映了填料函的外部形状。移出断面图使尺寸标注更清晰。

3. 分析形体，想象零件的结构形状

这是看懂零件图的重要环节。在分析表达方案的基础上，运用投影分析（形体分析和线面分析）与功用分析相结合，弄清零件各组成部分的形状及相对位置，进而想象出零件的整体形状。

从视图分析可知，支座由缸体、盘状盖板、支承三部分组成。

（1）缸体部分　是由同轴线的圆柱体组成，上部凸缘上有四个 M10 深 10 的螺孔，用于与缸盖连接；前面有两个凸缘是 Rc1/4 深 14 的螺孔；下面是一填料函结构。

（2）盘状盖板部分　盖板是一个 $\phi228$ 的圆盘，上面均匀分布 $4\times\phi18$ 的通孔，下部有圆柱面的止口与阀体连接。

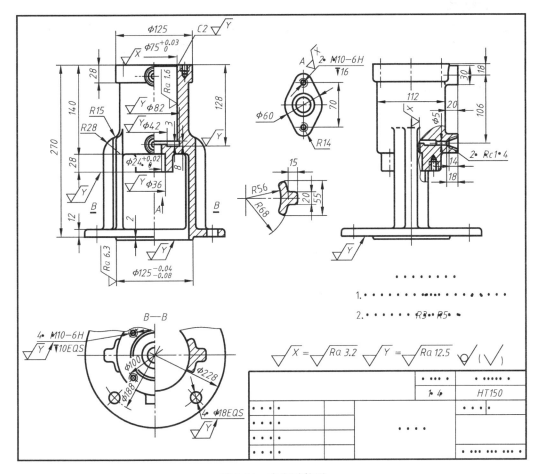

图 6-34 支座零件图

(3) 支承部分 为两个带弧状的"T"形肋板将上下两部分连接起来。

综上分析，可想象出支座的整体形状如图 6-35 所示。

4. 分析尺寸和技术要求

找出零件各方向上的尺寸基准，分析各部分的定形尺寸、定位尺寸和零件的总体尺寸。了解配合表面的尺寸公差、表面结构要求等。

如图 6-34 中，支座的主体为回转体，其轴线为其径向（长、宽两个方向）尺寸基准，高度方向的尺寸基准为支座的上顶面。高度方向上的主要尺寸如 140、128、18 等都是从这个基准直接标注的。除主要基准外，每个方向上还有辅助基准，都是加工局部结构的起点，如 $\phi 228$ 的圆盘的底面等。

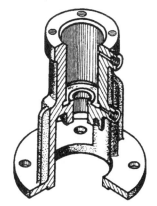

图 6-35 支座轴测图

图 6-34 中标注的尺寸公差、表面结构要求等技术要求进一步体现了支座的结构特点。从图中可以看出，缸体内表面的表面结构要求最高，$Ra \leqslant 1.6$，$\phi 75^{+0.030}_{0}$ 尺寸精度最高。从图中看出，与其他零件接触的配合面、装配面精度一般较高，有相对运动的接触面精度会更高。不与其他零件接触的表面通常要求较低（如 $4 \times \phi 18$ 的孔）或保持毛坯表面。

5. 归纳总结

通过以上分析，将零件的结构形状、尺寸和技术要求等综合起来，就能对零件有一个清楚的认识，从而达到了看懂零件图的目的。对于有些不熟悉的零件还应该参考有关资料，以便对零件的作用、工作情况及加工工艺有进一步的了解。

值得注意的是在看图过程中，上述看图步骤不能截然分开，而应交错进行。

第七章 装 配 图

第一节 装配图的作用和内容

装配图是表示产品及其组成部分的连接、装配关系的图样。装配图与零件图一样都是生产中的重要技术文件。图 7-1 所示为球阀的轴测图，图 7-2 所示为该球阀的装配图（见下页）。装配图中表示了装配体的工作原理、零件间的装配关系、主要零件的结构形状及装配、调试、安装、使用等过程中所必需的尺寸、技术要求等。

一张完整的装配图一般应包括以下一些内容：

(1) 一组视图　表达装配体的工作原理、零件间的装配关系、主要零件的结构形状。

(2) 必要的尺寸　注明装配体在装配、安装、检验、使用时所必需的尺寸。

(3) 技术要求　说明装配体在装配、调试、安装、检验、使用等方面的要求和指标。

图 7-1　球阀

(4) 零、部件序号及明细栏　对装配体上的每一种零件编写序号，并在明细栏中按零件序号自下而上填写出每一种零件的名称、数量、材料等。

(5) 标题栏　一般应填写单位名称、图样名称、图样代号、绘图比例以及责任人签名和日期等。

第二节 装配图的规定画法、特殊画法和视图选择

零件图上的各种表达方法，如视图、剖视、断面等，在装配图中同样适用。根据装配图表达的要求，国标还给出了一些规定画法和特殊画法。

一、规定画法

① 在装配图中，相邻接的金属零件的剖面线，其倾斜方向应相反或方向一致而间隔不等（见图 7-2）。同一零件的剖面线在各个视图上其方向相同、间隔相等。零件厚度小于或等于 2mm 时，可用涂黑代替剖面符号（见图 7-2 中件 6）。

② 两零件相接触或相配合的表面接触处，规定只画一条线。凡是非接触、非配合的两表面，不论其间隙多小，都必须画出两条线。

③ 在装配图中，对于紧固件（如螺栓、螺母、垫圈等）及实心零件（如轴、杆、键、销、球等），若按纵向剖切，且剖切平面通过其对称面或轴线时，则这些零件均按不剖绘制，如图 7-2 中的阀杆。如需要特别表明零件的内部结构，则可采取局部剖视表示。

二、特殊表达方法
1. 拆卸画法

在装配图中，当某些零件遮住了需要表达的结构，或者为避免重复，简化作图，可假想

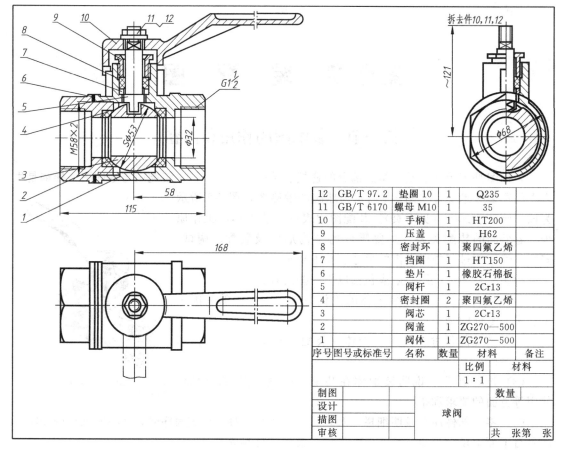

图 7-2 球阀装配图

将某些零件拆去后绘制,这种表达方法称为拆卸画法。采用拆卸画法后,为避免误解,在该视图上方加注"拆去件××",见图 7-2 左视图上方。

2. 沿结合面剖切画法

在装配图中,可假想沿某些零件结合面剖切,结合面上不画剖面线(其他被剖断的零件则要画剖面线,如轴、螺栓等)。如图 7-3 中 A—A 剖视即是沿泵盖结合面剖切画出的。

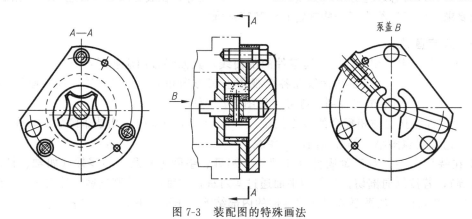

图 7-3 装配图的特殊画法

3. 单件画法

在装配图中可以单独画出某一零件的视图,但必须在所画视图的上方注出该零件的名称及视图的名称，如图 7-3 中的"泵盖 B"。

4. 假想画法

为了表示部件上某个零件的运动范围或极限位置，可用双点画线假想画出其某些位置的轮廓，如图 7-2 俯视图下方手柄的另一个极限位置。

为了表示与本部件有装配关系，但又不属于本部件的相邻零、部件，可用双点画线画出其相邻接部分的轮廓线，如图 7-3 的泵体部分。

5. 夸大画法

在装配图中，对一些薄片零件、细丝弹簧、微小间隙等，若按其实际尺寸在装配图上很难画出或难以明显表示时，可不按比例而适当的夸大画出。如图 7-2 中垫片的厚度、阀杆和压盖的间隙，即采用了夸大画法。

三、简化画法

① 在装配图中，螺母和螺栓头一般采用简化画法。对于若干相同的零件组，如螺栓连接等，可仅详细地画出一组或几组，其余只需表示其装配位置即可［见图 7-4（a）］。

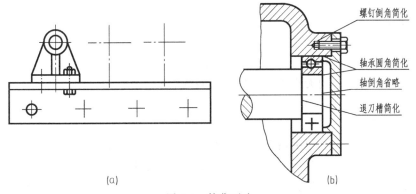

图 7-4　简化画法

② 在装配图中，零件的工艺结构如小圆角、倒角、退刀槽等可不画出（见图 7-4）。

③ 在装配图中，当剖切平面通过的某些部件为标准产品或该部件已由其他图形表示清楚时，可按不剖绘制。

四、装配图的视图选择

装配图主要表达装配体（机器和部件）的工作原理、零件间的装配关系和主要零件的结构形状。

装配图的主视图应能较多地反映装配体中各零件间的装配关系、工作原理和主要零件的结构形状。一般按其工作位置或习惯位置画出，使装配体的主要装配线或主要安装面呈水平或垂直位置画出。装配图一般都画成剖视图，并尽量使剖切面通过主要装配轴线。

主视图选定后，对一些尚未表达清楚的装配关系、工作原理及主要零件的结构形状等，应根据需要，运用其他视图和相应的表达方法予以补充，但应以较少数量的图形，完整、清晰地满足装配图的表达要求。

如图 7-2 中，主视图采用全剖并以工作位置放置，可清楚地反映球阀的工作原理和装配关系。为补充表达阀杆和阀芯的装配关系及压盖、手柄等零件的主要结构形状，采用了左视图和俯视图，并在左视图上采用了半剖视。

第三节　装配图上的尺寸标注、技术要求及零件编号

一、尺寸标注

装配图上不需像零件图那样注出所有尺寸，只需注出与装配体性能、装配、安装、运输等有关的尺寸。

1. 性能（或规格）尺寸

表示该装配体性能、规格和特性的尺寸。它作为设计的一个重要数据，在画图之前就已确定，如图7-2中球阀的公称直径 $\phi32$。

2. 装配尺寸

表示两零件之间配合性质和主要相对位置的尺寸，如图7-5中齿轮轴与泵盖和泵体的配合尺寸 $\phi12H7/h6$ 等。

3. 安装尺寸

装配体安装时所需的尺寸，在图7-2中，与安装有关的尺寸有：$G1\frac{1}{2}$，在图7-5中，与安装有关的尺寸有：$2\times\phi7$、70等。

4. 外形尺寸

表示装配体总长、总宽、总高的尺寸。它既反映装配体的大小，也为装配体的包装、运输和安装过程中所需空间的大小提供了依据，如图7-2中的总长、总宽和总高的尺寸分别为 $168+115/2$、$\phi68$、$121+68/2$。

5. 其他重要尺寸

在设计中还有经计算或根据需要而确定的，又不属于上述几类尺寸的一些重要尺寸。如运动零件的极限位置尺寸、两齿轮中心距、主要零件的重要尺寸等。

上述五类尺寸，不一定每张装配图都要标注齐全，且有些尺寸往往又同时具有几种不同的含义。如图7-5齿轮油泵中的尺寸27，既是油泵的性能尺寸，又是装配尺寸，因此，装配图中的尺寸需根据装配体的具体情况和需求标注。

二、技术要求

由于装配体的性能、要求各不相同，因此其技术要求也不尽相同。拟定技术要求时，可从以下几个方面来考虑。

（1）装配要求　装配体在装配过程中，需注意的事项及装配后应达到的要求，如准确度、装配间隙、润滑要求等。

（2）检验要求　对装配体基本性能的检验、试验及验收方法的说明。

（3）使用要求　对装配体的规格、参数及维护、保养、使用时的注意事项及要求。

装配图上的技术要求应根据装配体的具体情况而定，并将其用文字注写在明细栏的上方或图样下方的空白处。

三、装配图中零、部件的序号和明细栏

为了便于读图、图样管理和生产准备工作，装配图中所有的零、部件都必须编写序号。

1. 编写序号的方法

装配图中相同的零部件只需编写一个序号。序号的表示法如下。

① 在所指零、部件的可见轮廓内画一圆点，然后从圆点开始画指引线（细实线），在指引线的另一端画一水平线或圆（细实线），在水平线上或圆内注写序号，序号的字高比该装

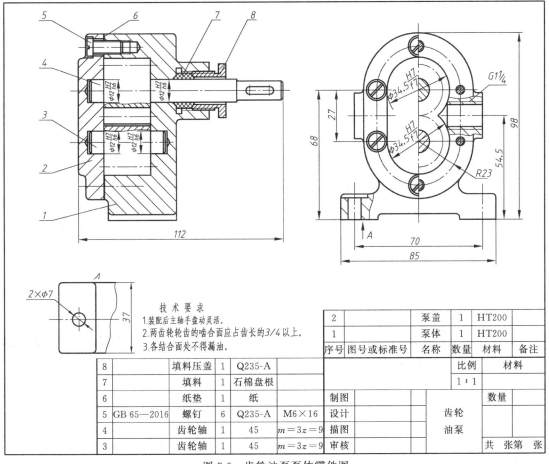

图 7-5 齿轮油泵泵体零件图

配图中所注尺寸数字的字高大一号或两号,如图 7-6 所示。

② 若所指部分(很薄的零件或涂黑的剖面)内不便画圆点时在指引线的末端画出箭头,并指向该部分的轮廓,如图 7-6 所示。

在同一装配图中,编写序号的形式应一致。

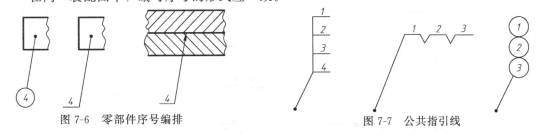

图 7-6 零部件序号编排　　　　　图 7-7 公共指引线

③ 指引线相互不能交叉;当通过有剖面线的区域时,指引线不应与剖面线平行(见图 7-6);必要时,指引线可以画成折线,但只能折一次。

④ 紧固件及装配关系清楚的零件组,可以采用公共指引线,如图 7-7 所示。

⑤ 标准化组件(如油杯、滚动轴承、电动机等)可作为一个整体,只编写一个序号。

⑥ 序号应按顺时针或逆时针方向顺次在水平、垂直方向排列整齐。

2. 明细栏

明细栏由零件序号、图号或标准号、名称、数量、材料、备注等内容组成,明细栏的格式和画法，如图 7-8 所示。

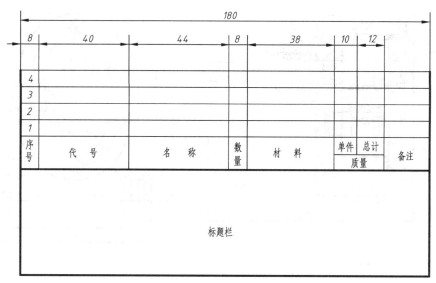

图 7-8 明细栏格式

明细栏一般配置在标题栏的上方，按自下而上的顺序填写。当位置不够时，可紧靠在标题栏的左边自下而上延续。

第四节 装配结构的合理性

装配结构是否合理，不仅关系到部件（或机器）能否顺利地装配和装配后能否达到预期的性能要求，还关系到检修时拆装是否方便等问题，因此，画装配图时应考虑装配结构的合理性。

一、合理的装配结构

合理的装配结构不仅方便了加工，而且也降低了生产成本。合理的装配结构见表 7-1。

表 7-1 合理的装配结构

结构类别	合理	不合理	说 明
轴肩与孔口接触			为保证某零件的转角与另一零件接触良好，则零件转角处应有倒角、倒圆或轴肩根部作出越程槽
两搭接件接触			两搭接零件的接触面只应有一对
轴向两件面接触			两零件在同一方向上（轴向或径向）只能有一对接触面

续表

结构类别	合理	不合理	说 明
径向两件面接触			两零件在同一方向上（轴向或径向）只能有一对接触面
轴承盖与轴承			为了保证轴承的轴向定位，应使轴承盖凸缘与轴承外圈接触

二、密封结构

为了防止部件内的气体或液体向外渗漏或防止外界的灰尘等介质进入其内部，需采用防漏的密封结构。常见的密封结构有如下几种：

(1) 垫片密封　为了防止气体或液体沿零件的结合面渗漏，可在两零件结合面加垫片，从而起到密封作用，如图 7-9（a）所示。

(2) 密封圈密封　将密封圈（胶圈或毡圈）放在槽内，密封圈受压后的弹性使其紧贴在机体表面起到密封作用，如图 7-9（a）所示。

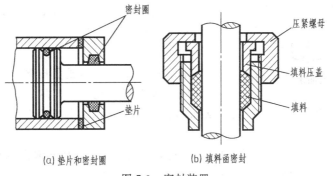

(a) 垫片和密封圈　　　(b) 填料函密封

图 7-9　密封装置

(3) 填料函密封　如图 7-9（b）所示为一种典型的填料函密封，主要是防止流体沿轴的轴向泄漏。当拧紧压紧螺母时，填料压盖压紧填料，使得填料轴向被压缩，径向膨胀而紧贴在函壁和轴表面起到密封作用。

第五节　读装配图和拆画零件图

在生产实践中，经常要读装配图。例如在设计中，为了设计零件并画出零件图，先要读懂装配图；在装配机器时，要根据装配图来组装零件和部件；在设备维修时，需参照装配图进行拆卸和重装；在技术交流时，需参阅装配图来了解装配体的具体情况等。读装配图的目的是要了解装配体的性能、用途与工作原理；各零件间的装配关系和拆装顺序；各零件的主要结构形状和作用等。

一、读装配图的方法与步骤

下面以图 7-5 为例，说明读装配图的方法和步骤。

1. 概括了解

由标题栏可了解装配体的名称、大致用途；由外形尺寸可了解装配体的大小；由明细栏及零件序号可了解零件的数量和标准件的数量，估计装配体的复杂程度。

图 7-5 所示装配体是齿轮油泵，此种泵常用来为机器输送润滑油。齿轮油泵的外形尺寸是 112、85、98，据此可知道它的体积大小。该油泵共有 8 种零件，其中 1 种为标准件，属于较简单的装配体。

2. 分析视图

了解视图数量，弄清视图间的投影关系、每个视图采用的表达方法，以及各自的表示意图，为下一步深入读图作准备。

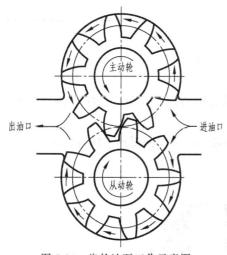

图 7-10 齿轮油泵工作示意图

齿轮油泵采用两个基本视图，主视图采用全剖视，表达齿轮油泵的主要装配关系；左视图采用了半剖视，剖切面沿泵盖 2 和泵体 1 的结合面剖切，可清楚地反映出油泵的外部形状和一对齿轮的啮合情况；另外还采用了局部剖视，表达进、出油孔的结构。

3. 分析传动路线及工作原理

一般情况下可从图样上直接分析装配体的传动路线及工作原理，当部件比较复杂时需参考产品说明书。如图 7-10 中，当主动齿轮逆时针旋转时，带动从动齿轮顺时针旋转，润滑油被齿轮从轮齿中带走，齿轮油泵泵体右侧入口端空腔由于润滑油被带走，形成负压区，会把润滑油从油池吸进来进行补充，出口端由于润滑油从齿轮轮齿间不断带入，导致出口端压力增大，从而向机器润滑区域提供高压润滑油，满足机器润滑要求。

泵、阀类部件一般要考虑防漏问题，为此，在图 7-5 中泵体与泵盖的结合处加入了垫片 6，并在传动齿轮轴 4 的伸出端用填料 7、填料压盖 8，加以密封。

4. 分析装配关系

分析清楚零件之间的配合关系、连接方式和位置关系，能够进一步地了解部件。从图 7-5 中可以看出，泵盖与泵体采用 6 个螺钉连接。

两齿轮轴与泵盖、泵体的孔之间为间隙配合（$\phi 12H7/h6$），选用此种配合既能保证轴在两孔中转动，又可减小或避免轴的径向跳动。

从图 7-5 中可知齿轮油泵的拆卸顺序：松开填料压盖 8，拧下螺钉 5，拆下泵盖 2，拆下纸垫 6，向左抽出两齿轮轴 3、4，拧下填料压盖 8 并掏出填料 7，完成油泵的拆卸。

5. 分析零件结构形状

首先从表达零件最清楚的视图入手，依据投影规律、序号和剖面线以及其他规定画法，区分开零件的投影轮廓。必要时还须借助、三角板、分规等工具，找出视图间的投影关系，根据投影分析将零件在各个视图上的轮廓从装配图中分离出来，再运用形体分析法并辅以线面分析法，结合零件的功用和零件间的相互关系，并考虑零件材料、加工、装配工艺等因素，进一步补充完善装配图上表达不完整的结构形状，从而想象出零件完整的结构形状。如填料压盖 8 在装配图中只有一个投影，右边端面的形状不能确定，考虑便于旋紧压盖，可设计为六棱柱或在圆柱上铣出对称的两个平面。

6. 归纳总结

通过以上分析，最后综合起来，对装配体的工作原理、装配关系及主要零件的结构形状、尺寸、作用有了一个完整、清晰的认识，从而想象出整个装配体的形状和结构，如图 7-11 所示。

以上所述步骤在读图过程中不能截然分开，应交替进行。

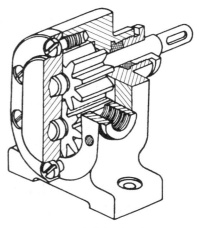

图 7-11　齿轮油泵立体图

二、由装配图拆画零件图

在设计过程中，通常先根据设计意图画出装配图，然后再根据装配图，拆画出零件图。由装配图拆画零件图是设计过程中的一个重要环节，应在看懂装配图的基础上进行。

现以齿轮油泵的泵盖为例，介绍由装配图拆画零件图的方法。

1. 分离图形

首先确定该零件在装配图中的投影，并把它从装配图中分离出来。图 7-12 所示为图 7-5 中泵盖的分离视图。

2. 补全视图

将零件在各个视图上的轮廓分离出来后，根据零件的功用、加工要求，考虑到零件结构的装配要求，补充完善装配图中无法表达全的零件结构、被其他零件遮挡的轮廓线以及画装配图时省略的工艺结构（如：倒角、圆角、退刀槽等）。如图 7-13 所示为泵盖从装配图中分离后补全的视图。

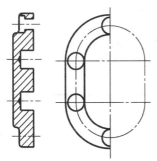 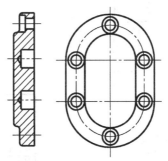

图 7-12　泵盖有投影分离图　　　图 7-13　泵盖的完整图形

3. 重新表达

装配图的表达方案主要是从表达整个装配体的结构和装配关系来考虑的。不一定符合零件的表达要求。因此在考虑零件的表达时不能简单照抄，而应根据零件自身情况（形体结构和加工情况），按照零件图的选择原则重新表达，这样才能符合零件工作图的要求。泵盖是按工作位置选取主视图的，如图 7-13 所示。

4. 标注尺寸

装配图上标注出的有关该零件的尺寸必须予以保留，装配图上未标注尺寸在拆图时必须补全。

装配图上已注出的尺寸，应在零件上直接注出；标准结构或工艺结构，应查找有关标准核对后再进行标注；其他未注的尺寸，应在装配图上按所用比例直接量取；有装配关系的尺寸，应注意相关零件的尺寸必须一致。相邻零件接触面、配合面的有关尺寸和连接件的有关定位尺寸必须一致；拆图时应一并将它们标注在相关零件的零件图上；对于配合尺寸和某些相对位置尺寸，应根据配合代号标注出零件的公差带代号或偏差数值。

5. 确定表面结构要求

零件各表面结构要求是根据零件的作用和要求确定的。通常，配合面、接触面的表面结构要求高，自由表面的表面结构要求低；有密封、耐蚀、美观等要求的表面，其表面结构要求高，可参照同类零件用类比法确定。

6. 注写其他必要的技术要求

技术要求在零件图上占有重要地位，它直接影响零件能否满足使用性能。准确确定技术要求，涉及许多专业知识，可参照同类零件用类比法确定。

图 7-14 所示为拆画出的泵盖零件图。

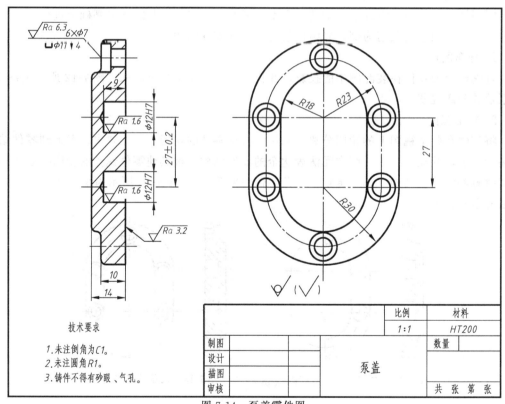

图 7-14 泵盖零件图

第六节 装配体测绘

装配体测绘，即通过对装配体的分析、了解并拆卸，画装配示意图、零件草图；根据装配示意图和零件草图画出装配图；再依据装配图和零件草图画出零件工作图，从而完成装配体的整套图样。

现以螺旋千斤顶为例，说明装配体的测绘方法和步骤。

一、测绘前的准备

1. 测绘工具和资料的准备

根据装配体的结构大小，准备常用的拆卸工具和用品（如：扳手、锤子、螺丝刀、铜棒、木棒等）、测量用具（如：直钢尺、游标卡尺、内外卡钳等）、标签、绘图用品及相关手册等。

2. 了解和分析部件

对部件进行观察，查阅相关技术文件、资料和同类产品的图样；向有关人员请教，了解其使用情况；分析部件的构造、功用、工作原理、传动系统、技术性能和运转情况，零件间装配关系及结构特点等。为下一步的拆、装和测绘工作打好基础。

图 7-15 所示为螺旋千斤顶轴测图。由图分析可知：该部件由七种零件组成，其中两只紧定螺钉为标准件。圆柱端紧定螺钉与顶垫旋合，且嵌入螺旋杆的槽内，从而限制了顶垫的上下移动。而螺套被平端紧定螺钉固定在底座上，当转动铰杠时，螺旋杆只能做上升或下降运动。当螺旋杆上升时即达到了举起重物的目的。

二、拆卸零件，画装配示意图

在初步了解部件功用的基础上，搞清部件的结构，然后按一定顺序拆卸零件，复杂的部件还应记录拆卸情况。通过对各零件作用和结构的仔细分析，进一步了解零件间的装配、连接关系，如图 7-16 所示。

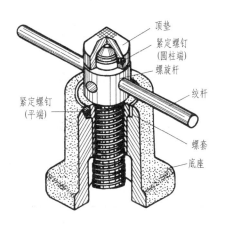

图 7-15　螺旋千斤顶轴测图

1. 拆卸时注意事项

为防止零件丢失和混淆，应将零件编号；对不便拆卸的连接、过盈配合的零件尽量不拆，以免损坏或影响精度；对标准件、非标准件应分类保管。对零件较多的部件，为便于拆卸后重装和为画装配图提供参考，应在拆卸过程中画出装配示意图。

2. 装配示意图的画法

装配示意图是用规定的符号和简单的线条绘制的图样，是一种表意性的图示方法，用以记录零件间的相互位置、连接关系和配合性质并注明零件的名称、数量、编号等。对一般零件可按其外形和结构特点形象地画出零件的大致轮廓。一般应从主要零件和较大的零件入手，按装配顺序和零件的位置逐个画出。画装配示意图时，可将零件当作透明体，其表达可不受前后层次的限制，应尽量把所有零件都集中在一个图上表示出来，一个图表示不全时，可画出第二个图（应与第一个图保持投影关系）。图 7-17 所示为螺旋千斤顶的装配示意图。

三、画零件草图

测绘零件的工作通常是在现场进行，由于条件的限制一般先画出零件草图。组成部件的零件，除标准件外，都应画出草图。零件草图是画部件装配图和零件工作图的重要依据，因此，画零件草图时必须认真、细心，不能有疏漏。画草图时要求：内容齐全（与零件工作图内容相同）、图形正确、线型分明、图面整洁。具体步骤如下。

（1）了解和分析测绘对象　了解零件的名称、材料及零件的结构形状，并根据其在装配体中的位置以及与其他零件的关系分析零件的作用等。

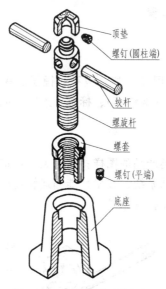 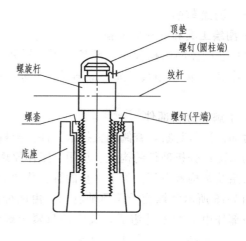

图 7-16 螺旋千斤顶分解图　　图 7-17 螺旋千斤顶装配示意图

对标准件只要测得主要尺寸，就可根据标准查出相应的规格，将这些标准件的名称、数量及规定标记列表即可。螺旋千斤顶的标准件见表 7-2。

表 7-2　螺旋千斤顶的标准件

名称	数量	规 定 标 记	备　　注
螺钉	1	螺钉 GB/T 75-85-M8×12	
螺钉	1	螺钉 GB/T 73-85-M10×12	

对标准件以外的其他零件，应测量并画出草图。

（2）确定表达方案　详见第六章第二节的内容。

（3）画零件草图的步骤

① 根据表达方案和布局，画出各视图的基准线。

② 目测比例，详细画出各视图。

③ 确定三个方向的尺寸基准，合理、清晰的标注全部尺寸界线、尺寸线。

④ 校核后按线型，描深所有图线。

⑤ 测量并标注尺寸数字。

⑥ 填写标题栏、技术要求等，完成草图。

图 7-18 所示为螺旋千斤顶的非标准件的草图（徒手绘制）。

（4）画零件草图时注意事项

① 针对零件的结构特点选用一组视图，使零件的表达完整、正确、清晰。

② 画视图时，应排除零件上的缺陷，如砂眼、裂痕等。但零件上的工艺结构，如倒角、凹坑、凸台、退刀槽、铸造圆角等应查取有关标准后取值，并按规定画出，不能忽略。

③ 标注尺寸时，应先画出全部尺寸线，然后统一测量逐个填写尺寸数字。

④ 注意从设计和加工的要求出发，合理选择基准，并将重要的尺寸（如配合尺寸、性能尺寸等）直接标注出来。

⑤ 零件的表面结构、公差、热处理等技术要求和零件的材料应根据该零件的作用及设计要求参照同类零件或相关资料（如附录材料表），用类比法加以确定。

这里需要特别强调的是：零件间有配合、连接关系的尺寸要协调一致。

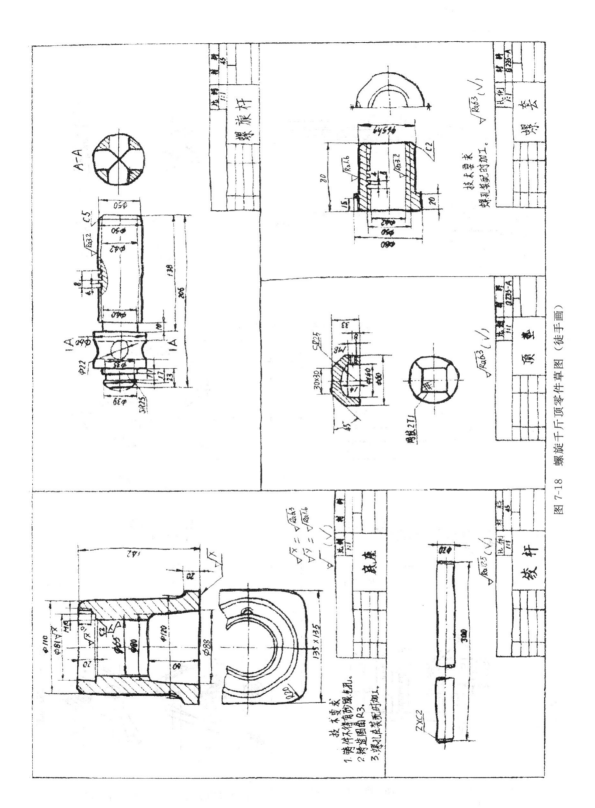

图 7-18 螺旋千斤顶零件草图（徒手画）

四、尺寸的测量

1. 测量方法

尺寸测量是零件测绘过程中重要的环节。常用的量具有游标卡尺、钢直尺、内外卡钳等,如图 7-19 所示。

具体测量方法见表 7-3。

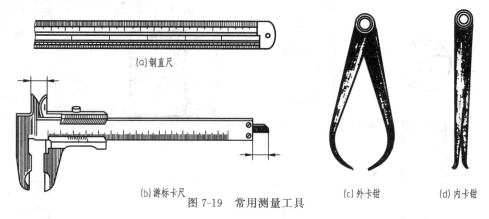

图 7-19　常用测量工具

表 7-3　零件尺寸的测量方法

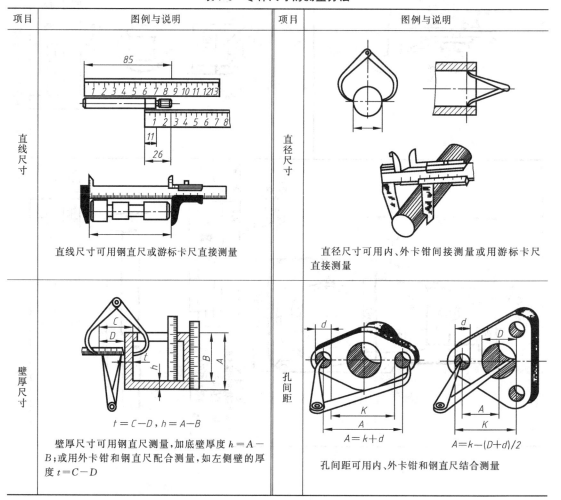

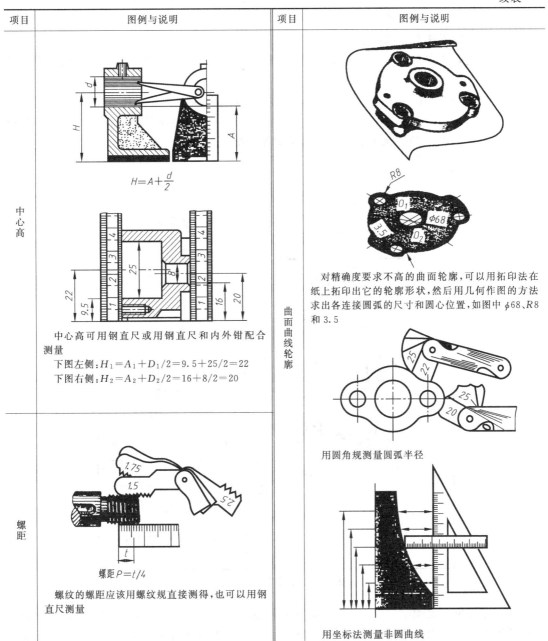

2. 测量的注意事项

① 测量尺寸，应根据零件尺寸的精确度选择相应的量具。

② 有配合要求的尺寸，其基本尺寸及选定的极限偏差，应根据配合情况并查取有关标准，与相配合的另一零件相应部分的尺寸协调一致并同时标出。螺纹、键槽、齿轮的模数等标准结构和参数，其测量结果应调整为标准值。

③ 与其他零件无关联或不重要的尺寸，圆整后标出。

五、装配图的画法

根据零件草图和装配示意图画装配图。画装配图的过程也是一次检验、校对零件形状、尺寸的过程。草图中零件的形状、尺寸有不妥之处，应及时改正，以保证零件间的装配关系能在装配图中正确反映出来。

画装配图的方法和步骤如下。

（1）确定表达方案　在充分了解装配体的前提下合理选择表达方案（详见第七章第二节的内容）。

由于螺旋千斤顶比较简单，主视图取其工作位置用全剖视来表达其零件间的相互关系、工作原理等，用 $A—A$ 剖视补充表达螺杆、螺套之间连接和底座的底部形状，用 $B—B$ 剖视和 C 向局部视图单独表达了螺杆的四通结构和顶垫的形状（见图7-20）。

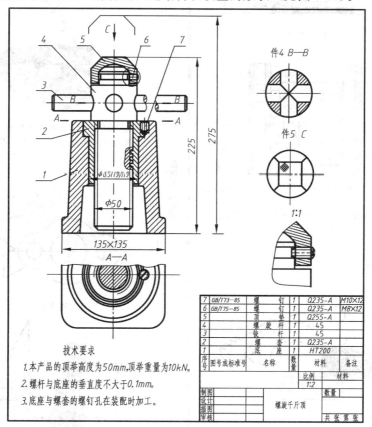

图 7-20　螺旋千斤顶装配图

（2）选比例、定图幅　根据装配体的大小和复杂程度，以能清楚表达主要结构为前提选择绘图比例，然后根据确定的表达方案并考虑到尺寸、明细栏等装配图的其他内容，确定图纸的幅面。

（3）作图

① 根据表达方案和布局，画出各视图的中心线、轴线、底面线等作图基准线并画出标题栏、明细栏的外框，如图7-21（a）所示。

② 先画主视图，按主要装配干线根据装配关系逐个画出各零件的视图。一般可按：先主件，后辅件；先内件，后外件（或先外件，后内件）的次序进行。

③ 逐个画出所有视图。有投影联系的视图应尽量符合投影规律画出，如图7-21（b）所示。

④ 画全各个视图结构（包括细部结构）并仔细校对。校对时应考虑由于装配连接关系

带来的可见性问题，即相互是否有遮掩。如图 7-21（c）所示。

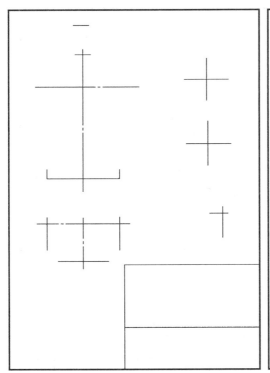
(a) 画主要基准线

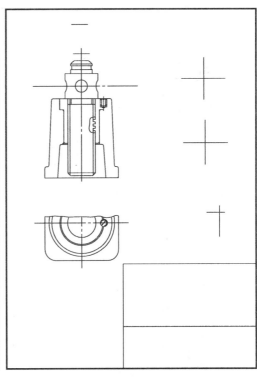
(b) 从主要零件开始，画主要装配线

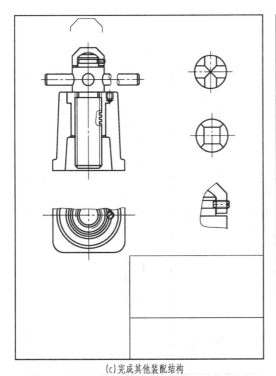
(c) 完成其他装配结构

(d) 画剖面符号，标注尺寸等

图 7-21　画装配图步骤

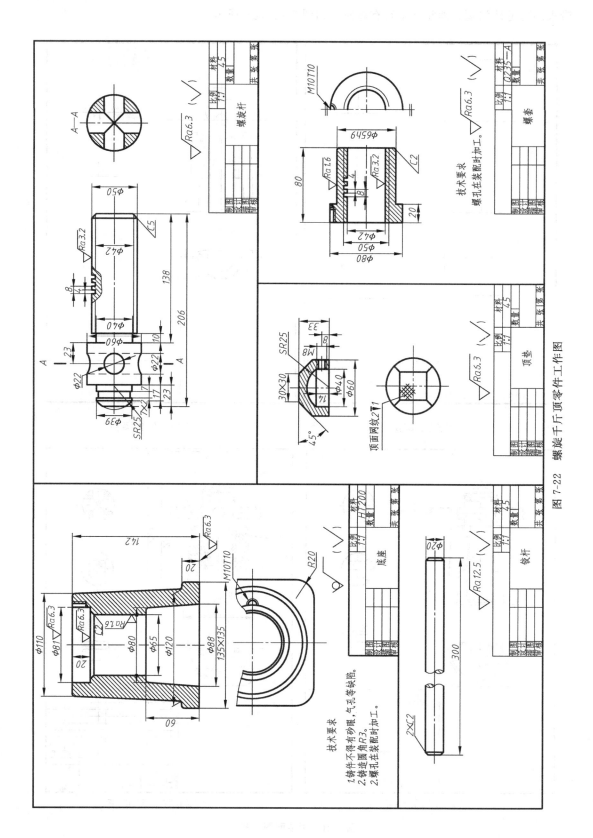

图 7-22 螺旋千斤顶零件工作图

⑤ 画剖面符号 同一零件在不同视图上剖面符号应一致（剖面线的方向、间隔相同），不同零件要有所区别，标注尺寸，编写序号、画标题栏、明细栏，如图 7-20（d）所示。

⑥ 最后检查，描深图线，填写明细栏、标题栏和注写技术要求，再审核修改，完成全图，如图 7-21 所示螺旋千斤顶的装配图。

（4）画零件工作图 根据零件草图和部件装配图整理绘制零件工作图。零件工作图它是直接指导零件生产的重要文件，应该包括制造该零件所需的一切资料。

从零件草图到零件工作图不是简单地重复照抄，应根据在测绘过程中对零件的进一步认识，从各方面进行调整、补充和完善，使零件的表达更合理，修正在画装配图过程中发现的问题（其具体方法和步骤与画零件草图步骤完全相同）。图 7-22 所示为螺旋千斤顶五个非标准零件的零件工作图。

最后填写测绘说明并把相关资料装订成册，完成装配体的测绘。

模块 Ⅲ 化工制图

第八章 化工设备图

在化工厂的建设过程中，无论是设计、施工，还是设备的制造、安装等均离不开化工图样。化工制图是专门研究化工图样的绘制和阅读的一门课程。化工制图与机械制图一样都是按"正投影法"和国家标准《技术制图》等规定绘制的，但它具有十分明显的专业特征。

化工图样可分为：化工设备图和化工工艺图。

化工生产中的化工机器（主要是指压缩机、离心机、鼓风机等），这些机器除部分在防腐蚀的要求特殊外，其图样属于一般通用机械表达的零件图和装配图范畴。

本章主要讲解化工设备图。化工设备是那些用于化工生产单元操作（如合成、分离、过滤、吸收、澄清等）的装置和设备，它是化工生产所特有的重要技术装备。用来表示化工设备结构形状、技术特性、各零部件之间的装配关系以及必要的尺寸和制造、检验等技术要求的图样，称为化工设备装配图，简称化工设备图。

第一节 化工设备图的表达方法

要了解并掌握化工设备图的表达方法和图示特点，就要先了解化工设备。

一、化工设备的分类

化工设备的种类很多，常用的典型化工设备有以下几类（见图 8-1）。

(1) 容器 用于储存物料，形状有圆柱形、方形、球形等。

(2) 反应罐（釜） 用于物料进行化学反应，或进行混合、沉降、换热等操作。

(3) 塔器 用于吸收、精馏等化工单元操作，其高度和直径一般相差很大。

(4) 换热器 用于两种不同温度的介质进行热量交换，以达到加热或冷却的目的。

二、化工设备的结构特点

各种化工设备的结构形状、大小尺寸虽不相同，但从上述常见的典型化工设备中可分析归纳出它们都具有如下的结构特点：

(1) 基本形体以回转体为主 设备的筒体、封头以及一些零部件的结构形状大多由圆柱、圆锥、圆球和椭球所组成。筒体一般是由钢板卷焊而成，封头为压力加工而成。

(2) 尺寸相差悬殊 设备的总体尺寸与某些局部结构（如壁厚、接管等）的尺寸相差悬殊。如图 8-2 中储罐的总长为"3570"、直径为"1200"，而筒体壁厚却只有"8"。

(3) 大量采用焊接结构 化工设备中零部件的连接，广泛采用焊接的方法。如图 8-2 中，筒体与封头、接管、人孔、鞍座等的连接均是焊接。

(4) 广泛采用标准化零部件 化工设备上较多的零部件已标准化、系列化，因此设计中一般可根据需要直接选用。

(5) 较多的开孔与接管 为满足化工工艺的需要，在设备的壳体（筒体和封头）上有较多的开孔和接管口，用以装配各种零部件和连接管道。

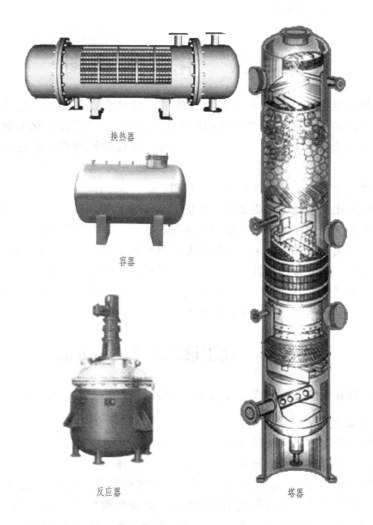

图 8-1 常用的典型化工设备

由于化工设备具有上述结构特点，所以其视图表达也具有特殊之处。

三、化工设备图的内容

图 8-2 所示为一储罐装配图。从图中可以看出化工设备图由以下内容组成。

1. 一组视图

用以表达化工设备的工作原理，各零部件之间的装配关系以及主要零件的基本结构形状。

2. 必要的尺寸

化工设备图上的尺寸，是制造、装配、安装和检验设备的重要依据，标注尺寸时，除遵守国家标准《技术制图》的规定外，还应结合化工设备的特点。标注尺寸应做到完整、清晰、合理，以满足化工设备制造、检验和安装的要求。

3. 管口表

管口表是用以说明设备上所有管口的符号、用途、规格、连接面形式等内容的一种表格，供选材、加工、检验、使用时参考。

第八章 化工设备图

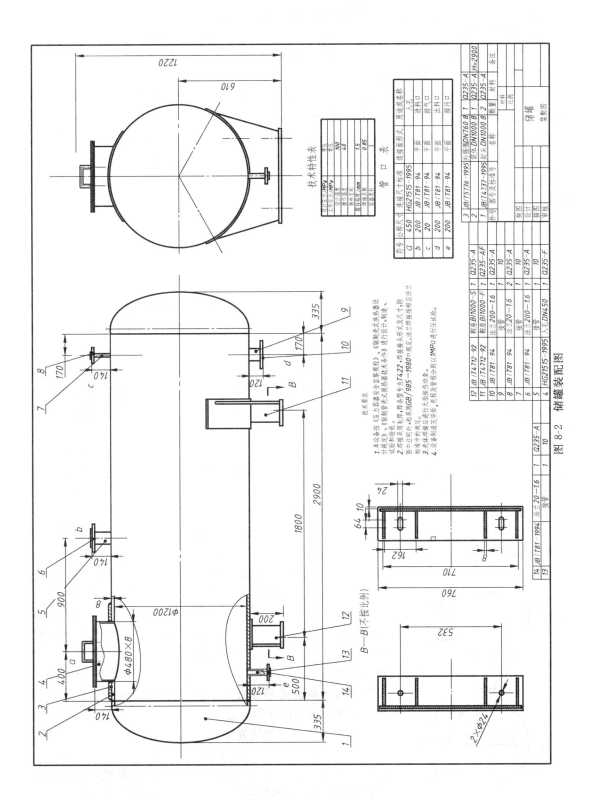

图 8-2 储罐装配图

4. 技术特性表与技术要求

技术特性表是用以说明该设备重要技术特性指标的一览表，其内容包括：工作压力、工作温度、容积、物料名称、传热面积以及其他有关表示该设备重要性能的参数。

技术要求则是用文字说明该设备在制造、检验、安装、保温、防腐蚀等方面的要求。

5. 零部件序号、明细栏和标题栏

（1）零部件序号　为了便于看图和图样管理，设备装配图中所有的零部件必须编写序号，相同零件（或组件）一般只标注一个序号。

（2）明细栏　明细栏是表示化工设备中各组成部分（零件或组件）的详细目录，其内容包括：零件（或组件）的序号、名称、数量、规格、材料及图号或标准号等。

（3）标题栏　标题栏用以填写设备名称、规格、比例、设计单位、图号及责任者等内容。

四、化工设备图的表达方法

化工设备图主要是反映化工设备的结构。因此，化工设备图的表达方法与化工设备的基本结构特点有很大的联系。

1. 视图及配置

化工设备的主体结构多为回转体，为表达内部结构，常采用剖视图。其基本视图常采用两个视图。立式设备一般为主、俯视图；卧式设备一般为主、左（右）视图，用以表达设备的主体结构，如果设备较大或图幅所限，视图难于安排在基本视图的位置，可配置在图纸的空白处或分张绘制，注明视图关系即可。

其他视图用以补充表达设备的主要装配关系和局部结构等。补充表达的视图常采用局部放大图、局部视图、剖视及断面等表达方法来补充表达基本视图的不足，将设备各部分的形状结构表达清楚。

化工设备结构较简单，且多为标准零部件所组成，故允许零件图与装配图画在同一张图纸上。如果化工设备图上已表达清楚的零件，可不画零件图，而依据化工设备图直接加工。

2. 多次旋转的表达方法

化工设备壳体周围分布着各种管口或零部件，它们的径向方位可在俯（左）视图中确定，其轴向位置和它们的结构形状则在主视图上采用多次旋转的表达方法表达。即假想将分布于设备上不同径向方位的管口及其他附件的结构，分别旋转到与主视图所在投影面平行的位置，然后进行投射，得到视图或剖视图，这种表达方法一般都不作标注。但这些结构的径向方位要以管口方位图（或俯视图）为准。如图 8-3 所示，图中 a（人孔）是按顺时针方向旋转 30°、c 顺时针旋转 45°，d 逆时针旋转 30°，在主视图上画出的。必须注意主视图上不能出现图形重叠的现象，否则应用其他视图表达。

3. 管口方位的表达方法

化工设备上有众多的管口及其附件，它们方位的确定在制造、安装方面是至关重要的。如果它们的结构在主体视图（或其他视图）上不能表达清楚时，可采用管口方位图来表示设备的管口及其他附件的分布情况，方位图仅以中心线表

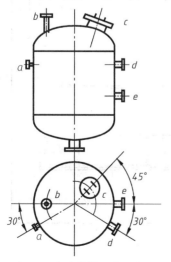

图 8-3　多次旋转的表达方法

示管口位置，以粗实线示意画出设备管口，在主视图和方位图上相应管口投影旁标明相同的小写拉丁字母，如图 8-4 所示。当俯（左）视图能将管口方位表达清楚时，可不必画管口方位图

4. 细部结构的表达方法

由于化工设备的尺寸相差悬殊，按同一比例画出的基本视图中，细部结构很难表达清楚，应采用局部放大图或夸大画法来表达这些结构。

（1）局部放大图 局部放大图俗称节点图（很多是表达焊接结构），可根据需要采用视图、剖视、断面等表达方法，放大比例可按规定比例，也可不按比例适当放大，但都要标注，还可以用一组图来表达，如图 8-5 所示。

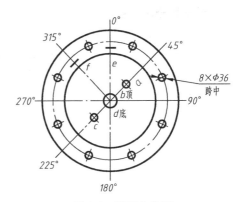

图 8-4 管口方位图

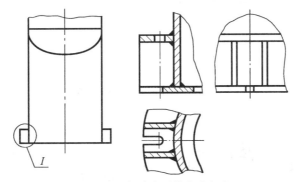

图 8-5 局部放大图的表达方法

（2）夸大画法 对于设备的壁厚、垫片厚等小尺寸结构等，无法按比例画出时，可不按比例，适当夸大地表达出来。如图 8-2 中的壁厚即是未按比例夸大画出的。

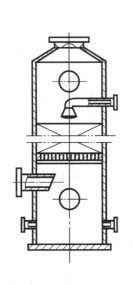

图 8-6 断开画法

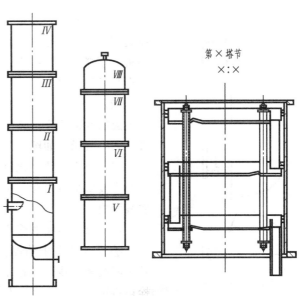

图 8-7 分段（层）表达方法

5. 断开和分段（层）的表达方法

较长（或较高）的设备，沿长度（或高度）方向的部分结构形状相同或按规律变化或重复时，该部分结构可采用断开画法，即用双点画线将设备从重复结构或相同结构处断开，使图形缩短，节省图幅、简化作图。图 8-6 所示为填料塔填料层处采用的断开画法。

当设备较高又不宜采用断开画法时，可采用分段（层）的表达方法，也可以按需要把某一段或某几段塔节，用局部放大图画出它的结构形状，如图 8-7 所示。

6. 简化画法

在化工设备图中，除采用国家标准《技术制图》中的规定和简化画法外，还可采用其他一些简化画法。

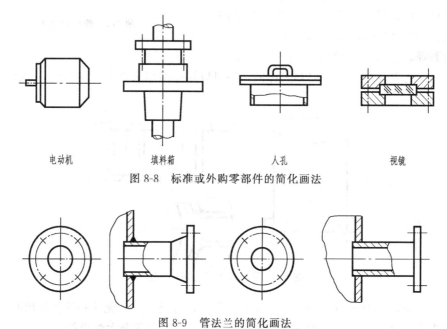

图 8-8　标准或外购零部件的简化画法

图 8-9　管法兰的简化画法

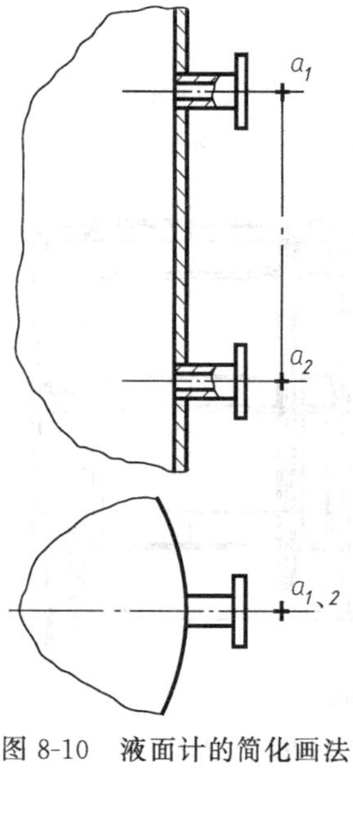

（1）标准或外购零部件的简化画法　标准或外购的零部件，在装配图中可按比例只画表示特征的简单外形，如图 8-8 中的电动机、填料箱、人孔等。但必须在明细栏中注明其名称、规格、标准号或说明等。

（2）管法兰的简化画法　化工设备图中，一般的管法兰可简化画成图 8-9 所示的形式，其规格、连接面形式等则在明细栏及管口表中表示，如图 8-2 所示。

（3）液面计的简化画法　装配图中带有两个接管的液面计，其两个投影都可简化，如图 8-10 所示，其中符号"＋"应用粗实线画出。

（4）重复结构的简化画法

① 化工设备中的螺栓孔，可在图上螺栓孔位置上，只画出其中心线和轴线，而省略圆孔的投影，如图 8-11（a）所示。螺栓连接可用符号"×"和"＋"（粗实线）表示，如图 8-11（b）所示。

图 8-10　液面计的简化画法

② 多孔板上按规律分布的孔，可按图 8-12 所示，简化画出。

③ 设备中可用细点画线表示密集的按规律排列的管子（如列管式换热器中的换热管），但至少要画出其中一根管子，如图 8-13 所示。

④ 设备中相同规格、材料和堆放方法相同的填充物，可用相交细实线表示，并注出有关尺寸和说明文字，如图 8-14（a）所示；不同规格或规格相同但堆放方法不同的填充物需分层表示，如图 8-14（b）所示。

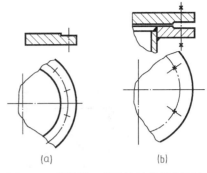

图 8-11　螺栓孔、螺栓连接的简化画法

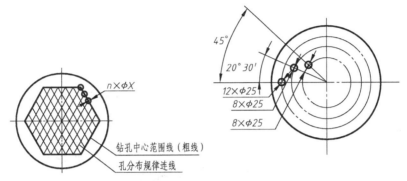

图 8-12　多孔板的简化画法

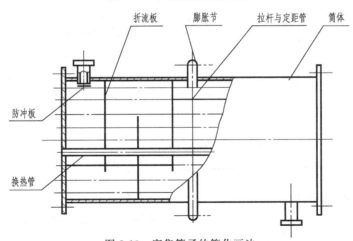

图 8-13　密集管子的简化画法

（5）单线示意画法　设备上某些结构，在用剖视图、局部放大图等表达方法表达清楚或已单独有零部件图时，装配图上允许用单粗实线表示。如图 8-13 中的折流板、膨胀节和图 8-15 中的吊钩等结构的画法。

为表达设备整体形状及有关结构的相对位置和尺寸，可采用示意画法画出设备的整体外形并标注有关尺寸，如图 8-14 所示。

7. 焊接结构的表示

焊接是一种不可拆卸的连接，它是化工设备主要的连接方法。常见的焊接接头有对接、搭接、角接和 T 字接四种基本形式，如图 8-16 所示。

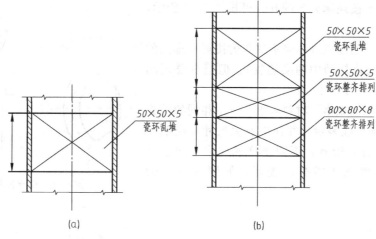

图 8-14 填充物的简化画法

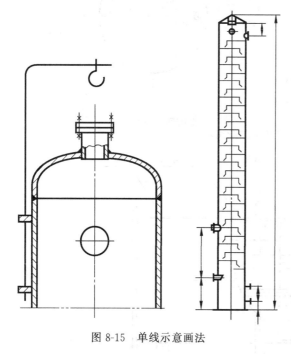

图 8-15 单线示意画法

(1) 焊缝的规定画法 在视图中,可见焊缝用细栅线(允许徒手绘制)表示,也允许用特粗线($2d \sim 3d$)表示,但同一图样中,只能采用一种表达方法。在剖视图或断面图中,焊缝可涂黑表示,如图 8-17 所示。

对于常压、低压设备,剖视图中的焊缝按接头形式画出焊缝断面,断面可涂黑表示;视图中焊缝可省略不画,如图 8-18 所示。对于中压、高压设备或设备上某些重要的焊缝,需要局部放大图,详细表示焊缝结构的形状和标注有关尺寸。

(2) 焊接接头的坡口形式 为保证焊接质量,需在焊接的连接处,预制成各种形状的坡口。由图 8-19 可知,坡口主要由三部分组成:钝边高度 P、根部间隙 b 和坡口角度 α。钝边高度是为了防止焊接时烧穿焊件;根部间隙是为了保证两个焊件焊透;坡口角度是为了使焊条能深入焊件的底部。

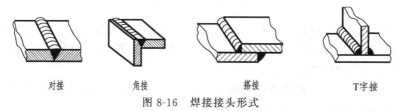

图 8-16 焊接接头形式

坡口形式有 V 形和 U 形等,对接接头 V 形坡口结构如图 8-19 (a) 所示,对接接头 U 形坡口结构如图 8-19 (b) 所示,角接接头钝边 V 形坡口形式如图 8-19 (c) 所示,搭接接头一般不用坡口。

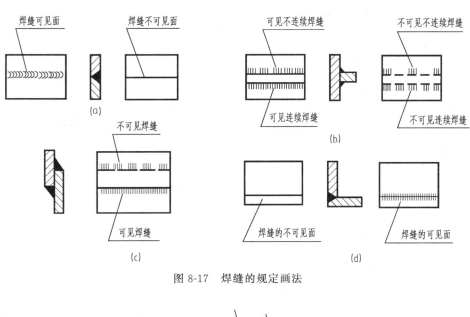

图 8-17 焊缝的规定画法

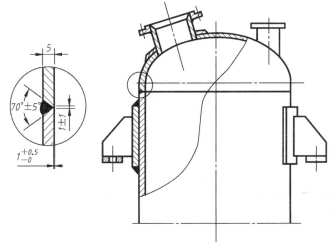

图 8-18 设备中焊缝的画法

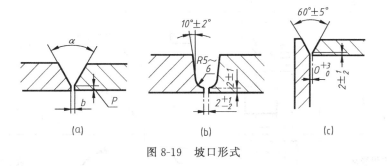

图 8-19 坡口形式

（3）焊缝的标注　当焊缝分布较简单时，可不必画焊缝，只在焊缝处标注焊缝代号即可。焊缝代号由基本符号与指引线组成，必要时可以加上辅助符号、补充符号、焊接方法的数字代号和焊缝的尺寸符号。基本符号是表示焊缝横断面形状的符号，表 8-1 列出了常用焊缝的基本符号。

表 8-1 常用焊缝的基本符号（摘自 GB/T 324—2008）

序号	名称	示意图	符号	序号	名称	示意图	符号
1	卷边焊缝（卷边完全熔化）		八	6	带钝边V形焊缝		Y
2	I形焊缝		‖	7	带钝边单边V形焊缝		Y
3	V形焊缝		V	8	带钝边U形焊缝		Y
4	单边V形焊缝		V	9	带钝边单边J形焊缝		Y
5	点焊缝	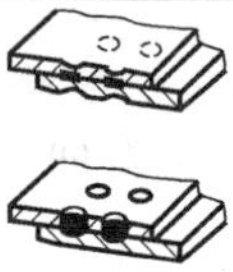	○	10	角焊缝		◿

辅助符号是表示焊缝表面形状特状的符号，表 8-2 列出了焊缝辅助符号及标注示例。

表 8-2 焊缝辅助符号及标注示例（摘自 GB/T 324—2008）

名称	符号	标注示例	说明
平面符号	—		表示焊缝表面齐平（一般通过加工）
凹面符号	⌣		表示焊缝表面凹陷
凸面符号	⌢		表示焊缝表面凸起

焊缝补充符号是为了补充说明焊缝某些特征而采用的符号，表 8-3 列出了焊缝补充符号及标注示例。

表 8-3 焊缝补充符号及标注示例（摘自 GB/T 324—2008）

序号	名称	示意图	符号	标注示例	说明
1	带垫板符号	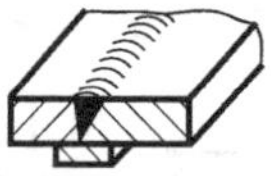	 ▭		表示V形焊缝的背面底部有垫板
2	三面焊缝符号	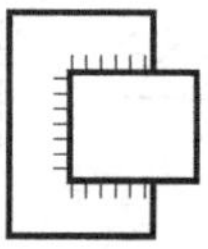	⊏		工件三面带有焊缝，焊接方法为手工电弧焊
3	周围焊缝符号 现场符号	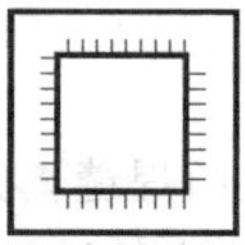	 ○ ▐	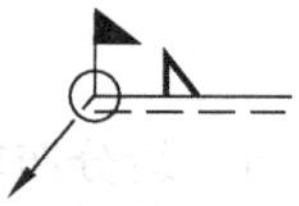	表示在现场沿工件周围施焊

焊接的方法很多，常用的有：电焊、接触焊、电渣焊和钎焊等，电焊应用最为广泛，表 8-4 列出了常用焊接方法的数字代号。

表 8-4　常用焊接方法的数字代号（摘自 GB/T 324—2008）

焊接方法	数字代号	标注示例
电弧焊	1	
手工电弧焊	111	
埋弧焊	12	
等离子弧焊	15	
电阻焊	2	
点焊	21	

焊缝的指引线一般由箭头线和基准线（一条实线、一条虚线）组成。箭头线用细实线绘制，其箭头指向焊缝处，如图 8-20 所示。基准线一般应与图样的底边相平行，当需要表示焊接方法时，可在基准线末端增加尾部符号。常见焊缝标注示例见表 8-5。

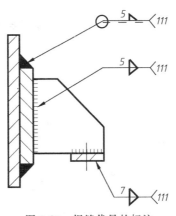

图 8-20　焊缝代号的标注

表 8-5　常见焊缝标注示例（摘自 GB/T 324—2008）

焊缝型式	标注示例	说　明
		间隙为 1mm 的双面对接焊缝
		V 型焊缝，坡口角度 70°，间隙为 1mm，钝边为 1mm
		焊角高度为 5mm 的双面角焊缝，在现场或工地上进行焊接，手工电弧焊

第二节　化工设备图上的尺寸标注、技术要求及表格内容

化工设备图除了要表达设备的结构形状外，还要注明设备的大小、规格及技术说明等内容。

一、尺寸标注

化工设备图的尺寸标注与机械装配图一样，一般应标注以下几类尺寸：

① 特性（规格）尺寸　表示设备的性能与规格尺寸，这些尺寸是设计时确定的，是设计设备，了解和选用设备的依据。图 8-2 中筒体内径 1200、长 2900，为特性尺寸。

② 装配尺寸　表示设备各零部件间装配关系和相对位置的尺寸。图 8-2 中表示零部件间相对位置的尺寸 610、接管定位尺寸 140 等。

③ 安装尺寸　设备安装在地基上或与其他设备（部件）相连接时所需尺寸。如图 8-2 中支座地脚螺栓孔距 1800、532。

④ 外形（总体）尺寸　设备总长、宽、高尺寸，这类尺寸供设备在运输、安装时使用，如图 8-2 中总长 3570、总高 1220。

⑤ 其他尺寸　化工设备有标准化零部件多、焊接结构多等结构特点，所以化工设备图中的"其他尺寸"一般包含标准零部件的规格尺寸（如图 8-2 中人孔 480×8）或主要尺寸，设计计算确定的尺寸（如筒体壁厚 8），焊缝结构型式尺寸以及不另行绘图的零件的有关尺寸。

化工设备图中的尺寸标注应满足制造、检验、安装等要求，故需合理选择尺寸基准。化工设备图中常用的尺寸基准有如下几种（见图 8-21）：

① 设备主体（筒体和封头）的轴线；
② 设备筒体和封头焊接处的环焊缝或设备法兰的端面；
③ 设备支座底面。

图 8-21 中，当设备法兰为平密封面时，则尺寸基准如图 8-21（c）所示，当密封面为凹凸面或榫槽面时，则尺寸基准如图 8-21（d）所示。

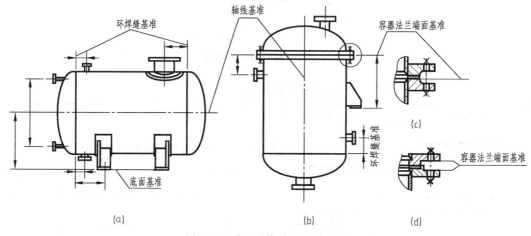

图 8-21　化工设备常用尺寸基准

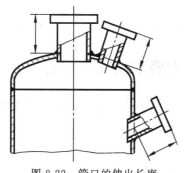

图 8-22　管口的伸出长度

以下是几种典型结构尺寸的注法：
① 筒体尺寸　一般注公称直径、壁厚和高度（长度）。
② 封头尺寸　一般标注壁厚和封头高（包括直边高）。
③ 管口尺寸　主要为管口直径和壁厚。如果管口的接管为无缝钢管时，一般标注外径×壁厚。管口在设备上的伸出长度，一般是标注管法兰端面到接管中心线和相接零件外表面的最短距离，如图 8-22 所示。
④ 设备中的瓷环、浮球等填充物，注出总体尺寸及填充物规格尺寸。

二、管口符号与管口表

管口符号一律用小写拉丁字母（a、b、c、…）编写（字母中的 l、o、q 不推荐使用），规格、用途及连接面形式不同的管口均应单独编写管口符号。管口符号的编写顺序应从主视图的左下方开始，按顺时针方向依次编写。其他视图上的管口符号，则应根据主视图中对应的符号进行注写。

管口表一般都画在明细栏的上方，其规定格式如图 8-23 所示。填写管口表时应注意：

① 管口表"符号"栏内的字母应和视图中管口的符号相同，按 a、b、c、…顺序，自上而下填写。当管口规格、用途及连接面形式完全相同时，可合并成一项填写，如 b_{1-2}。

图 8-23 管口表、技术特性表的格式

②"公称尺寸"栏内填写管口公称直径。无公称直径的管口，按管口实际内径填写。

③"连接尺寸、标准"栏填写对外连接管口的有关尺寸和标准；不对外连接的管口（如人孔、视镜等）不填写具体内容（见图8-2），也可用细斜线表示；螺纹连接管口填写螺纹规格。

三、技术特性表

技术特性表是表明设备的主要技术特性的一种表格。一般都放在管口表的上方。其格式有两种，分别适用不同类型的设备，如图8-23所示。

技术特性表的内容包括工作压力、工作温度、设计压力、设计温度、物料名称等，对于不同类型的设备，需增加有关内容。如容器类，增填全容积（m^3）；反应器类，增填全容积、搅拌转速等；换热器类，增填换热面积等；塔类，增填设计风压、地震烈度等。

四、技术要求

技术要求用于说明在图中不能（或没有）表示出来的内容，作为制造、装配、验收的技术依据。

技术要求包括以下几方面的内容：

① 设备在制造中依据的通用技术条件，如图8-2中技术要求第1条等。

② 设备在制造（焊接、机械加工）和装配方面的要求。通常对焊接方法、焊条型号等都作具体要求。如图8-2中技术要求第2条等。

③ 设备的检验要求。包括焊缝质量检验和设备整体检验两类。图8-2中技术要求第3、4条等属设备整体检验要求。

④ 其他要求。包括设备在保温、防腐蚀、运输等方面的要求。

五、零部件序号、明细栏和标题栏

零部件序号的编排形式与机械装配图相同。序号一般都从主视图左下方开始，顺时针方向连续编号，整齐排列。序号若有遗漏或需增添时，则在外圈编排，具体要求参见第七章第三节相关内容。

明细栏及标题栏的内容及格式参见第七章图7-8。

第三节　化工设备上常用零部件

化工设备的零部件的种类和规格很多，但总体可分为两类：一类是通用零部件；二类是化工设备的常用零部件。第一类在第五章已介绍，这里主要介绍第二类，图8-24所示为化工设备的立式容器的立体图。

化工设备的常用零部件有筒体、封头、支座、法兰、人（手）孔、视镜、液面计、补强圈等，为了便于设计、制造和检验，这些零部件多数已标准化、系列化。

一、筒体

筒体是化工设备的主体，一般由钢板卷焊而成，筒体的公称直径一般指筒体内径。当$DN \leqslant 500mm$时，可直接使用无缝钢管，这时筒体的公称直径用管子的外径表示。当筒体较长时，可用法兰连接或多个筒节焊接而成。筒体的主要尺寸是直径、长度、壁厚，筒体直径应

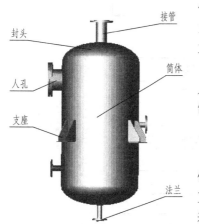

图8-24　化工设备图

符合《压力容器公称直径》中所规定的尺寸系列，见附表 21。

规定标记：名称　公称直径　标准编号

例：筒体　$DN1000$　GB/T 9019—2001

表示筒体的内径为 1000mm。

二、封头

封头是设备的重要组成部分，它与筒体一起构成设备的壳体。封头与筒体的连接方式有两种：一种为封头与筒体焊接，形成不可拆卸的连接，如图 8-30 所示反应釜的下封头与筒体之间的连接；一种为封头与筒体上分别焊上法兰，用螺栓和螺母连接，形成可拆卸的连接，如图 8-30 所示反应釜的上封头与筒体之间的连接。封头的形式多种多样，常见的有球形、椭圆形、碟形、锥形，如图 8-25 所示。当筒体为钢板卷焊而成时，与之相对应的椭圆形封头公称直径为封头内径，当与无缝钢管作筒体相对应的封头的公称直径为封头外径（详见附表 22）。

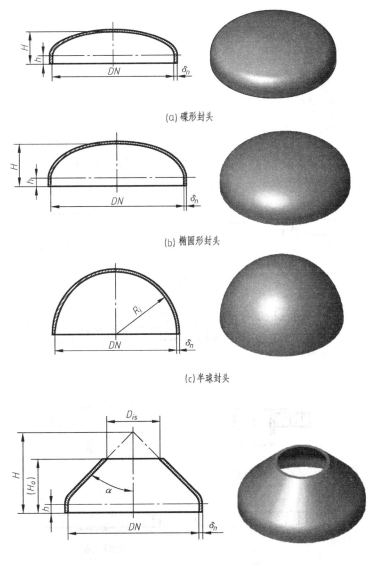

(a) 碟形封头

(b) 椭圆形封头

(c) 半球封头

(d) 锥形封头

图 8-25　各种形状封头

封头设计标记按如下规定：

①②×③（④）—⑤⑥

其中　①——表示封头类型代号；

②——数字，为封头公称直径，mm；

③——数字，为封头名义厚度，mm；

④——数字，为设计图样上标注的封头最小形成厚度δ_{min}，mm；

⑤——封头的材料牌号；

⑥——标准号：GB/T 25198。

例：EHB325×12（10.4）—Q345R GB/T 25198

表示公称直径 325mm、名义厚度 12mm、封头最小成形厚度为 10.4mm、材质为 Q345R 以外径为基准的椭圆形封头。

三、法兰

法兰是法兰连接中的一种主要零件，法兰连接是由一对法兰、密封垫片和螺栓、螺母、垫圈等零件组成的一种可拆卸连接，如图 8-26 所示（详见附表 23）。

化工设备用的标准法兰有管法兰和压力容器法兰，见附表 24。

管法兰主要用于管道之间的连接，管法兰的公称直径为所连接管子的公称直径。管法兰按其与管子的连接方式分为平焊法兰、对焊法兰、螺纹法兰和活动

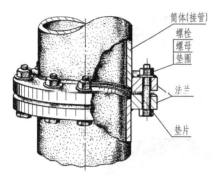

图 8-26　法兰连接

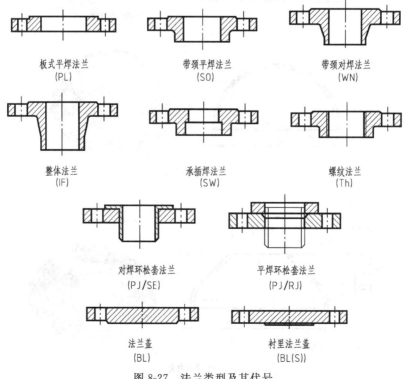

图 8-27　法兰类型及其代号

法兰等多种,如图 8-27 所示。法兰类型代号见表 8-6。法兰密封面型式主要有突面、凹凸面和榫槽面等,如图 8-28 所示。法兰密封面型式及其代号见表 8-7。

表 8-6 法兰类型代号

法兰类型代号	法兰类型	法兰类型代号	法兰类型
PL	板式平焊法兰	PJ/SE	对焊环松套法兰
SO	带颈平焊法兰	PJ/RJ	平焊环松套法兰
WN	带颈对焊法兰	BL	法兰盖
IF	整体法兰	BL(S)	衬里法兰盖
SW	承插焊法兰	Th	螺纹法兰

表 8-7 法兰密封面型式及其代号

密封面型式	突面	凹面	凸面	榫面	槽面	全平面	环连接面
代号	RF	FM	M	T	G	FF	RJ

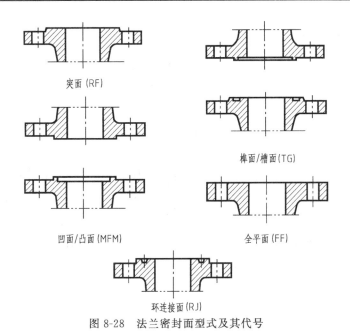

图 8-28 法兰密封面型式及其代号

法兰规定标记

HG/T 20592　法兰　PL 1200—6　RF　Q235A
　　①　　　　②　　③　④—⑤　⑥　　⑦

其中　①——标准代号;
　　　②——法兰名称;
　　　③——法兰类型代号;
　　　④——法兰公称尺寸;
　　　⑤——公称压力等级;
　　　⑥——密封面型式代号。
　　　⑦——材料代号

上面法兰标记的含义是:公称尺寸 $DN\,1200$,公称压力 $PN6$,配用公制管的突面板式平焊钢制管法兰,材料为 Q235A

压力容器法兰用于设备筒体与封头之间的连接，如图 8-30 反应釜的上封头与筒体之间的连接。压力容器法兰分为甲型平焊法兰、乙型平焊法兰和长颈对焊法兰。压力容器法兰密封面形式有平面、榫槽面（T、G）、凹凸面（FM、M）三种，如图 8-29 所示。压力容器法兰的公称直径为所连接筒体的内径。法兰密封面代号见表 8-8。

表 8-8　法兰密封面代号

密封面型式		代号
平面密封面	平密封面	RF
凹凸密封面	凹密封面	FM
	凸密封面	M
榫槽密封面	榫密封面	T
	槽密封面	G

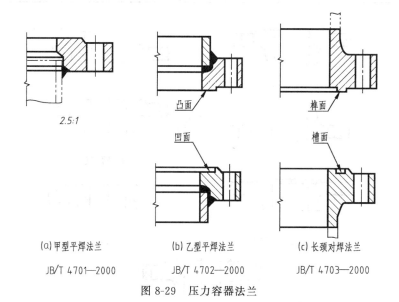

(a) 甲型平焊法兰　　(b) 乙型平焊法兰　　(c) 长颈对焊法兰
JB/T 4701—2000　　JB/T 4702—2000　　JB/T 4703—2000

图 8-29　压力容器法兰

法兰规定标记：
法兰标记由七部分组成

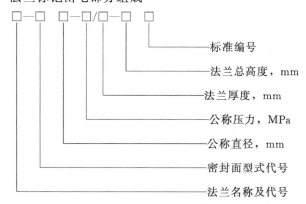

当法兰厚度及总高度均采用标准值时，次两部分标记可省略。

为了扩充应用标注法兰，允许修改法兰厚度 δ、法兰总高度 H，但必须满足 GB 150 中的法兰强度计算要求，如有修改，两尺寸均应在法兰标记中标明。

例：标准法兰，公称压力 1.6MPa，公称直径 1000mm 平面密封面甲型平焊法兰，其标记为：

法兰—RF　1000—1.6 JB/T 4701—2000

修改尺寸的标准法兰，公称压力 2.5MPa，公称直径 1000mm 平面密封面长颈对焊法兰，其中法兰厚度改为 78mm，法兰总高度仍为 155mm，其标记为：

法兰—RF　1000—2.5/78—155 JB/T 4703—2000

四、人孔与手孔

为便于安装、拆卸、清洗和检修设备的内部结构，在设备上常开设人孔和手孔。人孔和手孔的结构基本相同，通常在容器上接一短管，并加盖盲板构成，如图 8-31 所示。手孔直径大小应考虑使握有工具的手能顺利通过，标准中有 $DN150$ 与 $DN250$ 两种。人孔大小直径应考虑到人的进出方便与安全，还要考虑到对设备壳体强度的削弱程度。人孔有圆形和椭圆形两种，椭圆形人孔对设备的削弱程度较小。人孔尺寸尽量要小，圆形人孔最小直径为 400mm，椭圆形人孔最小尺寸为 300mm×400mm。人孔和手孔的结构尺寸见附表 25。

标注示例：公称直径 DN450、H1=160、采用石棉橡胶板垫片的常压人孔，其标记为：

人孔（A-XB350）　450　HG/T 21515—2014

五、支座

设备的支座是用来支承设备的重量和固定设备的位置，支座有立式设备支座、卧式设备支座和球形设备支座，设备中常用的支座为悬挂式支座和鞍式支座。

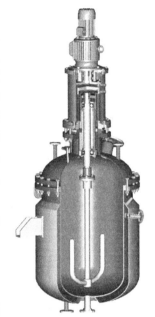

图 8-30　带压力容器法兰的反应釜

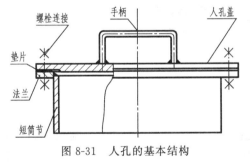

图 8-31　人孔的基本结构

① 悬挂式支座又称耳座，广泛用于立式设备。在设备周围一般分布四个悬挂式支座，小型设备也可用两个或三个支座。如图 8-32（a）所示，它是由两块肋板和一块底板组成。为改善支承处的局部应力，在支座和设备之间往往加一垫板。

耳座有 A 型、B 型、（不带垫板）C 型三种类型。A 型适用于一般立式设备。B 型有较宽的安装尺寸，适用于带保温层的立式设备（详见附表 27）。

规定标记：标准编号　名称　类型　支座号—材料代号

例：JB/T 4712.3—2007 耳式支座　B5—I

表示 B 型带垫板 5 号耳式支座，材料 Q235A。

② 鞍式支座广泛用于卧式设备，结构如图 8-33（a）所示。卧式设备一般用两个鞍座支承，当设备较长或较重，超出支座的支承范围，应增加支座数目。鞍式支座分为轻型（代号 A）和重型（代号 B）两种。每种类型的鞍座又分为 F 型（固定型）和 S 型（滑动型）。F

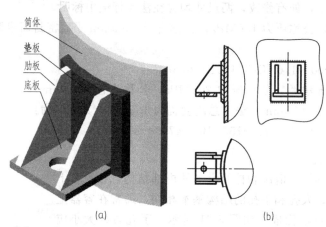

图 8-32 悬挂式支座

型和 S 型的最大区别在地脚螺栓孔，F 型是圆形孔，S 型是长圆孔。二者成对使用，目的是在设备热胀冷缩时，活动支座可以调节两支座之间的距离，减少附加应力（详见附表 28）。

标记示例：标准编号　名称　类型　公称直径—地脚螺栓类型

例：JB/T 4712.1—2007　鞍座　B　800—F

表示公称直径为 800mm，重型带垫板，固定式鞍式支座。

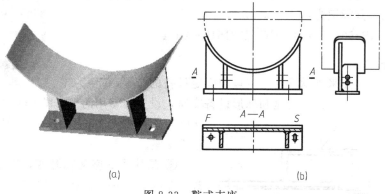

图 8-33 鞍式支座

六、补强圈

补强圈用于加强壳体开孔过大处的强度，其结构如图 8-34（a）所示。补强圈厚度和材料一般都与设备壳体相同，它与壳体的连接情况如图 8-34（b）所示。补强圈结构尺寸见附表 26。

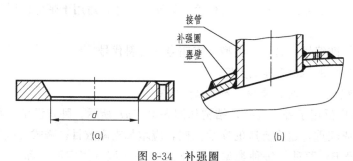

图 8-34 补强圈

标记示例：标准编号　名称　公称直径—材料

例：JB/T 4736—2002　补强圈　$DN100\times8$-D—Q235-B

表示厚度为 8mm、接管公称直径 DN100mm、坡口类型为 D 型、材料为 Q235-B 的补强圈。

除上述几种常用的标准化零部件外，还有如视镜、填料箱、液面计等这些零件的有关数据，可查阅有关标准。

第四节　化工设备图的画法

绘制化工设备图之前，首先应对所绘制化工设备的资料进行复核，包括：强度校核、结构选型、材料选择等，做好绘制化工设备图的准备工作。

1. 选定视图表达方案

选择化工设备的表达方案时，应考虑化工设备的结构特点与图示特点。通常选两个基本视图，用来表达设备的主体结构和零部件装配关系等，再采用局部放大图、向视图及剖视、断面等表达方法，补充基本视图表达的不足。主视图一般采用剖视和多次旋转相结合的表达，如图 8-35 所示。

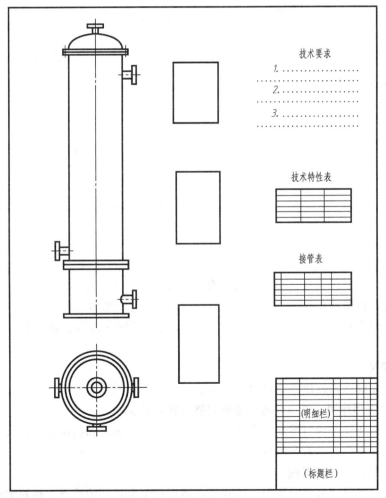

图 8-35　立式设备的图面布置

2. 确定比例和图幅，布置图面

表达方案确定后，按照设备的总体尺寸确定绘图比例。化工设备图一般都采用缩小比例，常用的比例为 1∶5、1∶10、1∶20 等。

比例确定后，根据视图数量、尺寸配置、各种表格和技术要求等内容所占的范围确定图纸幅面的大小。常采用较大图幅如 A0、A1；必要时也可加长幅面。

布置图面时，除考虑各视图所占的幅面和间隔外，还需考虑标注尺寸，编写零部件序号以及各种表格和技术要求所需的幅面，力求在图纸上布置匀称、美观。一般立式设备的图面布置，如图 8-35 所示；卧式设备的图面布置，如图 8-36 所示。

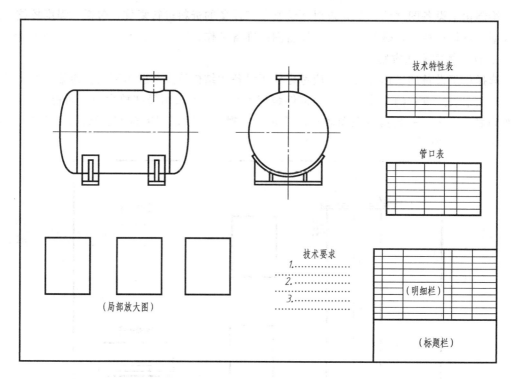

图 8-36　卧式设备的图面布置

3. 画视图底稿

根据化工设备图的特点，具体作图步骤一般按照：先画出主要图形的定位线（轴线、对称线、中心线、作图基准线）；先画主视图，后画俯（左）视图，再画其他图形；先画设备主体（筒体、封头）、后画附件；先画外件，后画内件等顺序进行。最后加画剖面符号、焊接符号等。

4. 标注尺寸

视图底稿完成后，标注各类尺寸（注意最后标注外形尺寸）。

5. 编写零部件序号、管口符号、各类表格和技术要求

按设备类型和要求编写零部件序号、管口符号、各类表格和技术要求，可参见同类设备来编排内容，完成设计参数等填写（从略）。

6. 检查、修改、加深图线

完成上述内容后，对视图底稿、尺寸等内容进行全面仔细的检查。核对无误后，加深图线，再检查、修改完成绘图工作。

第五节　读化工设备图

化工设备图是化工设备设计、制造、使用和维修中的重要技术文件，从事化工生产的技术人员必须具备阅读化工设备图的能力。

1. 阅读化工设备图的基本要求

通过对化工设备图的阅读，主要达到下列要求：

① 了解设备的用途、工作原理、结构特点和技术特性。
② 了解设备上各零部件之间的装配关系和有关尺寸。
③ 了解设备零部件的材料、结构、形状、规格及作用。
④ 了解设备上的管口数量和方位。
⑤ 了解设备在制造、检验和安装等方面的技术要求等。

2. 方法和步骤

阅读化工设备图（基本方法与阅读机械装配图相同，可参照第七章第五节相关内容）要注意化工设备图所具有的结构特点和图示方法。阅读化工设备图可按概括了解、详细分析、归纳总结等步骤进行。下面分别以换热器和反应釜为例介绍阅读化工设备图基本方法。

【例 8-1】 读换热器装配图（见图 8-37）。

（1）概括了解

首先阅读标题栏、明细栏、管口表、技术特性表，并大致了解视图表达方案。从中了解设备名称、规格、绘图比例，零部件的数量、名称；概括了解设备的一些基本情况，对设备有个初步的认识。

图 8-37 中的设备名称是换热器，其用途是使两种不同温度的物料进行热量交换，规格是 $DN400 \times 1500$（壳体内径×换热管长度），换热面积 $F=8.21 m^2$。设备绘图比例 1∶5。换热器由 24 种零部件所组成，其中有 9 种标准件。

换热器壳程内的介质是软水，工作压力为 0.4MPa，工作温度为 65~80℃；管程内介质是物料，工作压力为 -0.097MPa，工作温度为 100~150℃。换热器共有 5 个接管，其用途、尺寸见管口表。

该设备用了 1 个主视图（全剖）、1 个俯视图（全剖）、7 个局部放大图。

（2）详细分析

① 视图分析　分析设备图上的图形，哪些是基本视图？还有其他什么视图？各视图采用了哪些表达方法？并分析采用各种表达方法的目的等。

图 8-37 中主视图采用全剖视表达换热器的主要结构、各个管口和零部件在轴线方向上的位置和装配情况；换热器管束、拉杆采用了简化画法，仅画一根，其余用中心线表示。

$A—A$ 剖视图表示了换热管的排列方式和悬挂式支座的排布情况；$B—B$ 剖视图表达了液体分布器与接管的连接情况。

局部放大图Ⅰ表达管板与筒体以及下封头之间的装配连接情况；局部放大图Ⅱ表达了上封头与筒体之间的法兰连接关系；局部放大图Ⅲ（为一组两个图）表达了管板与接管上端之间的连接关系；局部放大图Ⅳ表达了管板与筒体之间的焊接关系；局部放大图Ⅴ表达了管板与接管下端之间的焊接情况；局部放大图Ⅵ表示了拉杆与管板之间的螺纹连接情况。

② 装配连接关系分析　以主视图为主，结合其他视图分析零部件之间的相对位置及装配连接关系。

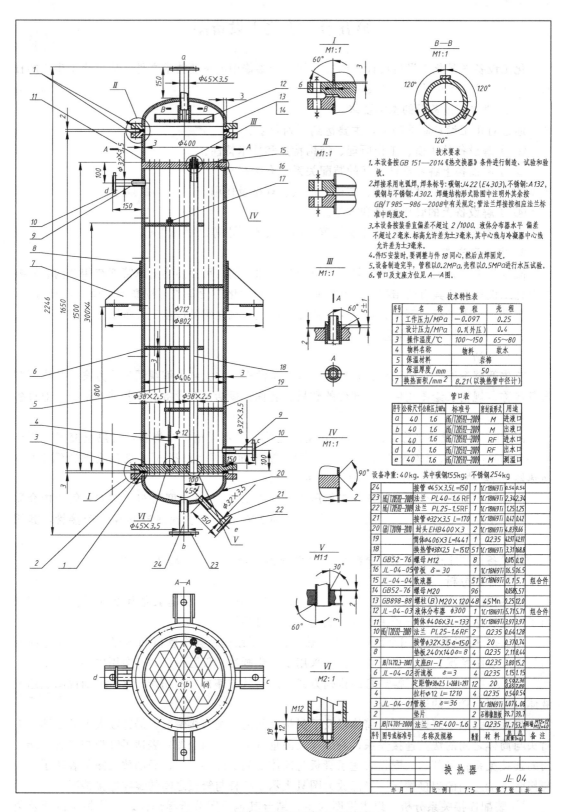

图 8-37 列管式固定管板换热器装配图

第八章 化工设备图

该设备筒体（件11）与上封头（件20）为法兰连接，筒体和管板Ⅰ（件3），下封头（件20）和容器法兰（件1）的连接都采用焊接，具体结构见局部放大图Ⅰ和Ⅱ；各接管与壳体的连接都采用焊接。封头与管板用法兰连接，法兰与管板间有垫片（件2）形成密封，防止泄漏，换热管（件18）与管板的连接采用焊接，见局部放大图Ⅴ。

拉杆（件4）下端螺纹旋入管板，拉杆上套上定距管用以确定折流板之间的距离，见局部放大图Ⅵ。管口的轴向位置与周向方位可由主视图和 A—A 剖视图读出。

③ 零部件结构形状分析　零部件结构形状的分析，应结合明细栏的序号逐个将零部件的投影从视图中分离出来，再弄清其结构形状和大小。

对标准化零部件，应查阅相关标准，弄清它们的结构形状及尺寸。如封头可查阅标准 GB/T 25198—2010，耳式支座可查阅 JB/T 4712.3—2007。

管板与换热管上部的连接，装有一散液器组件，使液体缓慢流入换热管中，以延长换热时间，提高换热效果。具体结构见局部放大图Ⅲ。

④ 了解技术要求　通过阅读技术要求了解设备在制造、检验、安装等方面所依据的技术规定和要求，以及设备在焊接方法、装配要求、质量检验等方面的具体要求。

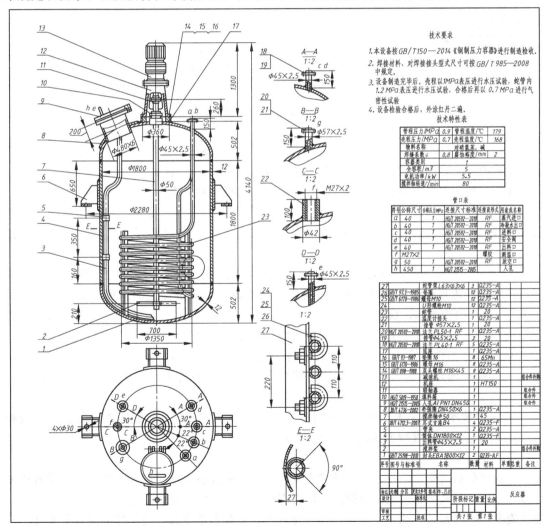

图 8-38　反应器装配图

从图中可知该设备按《钢制管壳式换热器技术条件》等进行制造、试验和验收，并对焊接方法、焊接形式、质量检验提了要求，制造完后进行水压试验。此外，对液体分布器（件12）的安装提出了较高的公差要求。

（3）归纳总结

通过详细分析后，将各部分内容加以综合归纳，得出设备完整的结构形象，进一步了解设备的结构特点、工作特性、物料的流向和操作原理等。

换热器的主体结构由筒体和椭圆形封头构成，其内部有 51 根换热管，4 个折流板。

设备工作时，冷却水加压后自接管 c 进入换热管，在换热管中流动，由下而上经折流板换热后由接管 d 流出；温度高的物料从接管 a 进入壳体、由液体分布器，把液体均匀地分布到上管板，通过管板上的散液器进入换热管，与壳程内的冷却水进行热量交换后，流至下封头，由接管 b 流出。

图 8-39　换热管

【例 8-2】　读反应器装配图（见图 8-38）。

（1）概括了解

由标题栏、明细栏可知该设备名称为反应器，用于碱和对硝氯苯反应，由 27 种零部件组成，其中有 12 种标准化零部件，这张图将装配图和零件图画在了一张图纸上，由管口表可知设备共有 8 个接管，壳程压力为 0.7MPa，管程压力为 0.9MPa，设计温度为 179℃，电机功率为 5.5kW，搅拌轴速度为 80r/min。

（2）详细分析

① 视图分析　设备采用主、俯两个基本视图表达其主要结构，五个局部剖视图和一个局部放大图。

主视图采用全剖视图和多次旋转的表达方法表达设备内部结构、各零件之间的装配关系。俯视图主要表示各管口的周向方位和悬挂式支座的分布情况。

$A—A$ 局部剖视图表达了接管 c、d 与封头的装配结构与尺寸；$B—B$、$C—C$、$D—D$ 局部剖视图分别表达了接管 g、f、e 与封头的装配结构与尺寸；$E—E$ 局部剖视图表达了出料管与筒体之间的连接方式。一个局部放大图表达了管架与换热管通过 U 形螺栓的连接方式。

② 装配连接关系　设备是反应器，上部装有电机，带动减速器，通过联轴器，带动搅拌轴转动，以达到混合物料的目的。设备内部装有蛇管，满足反应的加热需要，从 a 管通入蒸汽，b 管出冷凝水。设备为立式，四周焊接了四个耳式支座，筒体与上、下封头之间皆为焊接，俯视图表示了各管口的方位，轴向位置在主视图上表达。

③ 零部件结构分析　设备主体筒体、封头的结构为标准零部件，换热管是缠在管架上，通过 U 形螺栓固定在蛇管架上，具体连接在局部放大图上已表示出来，其结构如图 8-39 所示。

④ 了解技术要求　该设备按《钢制压力容器》（GB/T 150—1998）进行制造、试验和验收，采用电焊，并进行水压试验和气密性试验。

（3）归纳总结

由前面分析可知，该设备为悬挂式支座支承的立式设备，本反应为吸热反应，设备的工作概况是：物料从 c 管进入，经搅拌加热反应后从 e 管压出。为保证安全，在设备的上部安装了安全阀、测温口，为使反应多余的气体放出，安装有放空口，为检修方便开有人孔。

第九章 化工工艺图

化工企业的设计需要多方面人员大力合作,工艺人员根据生产的产品进行化工工艺设计,拟出工艺方案,向其他专业人员提出工艺要求,然后再根据他们提出的要求最后修正完成化工工艺图。化工工艺图包括工艺流程图、设备布置图、管路布置图。

第一节 工艺流程图

工艺流程图是用图示的方法,把化工工艺流程和所需的全部设备、机器、管道、阀门、管件和仪表表示出来。根据所处的阶段不同工艺流程图包括从初步设计阶段的方案流程图到物料流程图,最后到施工阶段的工艺管道及仪表流程图。管道及仪表流程图是设计和施工的依据,也是开、停车、操作运行、事故处理及维修、检修的指南。

一、方案流程图

方案流程图又称流程示意图或流程简图。它是初步设计阶段提供的图样,亦是施工流程图设计的主要依据。对于方案流程图的图幅一般不作规定。图框和标题栏亦可省略。如图9-1所示。

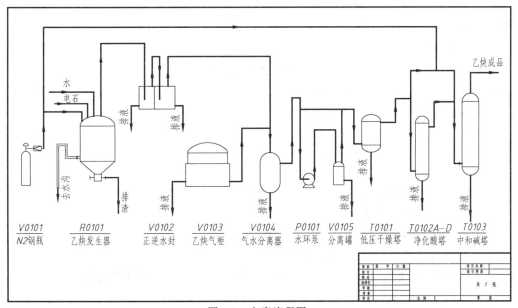

图 9-1 方案流程图

方案流程图的画法与标注:按工艺流程顺序将设备和工艺流程线从左至右展开在同一平面上,并附以必要的标注和说明,尽量避免流程线过多的往复交叉。

1. 画法

① 用细实线按流程顺序依次画出设备示意图。一般设备取相对比例,允许实际尺寸过大的设备适当缩小比例,实际尺寸过小的设备可适当放大比例,示意画出各设备相对位置的高低,设备之间留出绘制流程线的距离,相同的设备可只画一套。

② 用粗实线绘出主要工艺物料流程线，中粗实线画出其他辅助物料的流程线，用箭头表明物料流向。流程线一般水平或垂直画出，当流程线发生交叉时应将其中一流程线断开或绕弯通过（一般将后一流程线断开）。

2. 标注

① 在流程线的起始、终止位置注明物料的名称、来源、去向。

② 在设备的正上方或正下方标注设备的位号和名称，标注时排成一行，如图9-1所示。设备的位号包括：设备分类号、工段号、同类设备顺序号和相同设备数量尾号等。标注形式如图9-2所示。

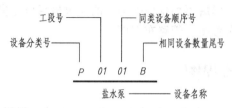

图 9-2 设备位号的标注

二、物料流程图

物料流程图是以图形和表格相结合的形式来反映设计计算某些结果的图样。也是初步设计阶段，完成物料衡算和热量衡算时绘制的，近年来有时直接将这些数据标注在方案流程图上，而不画物料流程图。物料流程图只是在方案流程图的基础上增加了一些数据，如图9-3所示。

① 在设备的标注中增加了特性数据或参数。如塔的直径和高度，换热器的换热面积等。

② 在工艺流程中增加了一些特性数据或参数，如压力，温度等。

③ 在流程中，用细实线的表格表示物料变化前后组分的改变。表格的内容有：组分的名称、千摩尔流量（kmol/h）、摩尔分率（y%）等。

三、工艺管道及仪表流程图（PID）

它是施工阶段所应提供的图纸，所以又称为施工流程图一般用 A1 图幅。它要画出所有的生产设备、管道、阀门、管件及仪表等。它是设备布置图和管路布置图的设计依据，又是施工安装的依据，同时也是操作运行及检修的指南。如图9-4所示。

1. 工艺管道及仪表流程图的组成

① 带标注的各种设备的示意图；

② 带标注和管件的各种管道流程线；

③ 阀门与带标注的各种仪表控制点的各种图形符号；

④ 对阀门、管件、仪表控制点说明的图例；

⑤ 注写图名图号和签名等内容的标题栏。

2. 工艺管道及仪表流程图的画法与标注

一般以主项、工段或工序为单元绘制，大的主项可按生产过程分别绘制。

（1）设备的画法与标注

① 设备的画法　根据流程从左至右，用细实线画出，设备图形按规定符号绘制，如附表30所示，没有规定的设备图形可画出设备的简略外形和内部结构特征（如反应器的搅拌装置），如有可能，应把设备、机器上全部管口画出，管口一般用单细实线表示，也可以与所连管道线宽度相同，允许个别管口用双细实线绘制。对于需要隔热的设备机器要在相应部位画出一段隔热层图例，地下或半地下机器设备在图上要表示出一段相关地面。设备图形位置的安放要便于管道线连接和标注，设备的高低位置与实际相似，有位差要求的应标注出限位尺寸。设备图形一般不按比例绘制，仅取相对大小画出。

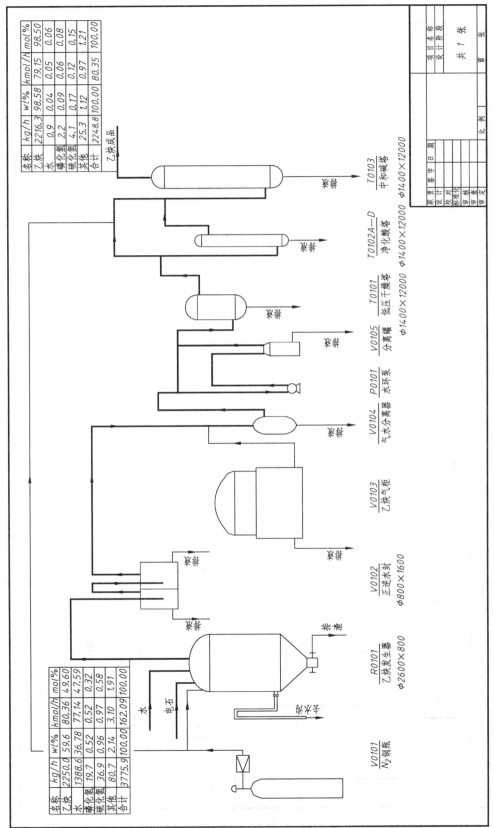

图 9-3 物料流程图

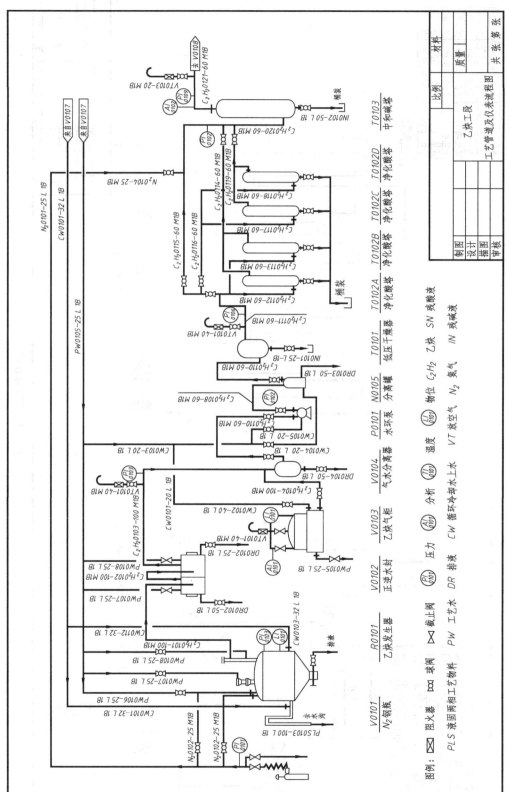

图 9-4 工艺管道及仪表流程图

② 设备的标注　一般在设备的上方或下方对齐标注与方案流程图一致的位号与名称；也可在设备内或近旁，仅注出设备的位号，而不注出设备名称，相同设备在位号后加注 A、B、C 等字样。

(2) 管道的画法与标注　用粗实线画出全部主要物料管道，中粗实线画出辅助物料管道。每根管道都要用箭头标出物料的流向（箭头画在管线上）。

管道应尽量水平与垂直画出，避免倾斜，转弯处应画成直角，管道交叉时将后面的管道断开，管道的图例见表 9-1，图上管道与其他图纸有关时，一般将其端点绘在图的左方或右方，以空心箭头标出物流方向（入或出）。箭头内填相应图号或图号的序号，其上方注管道编号或来去设备位号，如图 9-5 所示。

表 9-1　管道及仪表流程图的管道图例（摘自 HG/T 20519.2—2009）

名　称	图　例	名　称	图　例
主要物料管道	———	电伴热管道	- - - -
辅助物料管道	———	夹套管	▭
原有管道	— - —	柔性管	∿∿∿
伴热（冷）管道	———	喷淋管	∧∧∧

流程图中的每根管道都必须进行标注，水平管道标注在管道的上方，垂直管道标注在管道的左方。管道标注的内容有四部分，如图 9-6 所示。

图 9-5　物料的来源与去向　　　　图 9-6　管道的标注

管道号（管段号）：物料代号、主项代号、管道顺序号。

管径：一般标注公称直径，英制管管径以英寸为单位，如 4″，无缝钢管标注外径×壁厚。

管道等级：压力等级、顺序号、管道材质类别。

隔热隔音代号多可省略。

管道等级中的压力等级和材质类别分别见表 9-2 和表 9-3，物料代号按物料的名称和状态取其英文名词的字头组成，见表 9-4。

表 9-2　管道压力等级（摘自 HG/T 20519.2—2009）

管道公称压力等级									
压力等级（用于 ANSI 标准）				压力等级（用于国内标准）					
代号	公称压力	代号	公称压力	代号	公称压力	代号	公称压力	代号	公称压力
A	150LB	E	900LB	L	1.0MPa	Q	6.4MPa	U	22.0MPa
B	300LB	F	1500LB	M	1.6MPa	R	10.0MPa	V	25.0MPa
C	400LB	G	2500LB	N	2.5MPa	S	16.0MPa	W	32.0MPa
D	600LB			P	4.0MPa	T	20.0MPa		

表 9-3　管道材质类别（摘自 HG/T 20519.2—2009）

代号	管道材料	代号	管道材料	代号	管道材料	代号	管道材料
A	铸铁	C	普通低合金钢	E	不锈钢	G	非金属
B	非合金钢(碳钢)	D	合金钢	F	有色金属	H	衬里及内防腐

表 9-4　物料代号（摘自 HG/T 20519.2—2009）

代号	物料名称		代号	物料名称	
AR	空气	Air	LS	低压蒸汽	Law Pressure Steam
AG	气氨	Ammonia Gas	MS	中压蒸汽	Medium Pressure Steam
CSW	化学污水	Chemical Sewage Water	NG	天然气	Natural Gas
BW	锅炉给水	Botler Water	PA	工艺空气	Process Air
CWR	循环冷却水回水	Cooling Water Return	PG	工艺气体	Process Gas
CWS	循环冷却水上水	Cooling Water Suck	PL	工艺液体	Process Liquid
CA	压缩空气	Compress Air	PW	工艺水	Process Water
DNW	脱盐水	Demineralized Water	SG	合成气	Synthetic Gas
DR	排液、导淋	Drain	SC	蒸汽冷凝水	Stram Condensate
DW	饮用水	Drinking Water	SW	软水	Soft Water
FV	火炬排放气	Flare	TS	伴热蒸汽	Tracing Steam
FG	燃料气	Fuel Gas	TG	尾气	Tail Gas
IA	仪表空气	Instrument Air	VT	放空气	Vent
IG	惰性气体	Inert Gas	WW	生产废水	Waste Water

（3）阀门、管件、仪表控制点的画法

① 管道上的阀门及管件用细实线按标准所规定的符号在相应处画出，常见的图形符号见表 9-5。

表 9-5　常用管件与阀门的图示方法（摘自 HG/T 20519.2—2009）

名称	符号	名称	符号
截止阀		放空帽(管)	
闸阀		阻火器	
旋塞阀		同心异径管	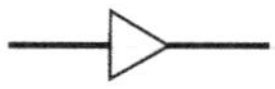
球阀	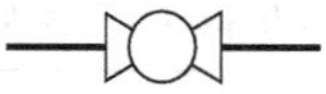	偏心异径管	
减压阀	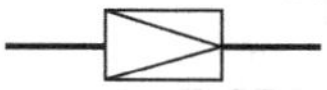	文氏管	
隔膜阀		疏水器	

注：阀门图例尺寸一般为长 6mm，宽 3mm 或长 8mm，宽 4mm。

② 仪表控制点的画法。仪表控制点以细实线在相应的管道上用符号画出，符号包括图形符号和字母代号，它们组合起来表达工业仪表所处理的被测变量和功能。

仪表的图形符号是一个细实线圆圈，直径约为 10mm。需要时允许圆圈断开或变形。表示仪表安装位置的图形符号见表 9-6。

表 9-6　仪表安装位置图形符号（摘自 HG 20505—2000）

序号	安装位置	图形符号	备注	序号	安装位置	图形符号	备注
1	就地安装仪表	○		3	就地仪表盘面安装仪表	⊖	操作员监视用
		⊢○⊣	嵌在管道中	4	集中仪表盘后安装仪表	⊝	
2	集中仪表盘面安装仪表	⊖	操作员监视用	5	就地仪表盘后安装仪表	⊜	

字母代号表示被测变量和仪表功能。字母代号见表 9-7。

表 9-7　被测变量及仪表功能字母代号

字母	第一位字母 被测变量或初始变量	后继字母 功能	字母	第一位字母 被测变量或初始变量	后继字母 功能
A	分析	报警	N	供选用	供选用
B	喷嘴火焰	供选用	O	供选用	节流孔
C	电导率	控制	P	压力或真空	试验点（接头）
D	密度		Q	数量或件数	积分、计算
E	电压（电动势）	检出元件	R	放射性	记录或打印
F	流量		S	速度和频率	开关或联锁
G	尺度（尺寸）	玻璃	T	温度	传送
H	手动（人工）		U	多变量	多功能
I	电流	指示	V	黏度	阀、挡板、百叶窗
J	功率		W	重量或力	套管
K	时间或时间程序	自动手动操作器	X	未分类	未分类
L	物位	指示灯	Y	供选用	继动器或计算器
M	水分或湿度		Z	位置	驱动、执行或未分类的执行器

每个仪表都应有自己的仪表位号。仪表位号由字母代号组合和阿拉伯数字编号组成，如图 9-7 所示。

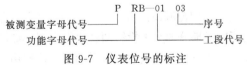

图 9-7　仪表位号的标注

部分仪表功能的图例如图 9-8 所示。

3. 管道及仪表流程图的阅读

阅读管道及仪表流程图的目的是了解和掌握物料的工艺流程；设备的数量、名称和位号；管道的编号和规格；阀门及仪表控制点的部位和名称等。以便在管道安装和工艺操作

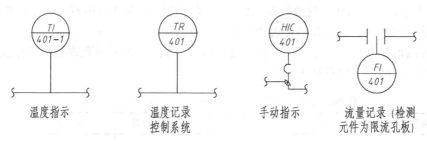

图 9-8　仪表功能图例

中,做到心中有数。现以图 9-4 为例,介绍阅读管道及仪表流程图的方法和步骤。

(1) 了解设备的数量、名称和位号　从图形下方的设备标注中可知乙炔气体生产工艺设备有 13 台,即 N_2 气钢瓶一个(V0101),一台乙炔发生器(R0101),一台正逆水封(V0102),一台乙炔气柜(V0103),一台气水分离器(V0104),一台水环泵(P0101),一台分离器(V0105),一台低压干燥塔(T0101),四台相同型号的净化酸塔(T0102),一台中和碱塔(T0103)。

(2) 分析主要物料的工艺流程　电石和水在乙炔发生器反应,乙炔气体易燃易爆,在反应器的上方用 N_2 封住使乙炔气体不与空气接触,气体从乙炔发生器出来进入正逆水封,然后一部分气体去乙炔气柜,以维持气体的压力平衡,一部分进入气水分离器将乙炔气体中的水分离出来,经水循环泵和分离罐,送入低压干燥器,进一步除去乙炔气体中的水分,再送入净化酸塔 A、B、C、D,分离出乙炔气体中的 S、P 杂质,最后送入中和碱塔,除去乙炔气体中的次氯酸,最后生成成品乙炔气体。

(3) 了解阀门、仪表控制点的情况　从图中看出有压力表 8 个,温度表 1 个,分析记录表 2 个,物位表 1 个。阀门有多个旋塞阀和截止阀。

第二节　设备布置图

工艺流程图设计中所确定的全部设备,须按生产要求和具体情况,在厂房建筑内外合理布置安装固定,以保证生产顺利进行。由于设备布置图主要表达的内容是设备在建筑物中布置情况,故首先简单介绍一些有关厂房建筑图的知识,并在其基础上讲述设备布置图的画法。

一、厂房建筑图

厂房建筑图是按正投影原理绘制的,它包括:平面图、立面图、剖面图等。设备布置图一般以平面图为主,必要时绘剖面图。

1. 建筑物的视图

建筑物的平面图是在建筑物的门窗洞口处水平面剖切的俯视图,即假想用一水平面将一栋房屋的窗台以上部分切掉,切面以下部分的水平投影图就叫平面图,如图 9-9(a)所示,如每层布置不同则必须画每层平面图,如布置相同可只画一个平面图。假想用一平面把建筑物沿铅垂方向剖开,将剖切面后的部分向投影面投射所得的图形叫作剖面图,如图 9-9(b)所示。

建筑屋的立面图是建筑物的正立投影图和侧立投影图,表示建筑物的外貌,如图 9-10 所示。

2. 建筑物的标注

(1) 定位轴线　建筑物中的墙、柱或墙垛,一般都用细点画线画出它们的定位轴线。定

第九章 化工工艺图

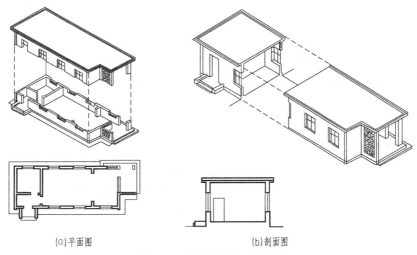

图 9-9 建筑平面图、剖面图

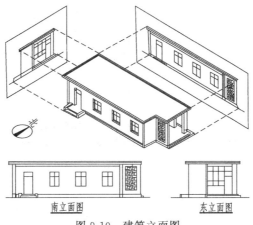

图 9-10 建筑立面图

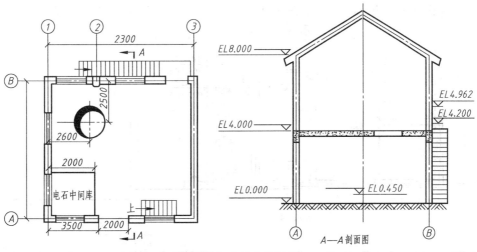

图 9-11 建筑物的标注

位轴线画在图形与尺寸之外的明显地方，编号注写在直径为 8mm 的细线圆内。水平方向编号自左至右按顺序注阿拉伯数字，垂直方向编号自下而上按顺序注写大写拉丁字母，如图 9-11 所示。

（2）标高　建筑物中各层楼、地面和其他构建物相对于底层室内地面高度称为标高。一般以底层室内地面为基准标高，标注为 EL0.000m，高于基准时则相加，低于基准时则相减。

设备布置图中厂房建筑应标注建筑轴线间尺寸，柱间距和跨度尺寸。平面图中尺寸以 mm 为单位，标注各楼层地面的标高以 m 为单位。

二、设备布置图

所谓设备布置图实际是简化了的厂房建筑图上添加了设备布置的图样。它是指导设备的安装、布置的图样，并作为厂房建筑、管道布置设计的重要依据，如图 9-12 所示。

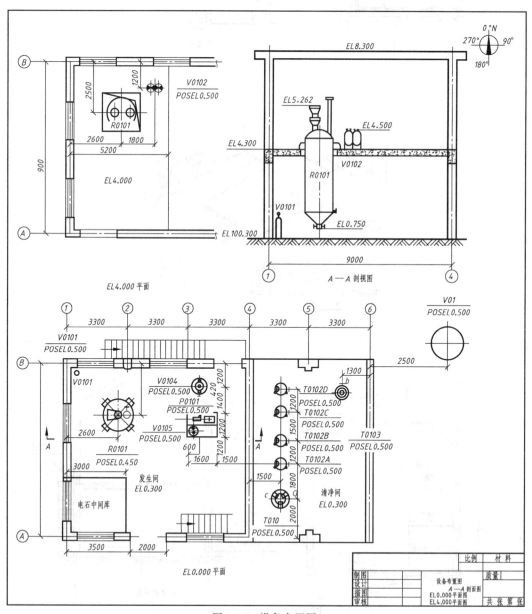

图 9-12　设备布置图

1. 设备布置图的内容

(1) 一组视图　表示厂房建筑的基本结构及设备在其内外的布置情况。

(2) 尺寸及标注　注写与设备布置有关的尺寸及建筑定位轴线编号，设备的位号及名称等。

(3) 安装方位标　表示安装方位基准的图标。

(4) 标题栏　填写图号、比例、设计者等。

2. 设备布置图的图示方法

(1) 分区　设备布置图中一般当装置界区范围较大，其中需要布置的设备较多时，可分区绘制，各区的相对位置在装置总图中表明，分区线用粗双点画线表示。

(2) 比例与图幅　常用比例为 1:100，1:200 或 1:50，具体应根据设备的多少、大小等来确定。对大的装置（或主项），可分段绘制，但必须采用同一比例。图幅一般都采用 A1，若需加长按国家标准执行。

(3) 视图的配置　平面图是用来表示厂房内外设备布置情况的水平剖视图，同时表示出厂房建筑的方位、占地、大小、分隔情况及与设备安装定位有关的建筑物（构筑物）的结构形状和相对位置。

绘制设备布置平面图时，应按楼层分别绘制平面图，可每个平面图绘一张图纸，也可集中绘制在同一张图上。如在同一张图纸上绘制几层平面时，应从最低层平面开始，在图纸上由下至上或由左至右按层次顺序排列，并在图形的下方注明相应的标高，如 EL-5.000 平面，EL5.000 平面等。

剖面图以清楚反映设备与厂房建筑物高度方向的位置关系为准，来确定剖面图的数量，剖切位置应在平面图上加以标注，标注方法按《技术制图》规定标注，把相应的剖视名称标明在剖面图下方。剖面图可与平面图绘在同一张图纸上，也可分张绘制。

3. 视图的表示法

(1) 建筑物及其构件　用细点画线画承重墙、柱子等的建筑定位轴线，用细实线按比例，采用规定的图例画出厂房建筑的空间大小、内部分隔以及与设备安装定位等有关的基本结构（见表 9-8），如墙、柱、门、窗等。对于与设备安装定位关系不大的门窗构件等，一般只在平面图上画出它们的位置，门窗开启方向等，在剖视图上一般不予表示，露天设备一般只在底层平面图上表示。

(2) 设备　按比例用粗实线绘制带特征管口的设备外形轮廓，中实线画设备支架及其安装基础，如机泵可用粗实线只画出基础和外形。

同一位号的多台设备，在图上可画出一台设备的外形，其他的可以只画出基础或用双点画线的方框表示，当某一平面图上还有局部平面或操作维修平台时，一般平面图上只表示上层设备的外形轮廓，其余用虚线表示或单独绘制局部的平面图。一台设备穿越多层建（构）筑物时，在每层平面图上均要画出设备的平面位置。

4. 设备布置图的标注与尺寸

(1) 建筑物及其构件的标注　按建筑图要求标注，定位轴线的编号要与建筑图上相应的编号一致。

(2) 设备　设备布置图中一般不标注决定设备大小的定形尺寸，只标注决定位置的定位尺寸。在平面图上，一般选用建筑定位轴线作为设备定位尺寸基准，一般立式设备以设备的中心线定位，卧式设备以中心线和靠近定位轴线一端的支座定位。在剖面图上，一般选择厂房室内地面为基准，通常要标注立式设备的支承点、最高点、重要管口的标高，卧式设备则

表 9-8 建筑物（配件）、材料图例（摘自 HG/T 20519.3—2009）

名 称	图 例	名 称	图 例
孔、洞		坑、槽	
窗		空门洞	
单扇门		楼板及梁	
双扇门			
素土地面		楼梯	底层 / 中间层 / 顶层
混凝土地面			
碎石地面			
钢筋混凝土			

要标注中心线标高等。

在设备中心线的上方应标注与工艺图相一致的设备位号，下方标注支承点的标高（POS EL×××.××××）或主轴中心线的标高（如 ¢EL×××.×××），如图 9-12 所示。

5. 方向标

在设备布置图右上角应画出表示设备安装北向的标志，称方向标。符号由直径 20mm 的粗线圆，水平、垂直两细点画线组成，分别注以 0°、90°、180°、270°，以箭头表示北向（用 N 表示），如图 9-13 所示。

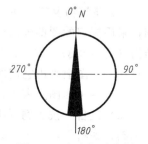

图 9-13 方向标示意图

设备一览表，设备布置图上可将设备的位号、名称、规格、图号等在标题栏的上方列表说明，也可单独列表在设计文件中附出。

三、设备管口方位图

设备管口方位图是制造设备时确定管口方位、管口与支座及地脚螺栓等相对位置的图样，也是安装设备时确定安装方位的依据。

设备管口方位图用中粗实线画出设备轮廓，粗线画出管口，用点画线画出各管口的中心位置，图上标出管口及有关零部件的方位角度，注明各管口的符号，用小写拉丁字母顺序编写，在标题栏的上方列出管口表，在管口表右上侧注出设备装配图图号，如图 9-14 所示。

管口方位图右上角应画出与设备布置图上相一致的方向标，如图 9-14 所示。

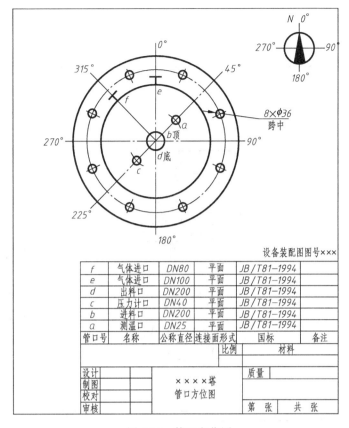

图 9-14 管口方位图

第三节 管道布置图

管道布置图又称管系图，是用来表达机器设备间管道连接和空间走向、主要管道配件、仪表控制点等安装位置的图样，也称为配管图，它是管道安装施工的重要依据。如图 9-15 所示，管道布置图是在设备布置图的基础上增加了管道布置的图样。

1. 管道布置图内容

（1）一组视图　按正投影原理，画出平面图、剖面图来表达车间的建筑物、设备简单轮廓、管道及管件、仪表控制点等的布置情况。

（2）尺寸标注　标注出管道及管件、控制点等的平面位置尺寸和标高；标注建筑物定位轴线编号，设备位号，管道编号，仪表控制点代号等。

（3）方向标　在绘有平面图的图形右上角，画出与设备布置图设计北向一致的表示管路安装方位基准的图标。

（4）标题栏　注写图名、图号、比例、责任者签字等。

2. 管道的表示方法

（1）管子的规定画法　管子一般以粗实线表示，在管道的断裂处画上断裂符号，如图 9-16 所示，公称通径 $DN \geqslant 400mm$ 或 16 英寸的管子用双线表示，如果管道布置图中大口径的管道不多时，$DN \geqslant 250mm$ 或 10 英寸的管子也可用双线表示。

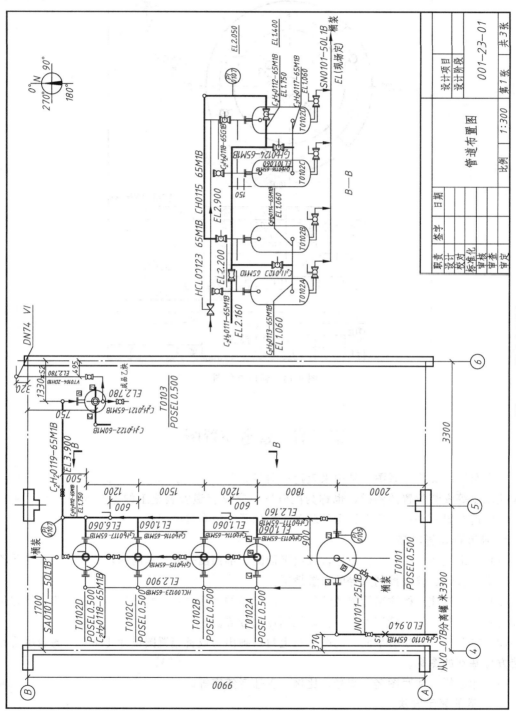

图 9-15 管道布置图

第九章　化工工艺图　　179

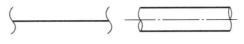

图 9-16　管道的表示方法

（2）其他管子的画法（见表 9-9）。

表 9-9　各种管道的画法

名称	单　线　图		双　单　线　图	
	90°角	大于 90°角	90°角	大于 90°角
管道弯折	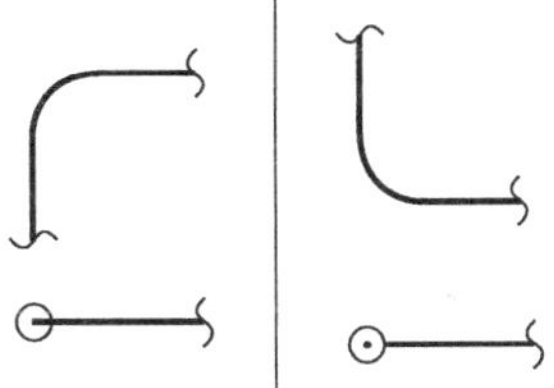 \{图\}	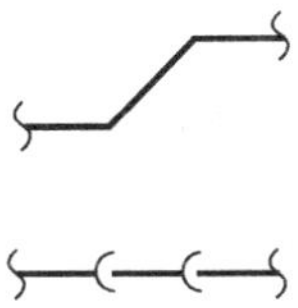 \{图\}	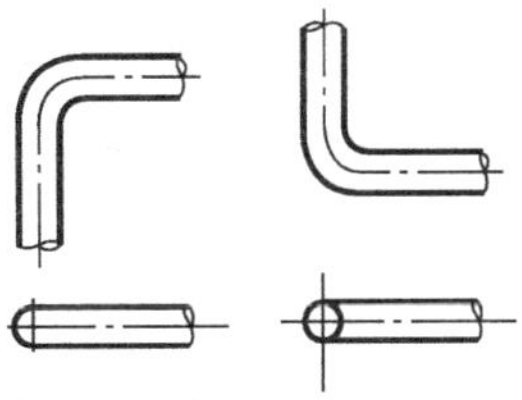 \{图\}	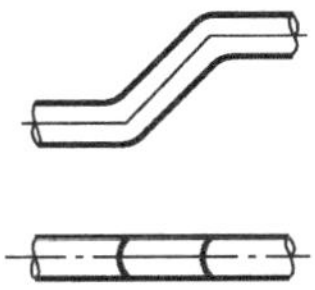 \{图\}
	管子在图中只需画出一段时，在中断处画出断裂符号			
管道交叉	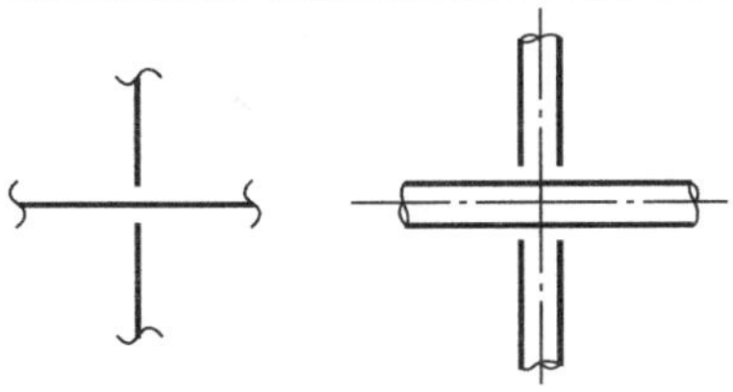 \{图\}		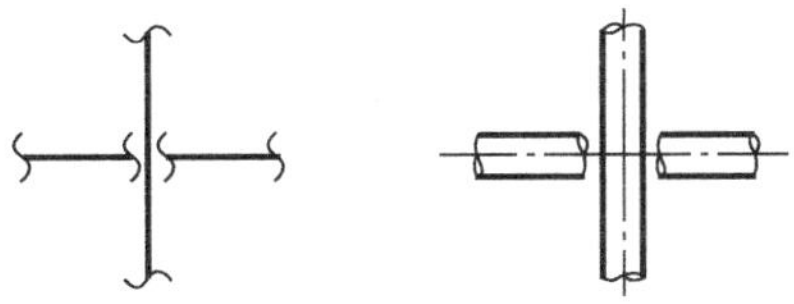 \{图\}	
	可将下方或后方一根管道断开		若被遮管道为主要管道时，也可将上面的管道断开，但必须画断裂符号	
管道重叠	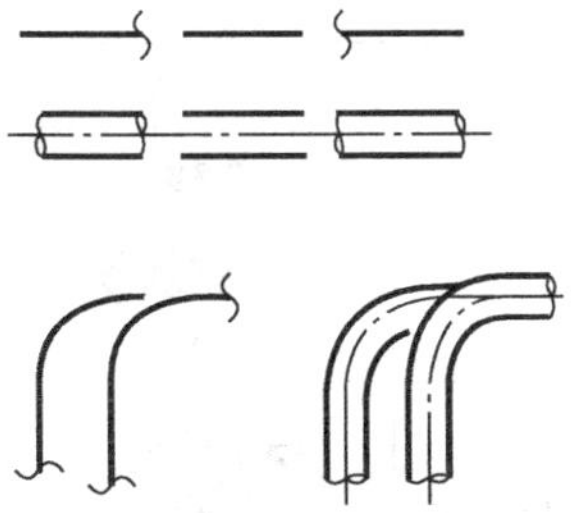 \{图\}		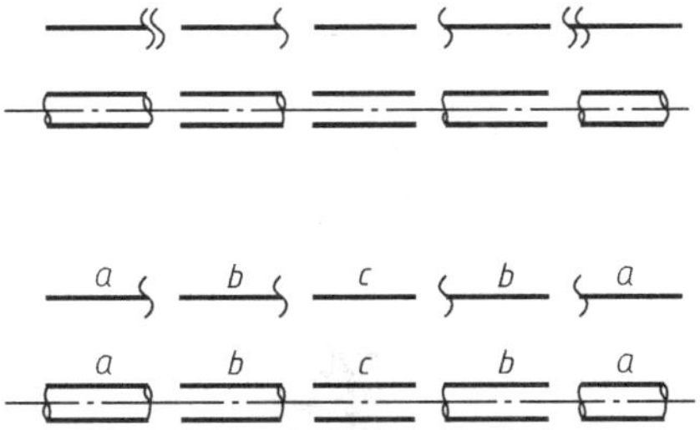 \{图\}	
	可将上面（前面）管道的投影断开，画出断裂符号		多根管道投影重叠时，将上面管道画双重断裂符号，也可在投影处标注管段编号	

注：管道直径≤50 或 2 寸的弯头一律用直角表示。

（3）管道连接表示法　管道的连接形式不同，画法也不同，如图 9-17 所示。

管道用三通连接的表示如图 9-18 所示。

（4）管件　管道中除管子外还有许多其他管件，如弯头、三通等，管件一般不画出真实投影，而用简单的图形符号表示（见表 9-10）。

（5）控制点、阀门　阀门、仪表、控制点一般用细实线画出，画法与工艺流程图中一致。

阀门的控制手柄及安装方位，图上一般应予表示，如图 9-19（a）所示；阀门与管道的连接方式，如图 9-19（b）所示。

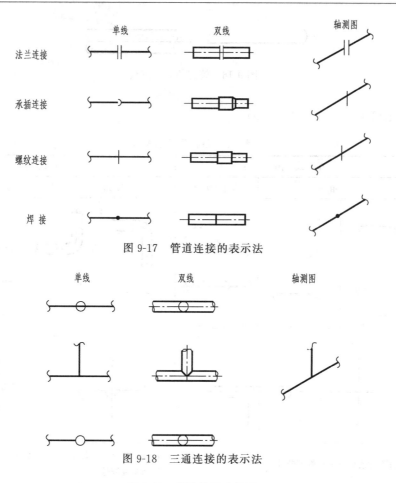

图 9-17 管道连接的表示法

图 9-18 三通连接的表示法

表 9-10 管件的规定符号

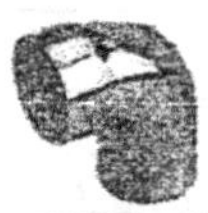

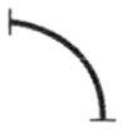

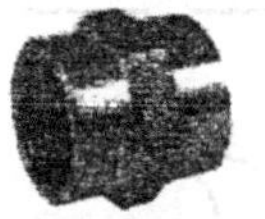

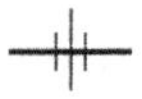

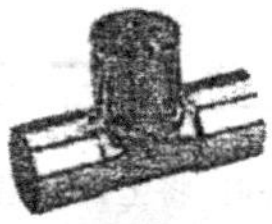

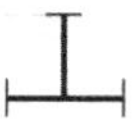

图 9-19 阀门与管道的连接

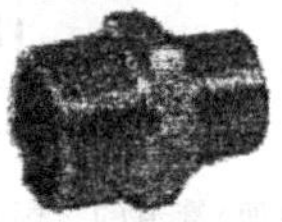

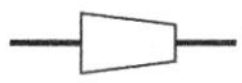

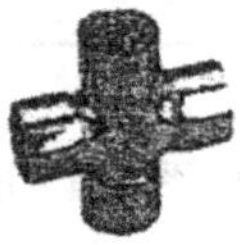

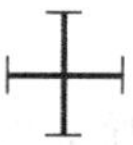

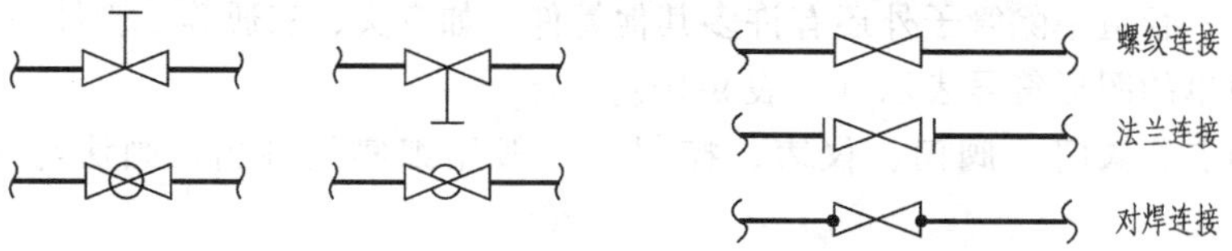

【例 9-1】 图 9-20 所示为一管道的平面图和立面图，试画出 $A—A$、$B—B$ 剖面图。

分析：由平面图和立面图可知，管道空间走向为自上向下再拐向右，然后向后，又向左拐最后向下拐。

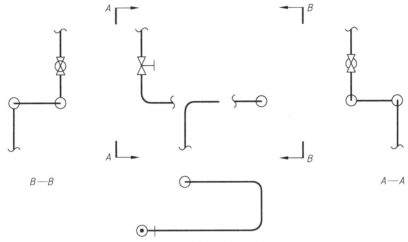

图 9-20　由平面图和立面图绘制剖面图

根据上述分析可画出管道的 $A—A$、$B—B$ 剖面图。

【例 9-2】 图 9-21（a）所示为一管道的轴测图，试画出其平面图和立面图。

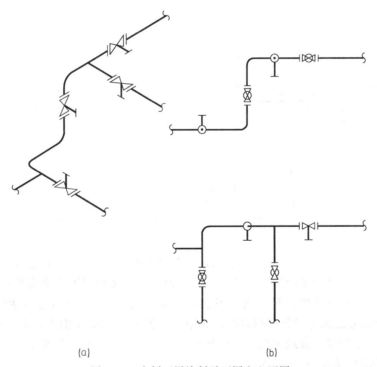

(a)　　　　　　　　(b)

图 9-21　由剖面图绘制平面图和立面图

分析：这段管道由三部分组成，主体部分为自前向后，向右拐弯，再向上，最后拐向右，该主管上有三个截止阀，手轮按顺序分别为向上，向前，向前；另两段管道，一段不带阀门，自左向右，一段带有一截止阀，手轮向下。

根据上述分析可画出管道的平面图和立面图，如图9-21（b）所示。

（6）管架的表示法　管架是用来支承和固定管道的。管架用符号在管道布置图中表示，并在其旁标注管架的编号，如图9-22（a）所示，管架编号由五部分组成，如图9-22（b）所示。

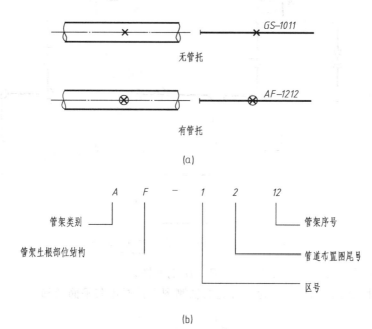

图9-22　管架及图示方法和编号

管架类别与管架生根部位结构的代号见表9-11。

表9-11　管架类别与管架生根部位结构的代号（摘自 HG/T 20519.4—2009）

管架类别				管架生根部位的结构			
代号	类别	代号	类别	代号	结构	代号	结构
A	固定架	S	弹性吊架	C	混凝土	W	墙
G	导向架	P	弹簧支座	F	地面基础		
R	滑动架	E	特殊架	S	钢结构		
H	吊架	T	轴向限位架	V	设备		

3. 管道布置图的画法

（1）确定表达方案　管道布置图通常以车间（装置）或工段为单元进行绘制。一般只绘平面图，多层建筑按楼层绘制管道布置图。平面图要求将楼板以下与管道布置安装有关的建筑物、设备、管道全部画出。平面图上不能表达清楚的部分，可按需要采用剖面图或轴测图。图9-15 所示为乙炔生产管道布置图，其中采用了 EL0.300 平面图和 $B—B$ 剖面图。

（2）比例、定幅、合理布图　常用比例为1∶30，或者1∶25 或1∶50，图幅尽量采用 A0，比较简单的采用 A1 或 A2 图幅。

平面图与剖面图的配置与设备布置图中的配置相一致。

（3）图形画法

① 用细实线按比例根据设备布置图画出墙、柱、楼板等建筑物。

② 用细实线按比例以设备布置图所确定的位置，画出带管口设备的简单外形轮廓和基

础、平台、梯子等。动设备可只画基础、驱动机位置及特征管口。

③ 根据管道的图示方法按流程顺序、管道布置原则画全部工艺物料管道（粗实线）、辅助物料管道（中实线），管道直径 $DN \leqslant 50mm$ 或 2 英寸的弯头，用直角表示。

④ 用细实线按规定符号画出管道上的管件、阀门、仪表控制点等。控制点的符号和编号与管道仪表流程图相同。

绘制管道布置平面图时，若厂房为多层建筑，则按楼层和标高分绘各层平面图，在图形下方注明标高，如 EL105.00 平面，如图形较大而图幅有限时，则管道布置情况可分区绘制。管道布置平面图中要画出全部机器设备和基础支架，并画出设备上连接管口的位置，对于定型设备的外形可画更简单。

绘制管道布置剖面图用以表达在平面图上不能表达的高度方向的管道布置情况。剖面图中规定用 $A-A$、$B-B$ 等大写字母表示，并在平面图上标注剖切位置，管道布置剖面图可与平面图画在同一张图纸上，也可单独绘制。

（4）标注

① 建筑物。作为管道定位的定位基准，必须标出建筑定位轴线的编号及间距尺寸，注出地面、楼板、平台及构筑物的标高。

② 设备。在管道布置图中的设备应标注出与设备布置图相同的设备定位尺寸基础面的标高。在设备中心线上方标注与流程图一致的设备位号，下方标注支承点的标高（如 POS EL0.500）或中轴中心线的标高（如 EL0.900）。剖面图上设备的位号注在设备近侧或设备内，按设备布置图标注设备的定位尺寸及设备的管口符号。

③ 管道。管道的定位尺寸以建筑定位轴线、设备中心线、设备管口法兰、区域界线等为基准进行标注。管道上方要标注与流程图一致的管道编号，下方标注管道标高，管道布置图以平面图为主，标出所有管道的定位尺寸及标高，管道的标高以中心线为基准时，标注如 EL4.000，以管底为基准标注时，标注如 BOP EL4.000。在管道的适当位置画出箭头表示物料的流向。

④ 标注管架的编号、定位尺寸、标高。管道上的管道附件一般不标注尺寸，对有特殊要求的管件，应标注出特殊要求与说明。

此外，在剖面图上除标出管道等标高外，还需标出竖管上阀门的标高等。

⑤ 绘方向标、填写管口表和标题栏。在管道布置图的右上角，绘方向标，有需要还需填写该管道布置图中的设备管口表，管口符号应与布置图中标注在设备上的符号一致，填写标题栏。

4. 管道布置图的阅读

读管道布置图主要需了解如何用管道将设备连接起来，以及每条管道及管件、阀门、控制点等的具体布置情况。读图前，应先通过工艺管道及仪表流程图和设备布置图了解生产工艺过程及设备配置情况。读图时以平面布置图为主，配以剖面图，逐一搞清管道的空间走向。

现以图 9-15 为例，说明读管道布置图的步骤。

（1）概括了解　先了解图中平面图、剖面图的配置情况，视图数量等。图中仅表示了净化酸塔与中和碱塔的管道布置情况，用了两个视图，分别是 EL0.300 平面图和 $B-B$ 剖面图。

（2）详细分析

① 了解厂房建筑、设备的布置情况、定位尺寸、管口方位等。由于管路图较复杂，在

图 9-15 中只画出了净化酸塔、低压干燥塔及中和碱塔的管道布置图,建筑物长 9.9m、宽 6.6m,四台净化酸塔和一台低压干燥塔在同一轴线上,距离建筑定位轴线为 1.7m,四台净化酸塔中两台设备为一组,两台的间距为 1.2m,两组之间的间距为 1.5m,与低压干燥塔之间的间距为 1.8m,中和碱塔与建筑定位轴线 6 的间距为 1.33m,与建筑定位轴线 B 之间的间距为 0.75m。

② 分析管道走向、编号、规格及配件等的安装位置。从 EL±0.000 平面图与 $B—B$ 剖视图中可看到,来自 V0105 分离罐的物料经管道标号为 C_2H_2O110-65M1B 标高为 EL0.940 的管道进入 T0101 低压干燥器,除去乙炔中的水分,然后从接管 a 流出,经管道标号为 C_2H_2O111-65M1B 标高为 EL2.160 的管道分为两路。T0102 净化酸塔共四台,两台为一组,管道一路进入 T0102A、B 净化酸塔组,一路进入 T0102C、D 净化酸塔组,在净化酸塔中分离出硫、磷,再从上部经管道号 C_2H_2O119-65M1B 标高为 EL2.900 的管道进入 T0103 中和碱塔,以中和物料中的次氯酸,完成乙炔气体的净化,从上部流出进入下一工序。图 9-23 所示为 T0102A-D 净化酸塔设备与管道连接情况轴测示意图,可供分析时参考。

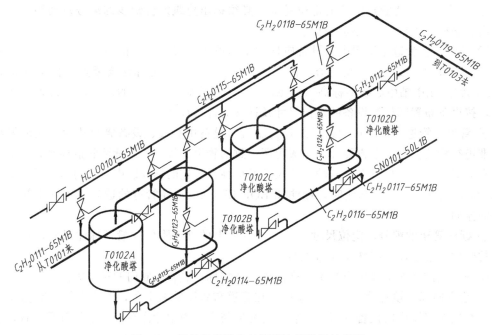

图 9-23 净化酸塔设备与管道连接轴测示意图

(3) 归纳总结 对所有管道分析完毕后,再综合地全面了解管道及附件的安装布置情况,检查有无错漏之处。

5. 管道轴测图

管道轴测图俗称管段图,它表示一个设备至另一个设备之间的一段管道空间走向的立体图,图 9-24 所示为管道轴测图,图上必须包括管道的全部附件、阀门、控制点等的具体配置情况。管道轴测图用正等轴测投影绘制,该种图立体感强,便于识图,有利于管道的预制与施工。

(1) 管道轴测图内容

① 图形。用正等轴测图画法画出管道及其附件。

② 尺寸与标注。标注出管段编号,管段所连设备的位号及管口符号,安装所需的全部

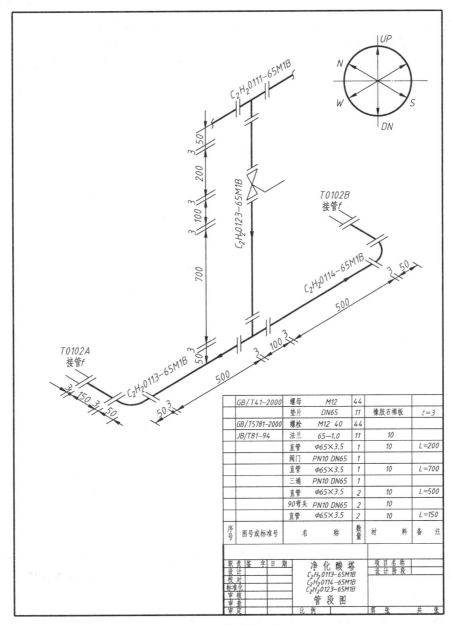

图 9-24 管道轴测图

尺寸。

③ 方向标。安装方位基准。

④ 材料表。列表说明管段所需的材料规格、尺寸、数量等。

⑤ 标题栏。填写图名、图号、责任者签名等。

(2) 作图方法 管道轴测图不必按比例绘制，但各种阀门、管件之间比例要协调，它们的位置相对比例也要协调。

管道以单线（粗实线）表示，管件、阀门等以细实线按规定符号画出，并在管道的适当位置画出流向箭头，如图 9-24 所示。

当管道不平行直角坐标轴时，应画出平行相应坐标轴的细实线，表示管子所处的平面，管道在水平面上倾斜时，采用图 9-25（a）所示的表示方法，画出与 Y 轴平行的细实线（构成水平面）；管道在铅垂面上倾斜时，采用图 9-25（b）所示的表示方法，画出平行于 Z 轴的细实线（构成铅垂面）；管道不平行于任何投影面时，采用图 9-25（c）所示的表示方法，将以上两种情况组合起来，先画出与 Z 轴平行的线，再画出与 Y 轴平行的线。上述情况也可用平行四边形或六面体表示（见图 9-25）。

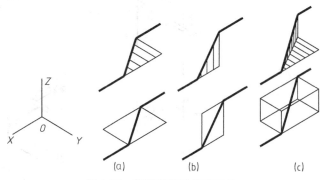

图 9-25　管道倾斜时的表示法

管道上的阀门符号用细实线按规定画出。必要时应标注出控制元件图示符号的类型（手动、电动机、气动等）和位置，如图 9-26 所示。

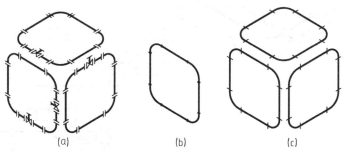

图 9-26　空间管道连接的表示法

管道的连接方式不同，画法也不同，当管道是法兰连接，用两短线表示；其画法如图 9-26（a）所示；管道如果是焊接则用圆点表示，如图 9-26（b）所示；当管道是螺纹或承插焊连接，用一短线表示，如图 9-26（c）所示。

（3）尺寸与标注　管道轴测图上应注出管子、管件、阀门、垫片厚等为满足加工、预制及安装所需的全部尺寸。尺寸界线应从管件中心或法兰面引出。尺寸线与管道相平行。管道上方标注管道号，水平管道下方标注标高。与管道相连接的设备，需标注出设备位号（或另一管段的编号），如图 9-24 所示。

（4）方向标　管段图上应画出与设备布置图方位一致的方向标，如图 9-24 所示。

（5）材料表　管段图的材料表应列出预制材料和安装件的规格、尺寸、材料、数量等，如图 9-24 所示。

第四节　化工单元测绘

化工单元测绘是通过对现有化工单元的工艺生产流程、设备及管道布置情况进行了解、测量,并画出草图,再经整理画出工作图的过程。现以锅炉房蒸汽操作单元为例,介绍化工单元测绘的方法和步骤。

1. 了解测绘对象

化工生产方法有许多种,大多可以归纳为一些基本操作,如蒸发、冷却、吸收、精馏及干燥等。

要做好化工单元测绘,首先应对被测绘对象的生产方法作大致了解。一般应对被测对象的工艺流程;设备数量、名称及布置情况;设备间管道连接及空间走向;设备和管道上仪表控制点的安装位置及作用;建筑物的墙、柱、门、窗及其他构件的分布情况等进行了解。

要弄清上述内容,必须仔细观察生产现场的装置,并向有经验的技术人员和工人虚心请教,有条件时还可参阅有关资料。

① 了解被测对象在生产中的作用。

蒸汽生产工艺过程的任务是将从水塔来的水,经净化后,通过热交换器预热,再进入锅炉加热以产生蒸汽,供生产、生活使用。

② 了解测绘对象的工艺流程。

蒸汽生产的工艺流程是:从水塔来的冷水,由泵压入钠离子交换器,除去水中的 Ca 离子、Mg 离子,使水从硬水变为软水,进入水槽,再由泵将软水送入热交换器,与煤燃烧后产生的高温烟气换热,进入锅炉,经煤加热后产生蒸汽,送入分气包中储存,以供用户使用。煤炭在锅炉中燃烧产生烟,与水换热、除尘后,经鼓风机放空。这一工段的方案流程草图如图 9-27 所示。

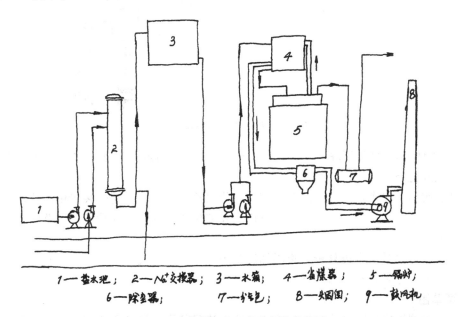

1—盐水池; 2—Na$^+$交换器; 3—水箱; 4—省煤器; 5—锅炉;
6—除尘器; 7—分气包; 8—烟囱; 9—鼓风机

图 9-27 蒸汽生产工艺方案流程草图

③ 了解测绘对象的设备数量、名称及布置情况,并绘出设备轴测草图。现场的设备上标有位号、名称等,可结合工艺流程草图按流程先后顺序来识别;若设备上没有任何标注,可在设备上贴上标签,现场填写设备类别、编号与名称。

蒸汽发生装置有动设备 4 台,静设备 5 台。分别为清水输送泵 2 台、软水输送泵 2 台、钠离子交换器、水箱、换热器、锅炉、分气包。

为方便绘图，在现场了解过程中要做好原始记录。较简便的方法是绘制设备的轴测草图（外形轮廓用细实线绘制）。钠离子交换器的轴测草图，如图 9-28 所示。

④ 了解管道连接及其空间走向，画管段图的草图。在测绘中分清主要物料管道和辅助物料管道，为区别同一设备上连接的各种管道，可以对管道进行编号并贴上标签，记录其详细情况。

为便于记录和整理，通常在设备轴测图上画出管道空间走向，并填写管道编号及物料流向，测量后，把公称直径及标高逐一填上。如图 9-28 所示。

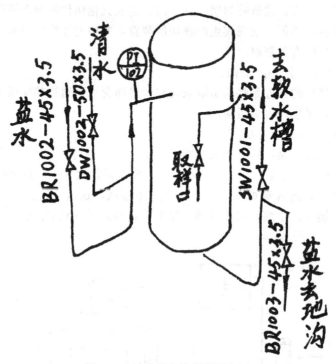

图 9-28 钠离子交换器轴测草图

⑤ 了解测绘对象所属范围内的管件、阀门、仪表控制点及管架等名称、作用及安装布置情况并做好记录。

管件、阀门、仪表控制点用细实线按规定代（符）号绘制。整个装置中的仪表、控制点和阀门较多，需了解清楚它们的名称、作用及安装位置，并记录在设备轴测草图或工艺方案流程草图上。

了解测绘对象时，应边分析，边画轴测草图与工艺方案流程草图，并随时做好记录，为下一步的绘图工作做好充分的准备。

2. 画草图

化工单元测绘应按顺序分别画出管道及仪表流程草图、设备布置草图和管道布置草图。

（1）画管道及仪表流程草图 画此草图应注意以下几点：

① 明显区分各类图线的粗细，如地平线、楼板线、设备外形轮廓线等用细实线，主要物料管线用粗实线，辅助物料管线用中粗线绘制。

② 阀门、仪表控制点用规定符号并按基本符合实际的位置画出。

③ 各管道代号及物料流向应标注清楚，管道公称直径待测量后按规定填写。

④ 按工艺流程图画法规定，标注设备的位号、名称等。

工艺管道及仪表流程草图,如图 9-29 所示。

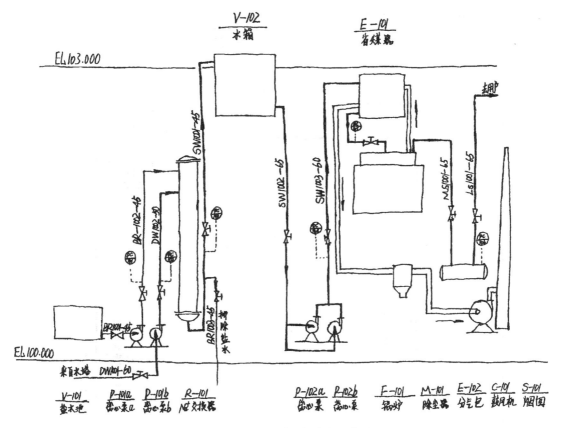

图 9-29 工艺管道及仪表流程草图

(2) 画设备布置草图　画设备布置草图时根据目测距离,按比例绘制。首先用细点画线画出建筑定位轴线,用细实线画出建筑物及其构件,然后再用细点画线确定设备位置、粗实线画设备外形轮廓,中粗线画设备基础或设备支架;接着画出方向标、设备定位尺寸线、标高字母、待尺寸测量后逐个填写尺寸数字;最后标注设备位号、名称等。注意设备的位号、名称要与流程图上的一致。

(3) 画管道布置草图　画管道布置草图时,可以在设备布置草图的基础上加入管道布置的内容。主要物料管道用粗实线、辅助物料管道用中粗线按规定的方法画出。注意管道的编号、规格和物料流向的标注,应与设备图上的标注相一致,如果管道处不便标注,可引出标注。

经整理核对后,绘制管道布置草图。绘制草图时,应该先画视图,再进行标注,尺寸数字待测量时逐一填写。标注尺寸时除了要注出建筑定位轴线间距、设备定位尺寸、管道定位尺寸以及设备、管道、阀门的标高和管道直径外,还需标注出设备基础的定形尺寸及设备外形尺寸的尺寸线、尺寸界线等。

3. 尺寸测量

画完视图并标注好尺寸线、尺寸界线后,便可进行尺寸测量。此时测量工具主要用皮尺和卷尺,测量需多人配合进行,同时注意正确确定尺寸测量的基准。测量尺寸时,应测量一个填写一个,以免弄错或遗漏。

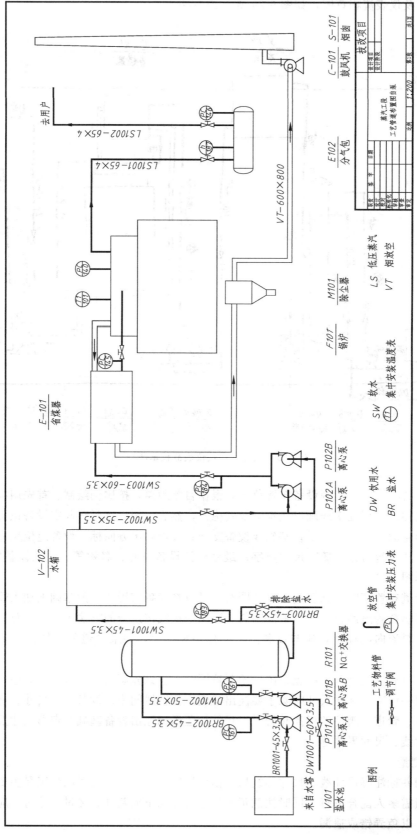

图 9-30 蒸汽生产工艺的工艺管道及仪表流程图

第九章 化工工艺图

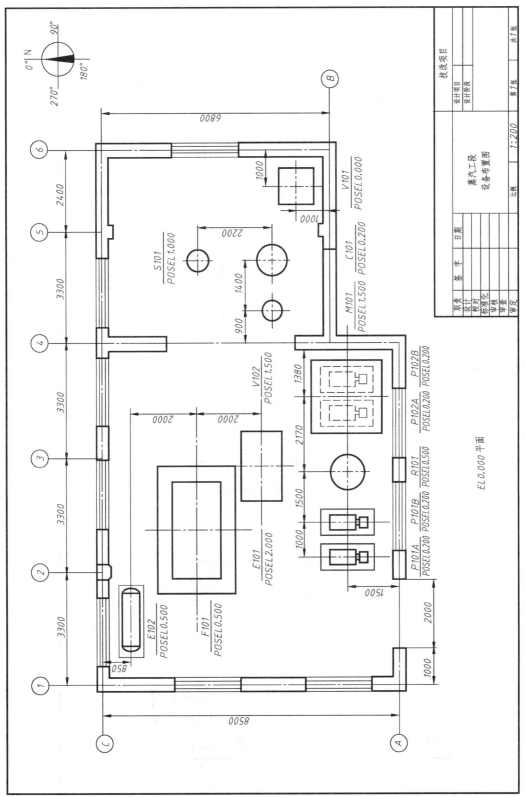

图 9-31 蒸汽生产工艺设备布置图

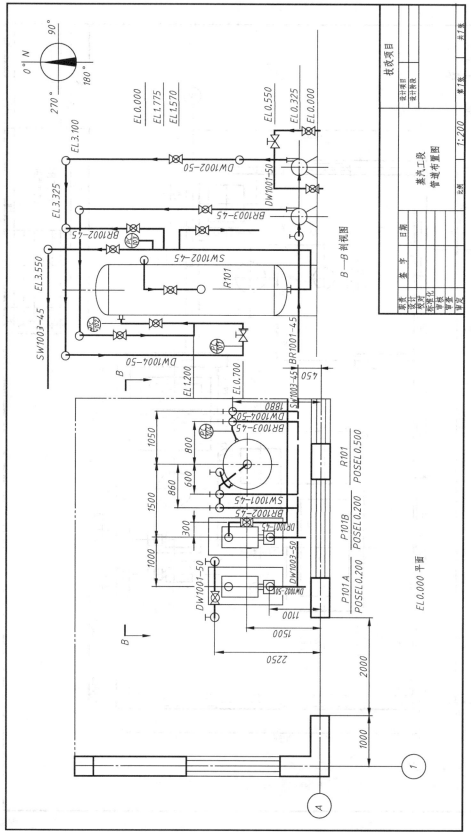

图 9-32 蒸汽生产工艺管路布置图

4. 画工作图

在画工作图之前，应仔细地对草图进行校核、整理、修改，使有关代号、数据在各草图上一致，避免前后出现矛盾。对有关设备的管口方位，外形及主要尺寸需了解清楚，有条件的可查阅设备的有关图样资料。

下面以蒸汽的生产工艺流程为例，介绍画化工工艺图的过程和步骤及有关注意事项等。

（1）画化工工艺图的步骤

① 选比例、定图幅。

② 画底稿。设备外形轮廓线等用细实线，主要物料管线用粗实线，辅助物料管线用中粗线绘制。阀门、仪表控制点用规定符号并按实际位置画出。各管道代号及物料流向应标注清楚，最后标注设备的位号及名称。

③ 检查并加深图线。

（2）画化工工艺图的注意事项

① 设备布置图、管道布置图若在一张图纸上画不下时，可分画在几张图纸上，但需将图号及标注注写清楚。

② 做到图线粗细分明、字体端正、符号大小一致。

化工单元测绘是一项细致的工作，要求测绘人员从熟悉工艺流程到最后绘出工作图，都必须以科学、认真的态度去对待。

蒸汽生产工艺的工艺管道及仪表流程图、设备布置图、管路布置图如图9-30～图9-32所示。

模块 IV 计算机绘图

第十章　计算机辅助设计——AutoCAD 简介

CAD（Computer Aided Design，计算机辅助设计）诞生于 20 世纪 60 年代，是美国麻省理工学院提出的交互式图形学的研究计划，由于当时硬件设施昂贵，CAD 系统的应用并不广泛，到 20 世纪 70 年代后，随着 PC 机的普及，计算机的广泛应用促进了 CAD 技术的迅猛发展。

AutoCAD 是 Autodesk 公司于 1982 年开发的计算机辅助设计软件，是当今流行的绘图软件之一，具有强大的二维绘图、三维造型以及二次开发和用户定制等功能，通过它无需懂得编程，即可通过人机交互进行制图，因此深受工程技术人员的青睐。如今，AutoCAD 已广泛应用于机械、建筑、电子、航空、轻工、纺织、化工、环保及工程建设的各个领域。

AutoCAD 由最早的 V1.0 版到目前的 2014 版已更新了很多次。AutoCAD 2014 是目前最常用的版本。该版本绘图功能更加强大，在运行速度、图形处理、网络功能等方面都达到了崭新的水平。本章以 AutoCAD 2014 中文版为蓝本，简单介绍该软件的基本知识和基本操作。

第一节　AutoCAD 的基本知识

一、AutoCAD 2014 的基本功能

1. 二维绘图功能

AutoCAD 2014 具有强大的二维绘图功能，系统提供了一组实体来构造图形，实体即是构成图形的图形元素，如：直线、点、圆、圆弧、矩形、多边形、椭圆、图案填充、块等，还可以创建多种类型尺寸进行尺寸标注，能轻易在图形的任何位置、任何方向书写文字，可设定文字字体、倾斜角度等属性，当用户需要调用这些图形元素时，可通过键盘、鼠标或命令行向系统发出相应的绘图命令。

2. 编辑功能

AutoCAD 2014 提供了多种方法对图形对象进行修改、编辑。常用的编辑命令有删除、复制、偏移、修剪、移动、镜像、旋转、阵列、拉伸、倒角、圆角、缩放和分解等。同时还提供辅助绘图的功能，如栅格、捕捉、自动跟踪和辅助作图线等。

3. 显示控制功能

AutoCAD 2014 提供了多种方法观看生成过程中的图形和已经完成的图形。这些功能主要有缩放、平移、动态观察、漫游和飞行、三维视图控制、多视窗控制、重新生成图形等。

4. 三维实体造型功能

AutoCAD 2014 进一步完善了三维实体造型模块，并且使其操作与二维操作类似。主要功能有：长方体、圆柱体、球体、圆锥、圆环等基本形体的造型；通过并、交、差等布尔运算，生成复杂的形体；立体的编辑和显示；在三维动态模式下方便地生成二维视图。

5. 系统的二次开发功能

AutoCAD 2014 不仅能胜任二、三维绘图工作，还可以采用多种方式进行二次开发或用户定制。

二、AutoCAD 2014 的启动、退出及用户界面

1. AutoCAD 2014 的启动

在使用 AutoCAD 2014 之前，必须进行软件的安装。安装结束后，在计算机桌面上将出现快捷图标，如图 10-1 所示。左键双击该图标或单击右键点"打开"即可启动 AutoCAD 2014，启动完成后的界面如图 10-2 所示。

AutoCAD 2014 提供了 4 种不同的预设工作空间，用户可根据自己的需要进行选择，这些工作空间的差别主要是工具栏的不同，软件默认打开的是"草图与注释"工作空间，如图 10-2 所示。另外还有"三维基础"、"三维建模"、"AutoCAD 经典"三种工作空间，如图 10-3、10-4、10-5 所示。

图 10-1　快捷图标

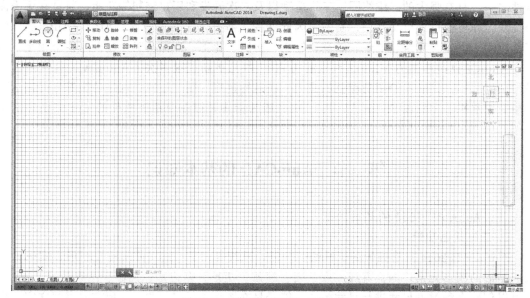

图 10-2　"草图与注释"工作空间

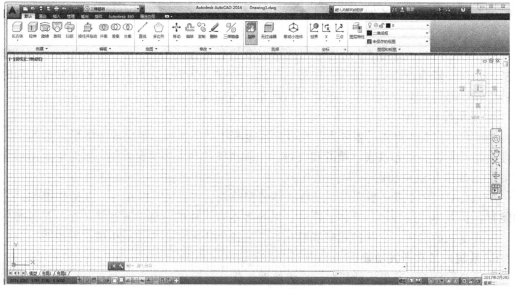

图 10-3　"三维基础"工作空间

第十章 计算机辅助设计——AutoCAD 简介

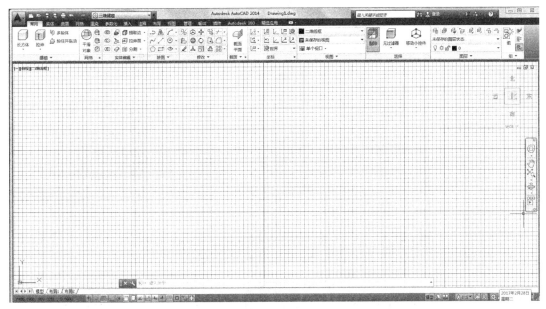

图 10-4 "三维建模"工作空间

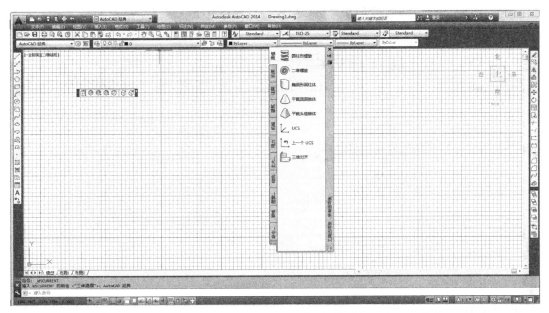

图 10-5 "AutoCAD 经典"工作空间

完成 AutoCAD2014 的启动后，软件会自动打开一个名为 Drawing1.dwg 的新文件，在标题栏中可以看到该图形的名称，此时就可以开始绘图了。

2. 如图 10-6 所示打开的是"AutoCAD 经典"工作界面

（1）标题栏　标题栏位于主窗口的最上方，用于显示当前正在运行的程序名及文件名等信息，如果是 AutoCAD 2014 默认的图形文件，其名称为 DrawingN.dwg（其中 N 为数字）。AutoCAD 2014 可以同时新建或打开多个图形文件，以便于用户在不同图形之间进行编辑与转换。单击标题栏右端 按钮，可以最小化、最大化或关闭程序窗口。

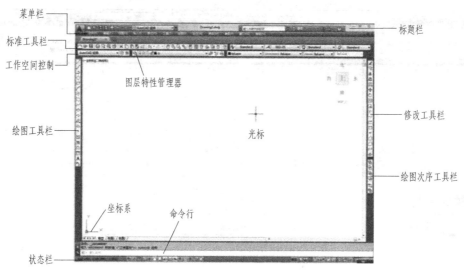

图 10-6 "AutoCAD 经典"工作界面标示图

（2）菜单栏　在 AutoCAD 2014 中，共有 12 项下拉菜单（图 10-7），当我们要选择某个菜单时，用鼠标左键单击主菜单项可下拉出子菜单，再按需要单击子菜单项，可完成大多数常用命令的输入。子菜单项后若有"▶"符号，表示还有下一级子菜单；若有"…"符号，表示选择该命令可以打开一个对话框。

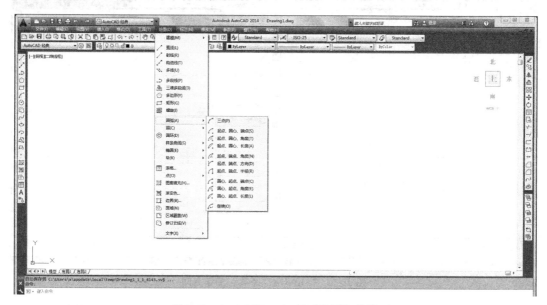

图 10-7　AutoCAD 2014 的【绘图】菜单

（3）工具栏　为了提高用户的作图效率，AutoCAD 将同类功能的命令以图标按钮的形式组合在一起形成工具栏。一个带有特征图案的按钮，就代表一个操作命令，用户可以通过按钮图标快速准确地激活命令。用户界面显示的工具栏有：标准工具栏、样式工具栏、绘图工具栏（图 10-8）、修改工具栏、绘图次序工具栏等。要显示隐藏的工具栏，可以在任意工具栏上的空白处单击鼠标右键，然后在弹出的菜单中选择希望打开的工具栏即可，如图10-9所示。如要隐藏某个工具栏，同样是右键单击后进行选择就可以了，工具栏的位置可根据需要拖移到屏幕的任何地方。

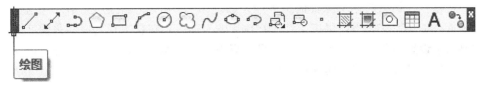

图 10-8 "绘图"工具栏

(4) 绘图区　屏幕中间的空白区域称为绘图区域，也就是进行绘制工作的地方，可以将其想象为一张绘图纸，只是这张纸的大小是没有限制的。默认状态下，背景的颜色为白色，用户可单击【工具】菜单中【选项】，出现如图 10-10 所示的对话框，单击"显示"标签中的"颜色"按钮，即可改变背景的颜色。

图 10-9　工具栏选择菜单

图 10-10　【选项】对话框

(5) 命令行　命令行位于绘图区域的下部，主要用来接受用户输入的命令并显示 Auto-

CAD 系统相关的提示信息。用户可利用鼠标调节该区域的大小。

（6）状态栏　状态栏位于屏幕的最下端，如图 10-11 所示，左侧是"图形坐标"区域，用来显示 AutoCAD 2014 当前鼠标指针所在位置的坐标值，在状态栏的中间是辅助绘图工具栏，主要用于设置一些辅助绘图工具，如设置栅格、正交模式、极轴追踪、对象捕捉等，用户可单击鼠标左键来打开或关闭这些功能按钮。

图 10-11　状态栏

3. AutoCAD 2014 的退出

当要关闭 AutoCAD 2014 时，用户可以打开【文件】下拉菜单，执行【退出】命令；或者用鼠标单击屏幕右上角的【×】按钮来退出 AutoCAD 2014。在退出时若用户尚未保存修改后的图形，AutoCAD 2014 会提醒用户是否将修改后的图形存盘，屏幕上将出现"警告"对话框（图 10-12），这时根据需要选择"是"或"否"就可以了，选择"取消"则返回到图形绘制窗口。

三、命令输入方法

AutoCAD 命令的执行方式主要是键盘操作和鼠标操作。键盘操作是直接从命令行输入命令即可，鼠标操作是使用鼠标选择命令或单击工具按钮来调用操作命令。常用的操作方法有三种：菜单输入法、键盘输入法和图标输入法。

图 10-12　是否保存文件提示框

1. 菜单输入法

通过菜单执行绘图命令是最基本的命令操作方式，从菜单栏选择命令所在的主菜单项，拉出下拉菜单，点击相应的菜单项，命令行即出现相应的提示。

2. 键盘输入法

每个命令均有一个英文名，而且大多数命令都有缩写形式。从键盘输入与命令相应的英文字母（或缩写形式，在 CAD 软件中输入命令时不分大小写），回车后系统即进入命令执行状态。这种方法必须对命令的英文名较熟悉、键盘较熟练才能高效率地完成操作。

3. 图标输入法

在工具栏中，用户可以通过按钮图标快速准确地激活命令，这种命令执行方式是最受欢迎的。单击工具栏按钮的时候，经常需要查看动态输入或命令行提示，根据提示完成该项命令。

以输入"直线"命令为例：

① 菜单输入法：单击"绘图"打开下拉菜单，点击"直线"选项。

② 键盘输入法：从键盘输入"Line"（或"L"）并回车。

③ 图标输入法：在绘图工具栏中单击画直线图标"╱"。

按上述任一种操作方法输入"直线"命令后，系统进入命令执行状态，命令行出现提示信息，用户对于命令提示信息要给出正确回答。

在命令提示中，"or（或）"前的内容为命令操作默认选项，"［　］"内为其他选项。其中又用斜杠"/"作为命令选项的分隔符。选项括号中的大写字母表示它的关键字母,选取某个选项,只需输入这个大写字母即可。在尖括号"<>"内出现的是默认项或当前值,若使用该项,直接回车即可。

现以画圆为例加以说明图标输入法:

在绘图工具栏中单击画圆图标" ⊙ "

命令:_circle

指定圆的圆心或 [三点 (3P)/两点 (2P)/切点、切点、半径 (T)]:5,5✓(给定画圆圆心)

指定圆的半径或 [直径 (D)] <10.0000>:30✓(给定画圆半径)

说明:如果"通过下拉菜单"或者"单击图标按钮"来执行命令,则在命令的前面将会显示一条短横线,如:

命令:_circle

如果是直接在命令行输入绘图命令并按回车键,命令的显示方式为:

命令:circle✓

在执行命令过程中,当需要中断或取消命令时,可按键盘上的"Esc"退出键,系统将返回命令状态;在执行完某个命令后,如果要立即重复执行该命令,可按回车键或鼠标右键来实现;当进行完一次操作后,如发现操作失误,则可单击"标准工具栏"中的"放弃"按钮,实现取消功能。

四、数据输入方法

绘图过程中,往往需要输入必要的数据,如点的坐标、线段的长度值、某一角的角度、圆的半径的数值等。现将几种常用的输入方法介绍如下:

1. 坐标输入法

如图 10-13 所示,AutoCAD 中包含两种坐标系(UCS)图标,左侧是默认的用于二维绘图的坐标系,右侧是包含 Z 轴的用于三维建模的坐标系。以下重点讨论二维坐标系统。

图 10-13 坐标系图标

通过输入一个点的坐标,可以精确地定位该点的位置。AutoCAD 的坐标系与平面直角坐标系一致,X 轴为水平轴,水平向右为正方向,Y 轴为垂直轴,垂直向上为正方向,图标显示在绘图区域的左下方。AutoCAD 的绘图区,相当于平面直角坐标系的第一象限,坐标原点默认为 (0,0),位于 x 轴左侧和 y 轴下方的点的坐标值为负。指定某个对象的位置的一个最基本的方法是使用键盘输入它的坐标值,通常可以使用下述方法输入坐标。

(1) 绝对直角坐标输入法 运行 AutoCAD 2014 后,可以观察到状态栏左边的坐标值数字随着绘图区内光标的移动而变化,其中前一数字代表 X 轴的坐标值,第二个数字代表 Y 轴的坐标值,第三个数字代表 Z 轴的坐标值,在二维平面中 Z 轴的坐标值始终为 0.0000。这里显示的坐标为绝对直角坐标。

绝对直角坐标输入格式:当系统提示输入点时,输入"X,Y",然后回车。

【例 10-1】 画一条长为 50 单位的水平方向直线。

具体操作步骤如下:

在绘图工具栏中单击" ∕ "

命令：_line 指定第一点：10，10↙
指定下一点或 ［放弃（U）］：60，10↙
指定下一点或 ［放弃（U）］：↙

以上是用绝对直角坐标从已知点（10，10）画到另一已知点（60，10）得到一条长为 50 单位的水平直线，如图 10-14 中的直线 1。

（2）相对直角坐标输入法　用绝对直角坐标法画图有时使用起来很不方便，因为用户必须确定所绘图形的每一点的坐标值。因此为方便用户绘图及输入坐标，AutoCAD 为用户提供了相对坐标输入法。相对坐标输入法是指以某一已知点的坐标为原点输入当前点的坐标值。也就是说当用户知道一个点相对于另一个的 X 和 Y 方向的位移时，便可使用相对直角坐标来输入坐标点。相对坐标所关联的是前后输入的两个点之间的坐标关系，要输入一个相对坐标，需在坐标值之前加@（@符号需在英文状态下输入）符号。

相对直角坐标输入格式：当系统提示输入点时，输入"@ΔX，ΔY"，然后回车。

其中：如果位移沿 X 和 Y 轴的正方向，ΔX、ΔY 的值为正，反之为负。

【例 10-2】 以（30，30）为起点画一条长度为 70 单位长的水平线段。结果得到如图 10-14 中的直线 2

具体操作步骤如下：

在绘图工具栏中单击"　"

命令：_line 指定第一点：30，30↙
指定下一点或 ［放弃（U）］：@70，0↙
指定下一点或 ［放弃（U）］：↙（结果见图 10-14 中的直线 2）

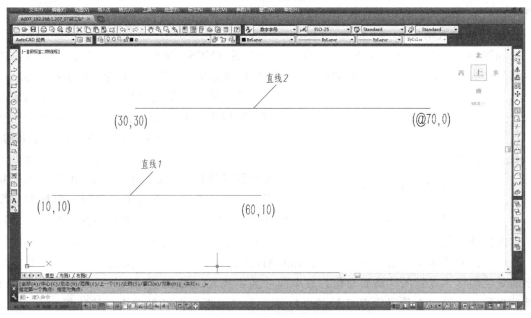

图 10-14　绝对直角坐标和相对直角坐标示例

（3）相对极坐标输入法　极坐标是由一个极点和一根极轴构成，是指原点到某一点的距离和与 X 轴正方向的夹角来确定坐标点的表示方法，通常采用相对极坐标。

相对极坐标输入格式：当系统提示输入点时，输入"@L<θ"然后回车。其中：L 为输入坐标点与当前参考原点连线的长度，θ 为该连线与 X 轴正方向的夹角。在系统默认下，逆

时针方式旋转的角度为正值,反之为负。

【例 10-3】 绘制长为 60mm 且与水平方向呈 30°角的直线。结果如图 10-15 所示。
具体操作步骤如下:
命令:_line 指定第一点:(任意拾取点 A)
指定下一点或 [放弃 (U)]:@60<30↙
指定下一点或 [放弃 (U)]:↙

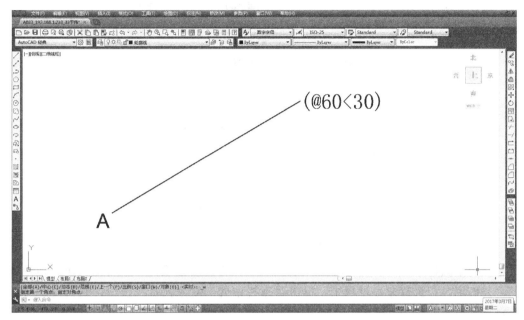

图 10-15　相对极坐标示例

2. 直接输入长度法

输入坐标还有一种比较捷径的方式,就是直接输入长度数值,在正交模式或极轴追踪模式下这种方法最为实用。

在绘制水平线或垂直线过程中,确定起始点后,当系统提示输入下一点时,打开正交模式,用鼠标指定出方向后直接输入长度值。

例如图 10-14 中的直线 2 可操作如下:

在绘图工具栏中单击"╱"

命令:_line 指定第一点:30,30↙
指定下一点或 [放弃 (U)]:<正交 开> 70↙(光标指向起点的右侧)
指定下一点或 [放弃 (U)]:↙

说明:无论绘图命令还是编辑命令,只要是要求指定距离和角度的时候,均可以使用直接输入数值的方法。

五、对象捕捉

在图形绘制过程中,经常需要根据已有对象的位置来绘图,对象捕捉功能可以使用户通过捕捉已有对象上的几何点来精确地指定一个点,如端点、圆心、交点、中点和垂足等,在实际绘图时,如果开启了对象捕捉模式却依然捕捉不到需要的点,可以进入"对象捕捉"进行相关设置,如图 10-16 所示。

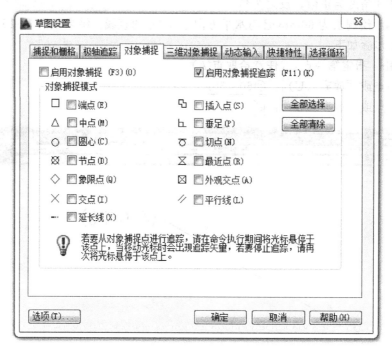

图 10-16 对象捕捉设置

打开"草图设置"对话框,点击"对象捕捉",在需要预设的对象特征的小方格中打上"√",并确定。在执行命令过程中,单击状态栏中的"对象捕捉"按钮,使其处于打开状态,设置的对象捕捉一直可用,直到"对象捕捉"关闭,捕捉才结束。"对象捕捉"也有工具栏,只要在任意工具栏的空白处单击鼠标右键,在弹出的菜单中选择"对象捕捉"选项即可,用户在该工具栏中可以自行选择所需的对象捕捉模式,如图 10-17 所示。这样,在操作过程中,若需要某特殊点时,将光标放在某位置上,捕捉自动找到。

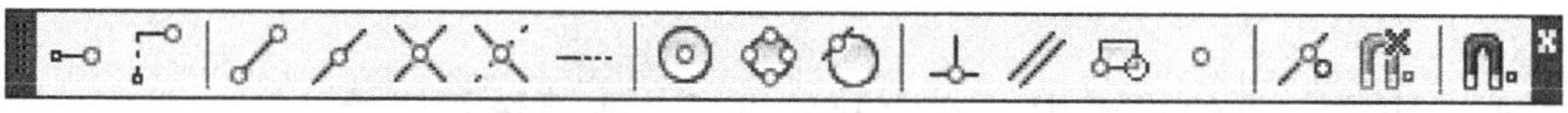

图 10-17 对象捕捉工具栏

【例 10-4】 采用"默认设置"(公制)新建一张图幅,按图 10-18 的尺寸绘制该图形。

命令:_line 指定第一点:(任意拾取点 A)

指定下一点或 [放弃(U)]:<正交 开> 50↙(直接输入长度法得点 B)

指定下一点或 [放弃(U)]:<正交 关> @50<120↙(相对极坐标法得点 C)

指定下一点或 [闭合(C)/放弃(U)]:c↙(选择 C 方式,图形自行封闭)

在绘图工具栏中单击"⊙"

命令:_circle 指定圆的圆心或 [三点(3P)/两点(2P)/相切、相切、半径(T)]:3p↙(采用三点画圆方式)

指定圆上的第一个点:_int 于(鼠标单击"对象捕捉"工具

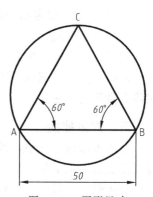

图 10-18 图形尺寸

栏中图标"✕",捕捉交点 A)

指定圆上的第二个点:_int 于(捕捉交点 B)

指定圆上的第三个点:_int 于(捕捉交点 C)

完成作图。

六、动态输入

动态输入功能是指输入命令、坐标或数值时,在光标旁的工具提示框中会显示输入的任何内容。同在命令行中输入坐标值一样,在动态输入工具栏提示中可以直接以(x,y)的格式输入,也可以在 x 和 y 坐标值之间按 Tab 键来代替输入逗号。

如在绘制一条直线时,当光标附近出现"指定第一个点"的提示后,可以看到该提示后面有两个输入框,左侧的输入框内的数值代表当前点在 x 轴的正方向上与坐标原点之间的距离,右侧输入框内的数值代表当前点在 y 轴的正方向上与坐标原点之间的距离,如图 10-19 所示。

图 10-19 动态输入提示框

单击状态栏上的动态输入 按钮或按 F12 键可以打开和关闭动态输入,动态输入有三个组件:指针输入、标注输入和动态提示。在"动态输入"按钮上单击鼠标右键,然后单击"设置",以控制启用"动态输入"时每个组件所显示的内容,如图 10-20 所示。

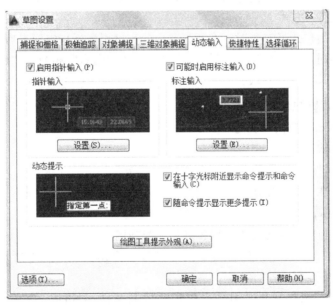

图 10-20 动态输入设置

① 指针输入。如果指针输入处于启用状态且命令正在运行,十字光标的坐标附近会有信息提示,可以在工具提示框中输入坐标,而不用在命令行上输入值。

提示:第二个点和后续点默认设置为相对极坐标,不需要输入"@"符号。

② 标注输入。默认情况下,"可能时启用标注输入"选项是选中的,这里所说的标注指的是绘图过程中涉及的距离、长度、角度等数据,而不是点或者坐标。如果选中此选项,在绘图过程中就会出现标注提示框,此时可以通过在工具栏提示中输入数字来指定直线的

长度。

③ 动态提示。选中"在十字光标附近显示命令提示和命令输入"以及"随命令提示显示更多提示"选项后,即可在动态输入工具栏提示当中显示命令提示,并且可以在此进行输入来响应这些提示,这一部分的动态输入可以代替命令行。

七、对象选择方式

用户在执行编辑命令过程中,经常需要选择一个或多个对象。AutoCAD 系统为用户提供了多种选择对象的方式。下面仅介绍几种最常用的方式:

1. "点选"方式

在命令行提示用户选择对象时,直接用鼠标将拾取框移至要选择的对象上,单击左键选中该对象。

2. "全选"方式

在命令行提示用户选择对象时,从键盘上键入"ALL",使用该方式可以选中当前图形中除冻结或关闭层以外的所有对象。

3. "窗口"方式

在命令行提示用户选择对象时,从键盘上键入"W",系统将提示用户指定两对角点,并以这两点确定一个实线的矩形作为窗口。完全被矩形框包围的对象被选中。

4. "交叉窗口"方式

在命令行提示用户选择对象时,从键盘上键入"C",与"窗口"方式相似,用指定窗口的两对角点确定一个虚线状的矩形框,被包围在内或与矩形框相交的对象均被选中。

5. "直接窗选"方式

在命令行提示用户选择对象时,在屏幕空白处直接用鼠标指定两点确定矩形框。随着拉出矩形框的方向不同,产生的选择效果也不一样:"从左向右"相当于"窗口"方式;"从右向左"相当于"交叉窗口"方式。

八、图形文件的管理

1. 新建文件(三种方法可任选)

(1) 激活命令的方式

下拉菜单:"文件"→"新建"

工具栏:在标准工具栏中单击图标"▢"

输入命令:New✓

(2) 功能 创建新的绘图文件,以便开始一幅新图。

(3) 操作方法 执行"新建"命令后,屏幕会弹出如图 10-21 所示"选择样板"对话框。

在系统弹出的"选择样板"对话框中选择公制文件 acadiso.dwt,然后单击"打开"按钮。

说明:由于在启动 AutoCAD 2014 时会自动创建一个名为 Drawing1.dwg 文件,因此这个通过样板创建的文件就自动被命名为 Drawing2.dwg,而后面再创建的新文件则被命名为 Drawing3.dwg,以此类推。保存并对这个图形进行重命名时,原始的样板文件是不会受到影响的。

2. 打开已有的图形文件(三种方法可任选)

(1) 激活命令的方式

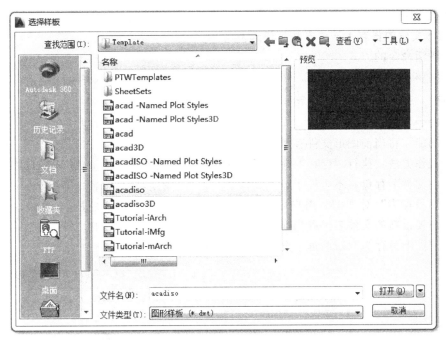

图 10-21 选择样板文件

下拉菜单:"文件"→"打开"

工具栏:在标准工具栏中单击图标" "

输入命令:Open↙

(2) 功能 打开已存在的图形文件。

(3) 操作方法 执行"打开"命令后,屏幕会弹出如图 10-22 所示"选择文件"对话框。

图 10-22 "选择文件"对话框

在该对话框中选定文件后单击"打开"按钮,即可开始编辑打开的图形。此外在"启动"对话框（图 10-1）中单击"打开"按钮，也可直接打开图形文件。

3. 图形文件的保存（三种方法可任选）

（1）激活命令的方式

下拉菜单："文件"→"保存"

工具栏：在标准工具栏中单击图标"💾"

输入命令：Save✓

（2）功能　将当前图形文件存盘。

（3）操作方法　执行"保存"命令后，如当前图形已有文件名，AutoCAD 将把当前图形直接以原文件名存盘，不再提示输入文件名。若当前图形没有命名，则弹出如图 10-23 所示的"图形另存为"对话框。用户可在该对话框中指定要保存的文件夹、文件名和文件类型。当用户要以新的文件名保存当前图形，可单击【文件】菜单中的"另存为"命令，屏幕同样弹出"图形另存为"对话框，要求用户输入新的文件名。

图 10-23　"图形另存为"对话框

第二节　常用绘图与编辑命令简介

一、常用绘图命令介绍

1."直线（Line）"命令

（1）功能　绘制一条线段，也可以不断地输入下一点，绘制连续的多个线段，直到用回车键或空格键退出画线命令。

（2）格式

命令：单击绘图工具栏图标 ✏ 或单击下拉菜单"绘图"→"直线"或键入 L✓（以上三种命令调用方式任选一种，本书主要介绍图标输入法）

命令：_line 指定第一点：（指定直线起点或输入起点坐标）✓

指定下一点或 [放弃 (U)]: (指定下一点或输入下一点坐标或输入 U 放弃所画线段)✓
指定下一点或 [闭合 (C)/放弃 (U)]: (指定下一点或输入 C 线段自行封闭)
……
指定下一点或 [闭合 (C)/放弃 (U)]: (按回车键或空格键结束命令)

2. "圆 (Circle)" 命令

(1) 功能　根据已知条件，按指定方式画圆。

(2) 格式

命令: 单击绘图工具栏图标 ⊙

命令: _circle 指定圆的圆心或 [三点 (3P)/两点 (2P)/切点、切点、半径 (T)]: (指定圆心位置或输入圆心坐标或 3P 或 2P 或 T)✓

指定圆的半径或 [直径 (D)]: (输入圆的半径或 D)

即可画出一个给定圆心、半径的圆。

命令中各选项说明:

① 3P: 指定圆周上的三点画圆。

② 2P: 指定直径上的两个端点画圆。

③ T: 指定两个切点和半径画圆。

3. "多边形 (Polygon)" 命令

(1) 功能　用于绘制正多边形，正多边形的边数可在 3~1024 之间选取。

(2) 格式

命令: 单击绘图工具栏图标 ⬠

命令: _polygon 输入侧面数 <4>: (输入边数✓或直接回车默认边数为 4)

指定正多边形的中心点或 [边 (E)]: (指定中心点或输入中心点坐标或 E)✓

输入选项 [内接于圆 (I)/外切于圆 (C)] <I>: (✓或 C✓)

指定圆的半径: 输入半径值✓

命令中各选项说明:

① 侧面数: 定义正多边形的边数，输入介于 3~1024 之间的整数。

② 边 (E): 通过指定边长来绘制正多边形，确定某边的两端点或其坐标值来指定边长大小。在指定边长的两个端点 A 和 B 时，程序将从 A 至 B 的顺序以逆时针方向绘制正多边形。

③ 内接于圆 (I): 选择正多边形内接于圆的方式确定多边形。[图 10-24 (a) 所示]

④ 外切于圆 (C): 选择正多边形外切于圆的方式确定多边形。[图 10-24 (b) 所示]

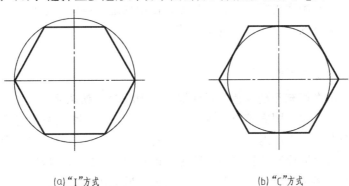

(a) "I" 方式　　　　　　(b) "C" 方式

图 10-24　绘制正多边形两种方式

4. "矩形（Rectang）"命令

(1) 功能　该命令可以绘制矩形、正方形，还可以设置倒角、圆角、厚度、宽度等参数，改变其形状。

(2) 格式

命令：单击绘图工具栏图标 ▭

命令：_rectang↙

指定第一个角点或 [倒角（C）/标高（E）/圆角（F）/厚度（T）/宽度（W）]：（指定一点或输入第一个角点坐标↙或其他选项的字母）[图 10-25（a）]。

指定另一个角点或 [面积（A）/尺寸（D）/旋转（R）]：（指定另一角点或输入另一个角点坐标↙画矩形或输入 A 或输入 R）[图 10-25（b）]，完成矩形的绘制 [图 10-25（c）]。

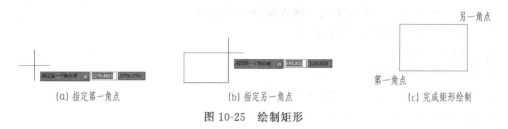

(a) 指定第一角点　　　(b) 指定另一角点　　　(c) 完成矩形绘制

图 10-25　绘制矩形

说明：在输入数字来确定矩形长宽的时候，一定要注意中间的"逗号"是小写的英文状态。画出的矩形是一个整体，不能单独对其中一条边进行编辑。用分解命令可以将它分解为 4 条独立的直线，但分解后，各边将失去宽度信息。

5. "椭圆（Ellipse）"命令

(1) 功能　绘制椭圆，也可以绘制椭圆弧。

(2) 格式

命令：单击绘图工具栏图标 ⬭

命令：_ellipse↙

指定椭圆的轴端点或 [圆弧（A）/中心点（C）]：C↙（选择"中心点"方式）

指定椭圆的中心点：（指定中心点或输入中心点坐标↙）

指定轴的端点：（指定一点确定椭圆的一半轴长）

指定另一条半轴长度或 [旋转（R）]：（指定一点确定椭圆的另一半轴长）

6. "图案填充（Bhatch）"命令

(1) 功能　可以对图案进行填充，用户可以使用预定义填充图案来填充区域，也可以使用当前线型来定义填充图案或创建更复杂的填充图案。

(2) 格式

命令：单击绘图工具栏图标 ▨

屏幕上弹出"图案填充和渐变色"对话框（图 10-26），默认显示"图案填充"选项卡。

选择图案名称或点取"图案填充"中的"样例"，弹出"填充图案选项板"（图 10-27）后，选择需要的图案，确定后返回"图案填充"对话框，单击"拾取点"图标，在指定区域内拾取一点，回车后返回原对话框单击"确定"即在指定的封闭区域完成图案填充。

说明：在进行图案填充时，首先要确定待填充区域的边界，边界由构成封闭区域的对象来确定。在 AutoCAD 2014 中，边界的定义有了比较人性化的改进，当待填充区域的边界没

图 10-26 "图案填充和渐变色"对话框　　　　图 10-27 填充图案选项板

有封闭的时候,如要填充图案,则会弹出如图 10-28 的提示,同时还会在没有封闭的边界端点处用红色的圆圈起来,提示用户在该处封闭边界。

图 10-28 "边界定义错误"警示框

7. "单行文字(Text)"命令

(1) 功能　对于不需要使用多种字体的简短内容,如标签,可使用该命令输入单行文字。

(2) 格式

命令:单击下拉菜单【绘图】→【文字】→【单行文字】

命令:_dtext↙

当前文字样式:Standard 当前文字高度:2.5000

指定文字的起点或 [对正 (J)/样式 (S)]:(指定一点作为文字左下角的定位点)

指定高度 <2.5000>:(输入字高↙)

指定文字的旋转角度 <0>：（输入文字相对于水平方向的转角↙）

输入文字：（输入文字↙）

输入文字：（继续输入文字↙或直接回车结束命令）

说明：在 Text 文字输入过程中，AutoCAD 提供了输入特殊符号的代码。常用的特殊符号对应的代码如下。

%%c——直径符号（φ）；

%%d——角度符号（°）；

%%p——公差符号（±）；

%%%——百分号（%）；

%%u——下划线开关；

%%o——上划线开关。

8. "多行文字（Mtext）"命令

（1）功能 对于较长、较为复杂的内容，单行文字就会显得很不方便，而多行文字解决了这个问题。与单行文字相比，多行文字具有更多的编辑选项。整个多行文字段落是一个对象，故也称为段落文字。

（2）格式

命令：单击绘图工具栏图标 A

命令：_mtext 当前文字样式："Standard" 当前文字高度：2.5

指定第一角点：（指定文本窗口角点或输入角点坐标值↙）

指定对角点或 [高度（H）/对正（J）/行距（L）/旋转（R）/样式（S）/宽度（W）/栏（C）]：（用鼠标定义文字的宽度，即指定边界框的对角点或输入其他选项，AutoCAD 继续在命令行中提示，直到指定边界框的对角点为止）。

指定了边界框的第二角点后，弹出"文字编辑器"，如图 10-29 所示。

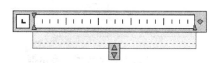

图 10-29 文字编辑器

修改完成文字样式、字体及字高后，就可以在多行文字编辑器框内输入文字。

9. "创建块（Block）"命令

（1）功能 可以将选择的单个或多个图形对象创建为一个整体单元，保存在当前图形文件内，以供当前图形文件重复使用。

（2）格式

命令：单击绘图工具栏图标

屏幕上弹出"块定义"对话框（图 10-30），操作过程如下：

① 在"名称"文本框里用字母或数字命名图块。

② 单击"拾取点"按钮，暂时关闭对话框，在组成图块的实体上拾取一插入点（通常为实体上的特殊点）。

③ 单击"选择对象"按钮，暂时关闭对话框，在绘图区内窗选组成图块的实体，对话框又重新出现。

④ 单击"确定"按钮，完成操作。

图 10-30 "块定义"对话框

10．"插入块（Insert）"命令

（1）功能　在创建块以后，使用该命令就可以将创建的图块以各种缩放比例和旋转角度等应用到当前文件中。

（2）格式

命令：单击绘图工具栏图标 ![icon]

屏幕上弹出"插入"对话框（图 10-31）。在"名称"文本框里输入图块名或作为图块

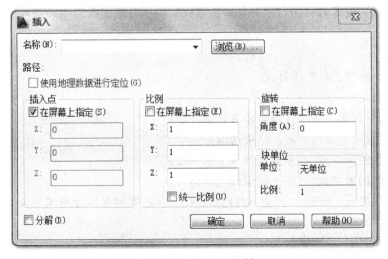

图 10-31 "插入"对话框

的文件名，设定好缩放比例和旋转角度后，单击"确定"按钮，对话框关闭，要求用户在绘图区内确定插入点。

二、常用编辑命令介绍

1. "删除（Erase）"命令

（1）功能　删除已有的对象（相当于手工画图的"橡皮"）。

（2）格式

命令：单击修改工具栏图标

命令：_erase

选择对象：（可采用任一选择对象方式选取要被删除的对象）

选择对象：（↙绘图区内被选中的对象被删除，命令结束）

按 Enter 键或鼠标右键确认删除。

2. "复制对象（Copy）"命令

（1）功能　该命令用于将选择的图形对象从一个位置复制到其他位置，执行一次命令可以相对于基点复制多次所选择的目标对象。

（2）格式

命令：单击修改工具栏图标

命令：_copy

选择对象：（可采用任一选择对象方式选取要被复制的对象）

选择对象：（可继续选取或↙结束选取）

指定基点或［位移（D）/模式（O）］＜位移＞：（在被选对象上或附近指定一点作为基点或键入位移值作为基点）

指定第二个点或［阵列（A）］＜使用第一个点作为位移＞：（指定一点确定复制对象所处位置）

指定第二个点或［阵列（A）/退出（E)/放弃（U）］＜退出＞：（继续指定一点确定复制对象所处位置或直接回车结束命令）

3. "镜像（Mirror）"命令

（1）功能　该命令用于将对象按照指定的镜像轴作对称操作，以便在对称的方向上生成一个反向的图形，镜像时可保留原对象，也可以删除原对象。此命令经常被用于创建一些对称结构的图形。

（2）格式

命令：单击修改工具栏图标

命令：_mirror

选择对象：（可采用任一选择对象方式选择要被镜像的对象）

选择对象：（可继续选取或↙结束选取）

指定镜像线的第一点：（捕捉镜像线上的一点）

指定镜像线的第二点：（捕捉镜像线上的另一点）

要删除源对象吗？［是（Y）/否（N）］＜N＞：（↙表示保留原对象或键入"Y"表示删除原对象）

4. "偏移（Offset）"命令

（1）功能　偏移是指通过指定距离或指定点在选择对象的一侧生成新的对象，该命令可以创建平行线、同心圆或等距曲线。

(2) 格式

命令：单击修改工具栏图标⛶

命令：_offset

当前设置：删除源＝否　图层＝源 OFFSETGAPTYPE＝0

指定偏移距离或［通过（T）/删除（E）/图层（L）］＜1.0000＞：（输入偏移距离↙或输入"T"指定等距偏移点）

选择要偏移的对象或［退出（E）/放弃（U）］＜退出＞：（点选要偏移的对象）

指定要偏移的那一侧上的点，或［退出（E）/多个（M）/放弃（U）］＜退出＞：（在确定偏移的一侧拾取一点）

选择要偏移的对象或［退出（E）/放弃（U）］＜退出＞：（继续选择偏移的对象或直接回车结束命令）

5. "移动（Move）"命令

(1) 功能　将对象以指定的距离和方向重新定位，而图形大小和方向不会发生改变。

(2) 格式

命令：单击修改工具栏图标✥

命令：_move

选择对象：（选取被移动对象）

选择对象：（继续选取被移动对象或直接回车结束选取）

指定基点或［位移（D）］＜位移＞：（指定一点作为基点）

指定第二个点或＜使用第一个点作为位移＞：（指定一点确定对象的新位置）

6. "旋转（Rotate）"命令

(1) 功能　将选中的图形对象绕基点（指定点）旋转指定的角度。默认设置时输入的角度为正值，选中的对象按逆时针方向旋转；输入的角度为负值，则该对象按顺时针方向旋转。

(2) 格式

命令：单击修改工具栏图标⟳

命令：_rotate

UCS 当前的正角方向：ANGDIR＝逆时针 ANGBASE＝0

选择对象：（点选旋转对象）

选择对象：（继续选取被旋转对象或直接回车结束选取）

指定基点：（指定一点作为基点，基点表示对象的旋转中心）

指定旋转角度或［复制（C）/参照（R）］＜0＞：（输入旋转的角度↙）

7. "修剪（Trim）"命令

(1) 功能　以选定对象作为剪切边界，剪去目标对象的多余部分。

(2) 格式

命令：单击修改工具栏图标✂

命令：_trim

当前设置：投影＝UCS，边＝无

选择剪切边…

选择对象或＜全部选择＞：（选取剪切边界对象）

选择对象：（继续选择边界对象或直接回车结束选取）

选择要修剪的对象，或按住 Shift 键选择要延伸的对象，或 [栏选 (F)/窗交 (C)/投影 (P)/边 (E)/删除 (R)/放弃 (U)]：（点选要修剪对象或其他选项）

选择要修剪的对象，或按住 Shift 键选择要延伸的对象，或 [栏选 (F)/窗交 (C)/投影 (P)/边 (E)/删除 (R)/放弃 (U)]：（↙结束命令）

8. "延伸（Extend）"命令

(1) 功能　以选定对象为边界，使目标对象延伸到指定边界。

(2) 格式

命令：单击修改工具栏图标─/

命令：_extend

当前设置：投影＝UCS，边＝无

选择边界的边...

选择对象或＜全部选择＞：（选取延伸边界对象）

选择对象：（继续选择边界对象或直接回车结束选取）

选择要延伸的对象，或按住 Shift 键选择要修剪的对象，或 [栏选 (F)/窗交 (C)/投影 (P)/边 (E)/放弃 (U)]：（点选要延伸对象或其他选项）

选择要延伸的对象，或按住 Shift 键选择要修剪的对象，或 [栏选 (F)/窗交 (C)/投影 (P)/边 (E)/放弃 (U)]：（↙结束命令）

说明："延伸"命令与"修剪"命令类似，但不同的是"修剪"命令会将对象修剪到剪切边，而"延伸"命令则相反，它会延伸对象至边界。当没有延伸边界时，可以作辅助边界线，完成后再把辅助线删除。

9. "打断（Break）"命令

(1) 功能　将直线、圆弧、多段线和多边形等对象的一部分删去或断开。断开部分由第一断点和第二断点的位置来控制。

(2) 格式

命令：单击修改工具栏图标

命令：_break 选择对象：（在被选对象上拾取一点，同时该点作为第一断点）

指定第二个打断点或 [第一点 (F)]：（拾取一点作为第二断点或键入"F"回车重新确定第一断点）

10. "倒角（Chamfer）"命令

(1) 功能　在两条不平行的直线间建立倒角。

(2) 格式

命令：单击修改工具栏图标

命令：_chamfer

（"修剪"模式）当前倒角距离 1＝0.0000，距离 2＝0.0000

选择第一条直线或 [放弃 (U)/多段线 (P)/距离 (D)/角度 (A)/修剪 (T)/方式 (E)/多个 (M)]：d↙（修改倒角距离）（或输入其他选项）

指定第一个倒角距离＜0.0000＞：（输入第一倒角距离如 3）

指定第二个倒角距离＜3.0000＞：（输入第二倒角距离）

选择第一条直线或 [放弃 (U)/多段线 (P)/距离 (D)/角度 (A)/修剪 (T)/方式

(E)/多个（M）]：（点选第一条直线）（或输入其他选项）

选择第二条直线，或按住 Shift 键选择直线以应用角点或 ［距离（D）/角度（A）/方法（M）]：（点选第二条直线结束命令）

说明：要进行倒角的两个对象无论是否相交，都不能平行。无论倒角两边的距离是否一致，两个倒角距离都不能为负值，若将距离设为零，倒角的结果就是两条图线被修剪或延长，直至相交于一点。

11. "圆角（Fillet）"命令

（1）功能　用确定半径的圆弧光滑连接两直线、弧或圆。

（2）格式

命令：单击修改工具栏图标

命令：_fillet

当前设置：模式＝修剪，半径＝0.0000

选择第一个对象或 ［放弃（U）/多段线（P）/半径（R）/修剪（T）/多个（M）]：R↙（修改圆角半径）（或输入其他选项）。

指定圆角半径＜0.0000＞：（输入圆角半径值↙）

选择第一个对象或 ［放弃（U）/多段线（P）/半径（R）/修剪（T）/多个（M）]：（选取第一个对象）

选择第二个对象，或按住 Shift 键选择对象以应用角点或 ［半径（R）]：（选取第二个对象结束命令）

12. "阵列（Array）"命令

（1）功能　就是对选定的图形作有规律的多重复制。AutoCAD 2014 为阵列提供了三种方式，分别是"矩形"、"路径"和"环形"阵列。

（2）格式

① 矩形阵列：按指定的行数、列数和行间距、列间距进行矩形阵列复制。

以图 10-32 为例，将长为 30、宽为 20 的长方形阵列 3 行 4 列，使其行间距为 40，列间距为 50。作图步骤如下：

命令：单击修改工具栏图标

选择对象：找到 1 个 ［选择图 10-32（a）为阵列对象］；

选择对象：↙

类型＝矩形关联＝是

选择夹点以编辑阵列或 ［关联（AS）/基点（B）/计数（COU）/间距（S）/列数（COL）/行数（R）/层数（L）/退出（X）] ＜退出＞：s（输入 s 切换到矩形阵列间距的设置）；

指定列之间的距离或 ［单位单元（U）] ＜45＞：50

指定行之间的距离 ＜30＞：40

选择夹点以编辑阵列或 ［关联（AS）/基点（B）/计数（COU）/间距（S）/列数（COL）/行数（R）/层数（L）/退出（X）] ＜退出＞：↙

② 路径阵列：是沿路径或部分路径均匀分布对象来创建阵列。

命令：单击修改工具栏图标

选择对象：（选择阵列对象）

选择对象：（继续选择阵列对象或直接回车结束选取）

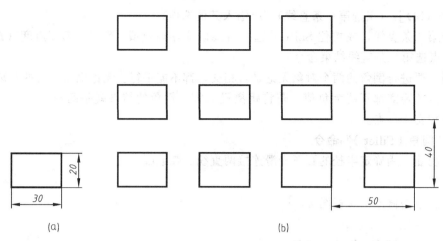

(a)   (b)

图 10-32 "矩形阵列"实例

类型＝路径 关联＝是

选择路径曲线：（指定用于阵列路径的对象，如：直线、多段线、圆、圆弧等）

选择夹点以编辑阵列或［关联（AS）/方法（M）/基点（B）/切向（T）/项目（I）/行（R）/层（L）/对齐项目（A）/Z 方向（Z）/退出（X）］＜退出＞：（选择对应的操作方式或直接回车结束命令）

③ 环形阵列：通过指定的角度，围绕指定的圆心复制所选定对象来创建阵列的方式。

如图 10-33 所示，要将图（a）变成图（b），操作步骤如下：

命令：单击修改工具栏图标

选择对象：找到 1 个［说明：图（a）中的小圆为环形阵列对象］；

选择对象：↙

类型＝极轴 关联＝是

指定阵列的中心点或［基点（B）/旋转轴（A）］：（捕捉大圆圆心作为阵列的中心点）

选择夹点以编辑阵列或［关联（AS）/基点（B）/项目（I）/项目间角度（A）/填充角度（F）/行（ROW）/层（L）/旋转项目（ROT）/退出（X）］＜退出＞：i

输入阵列中的项目数或［表达式（E）］＜6＞：8

选择夹点以编辑阵列或［关联（AS）/基点（B）/项目（I）/项目间角度（A）/填充角度（F）/行（ROW）/层（L）/旋转项目（ROT）/退出（X）］＜退出＞：↙

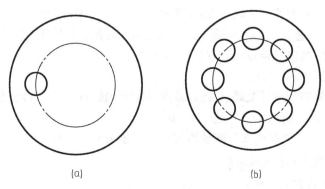

(a)   (b)

图 10-33 "环形阵列"实例

第三节　平面图形绘制及尺寸标注

AutoCAD 可以方便地绘制平面图形，同传统的手工绘图相比，AutoCAD2014 绘图方便快捷、精度高。下面通过实例，介绍平面图形绘制的方法。

[**实例一**]　绘制图 10-34 所示的图形

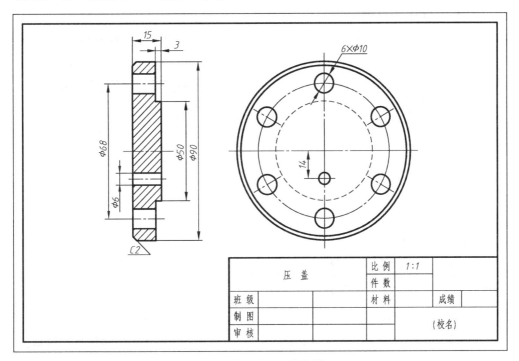

图 10-34　平面图形实例

一、绘图前的准备工作

1. 设置绘图环境

(1) 打开 AutoCAD 2014，新建一张 A4（297×210）图纸。

(2) 满屏释放

命令：z↙（或"视图"→"缩放"→"全部"）

ZOOM

指定窗口的角点，输入比例因子（nX 或 nXP），或者

[全部(A)/中心(C)/动态(D)/范围(E)/上一个(P)/比例(S)/窗口(W)/对象(O)]＜实时＞：

a↙

(3) 采用"矩形"命令画图纸的边框和图框　边框的两对角点的坐标为（0，0）和（297，210）；图框的两对角点的坐标为（5，5）和（292，205）。

2. 设置图层

(1) 图层的概念　一张图由许多对象组成，而每一个对象除了几何形状不同外，颜色、线型和线宽等状态也不同。引入图层概念的目的是对图形对象颜色、线型、线宽等属性进行分类管理，把相同颜色、线型等定义在一个层中，这样在同一层上绘制的对象具有相同的颜

色、线型等属性，便于编辑管理。用户可以根据需要定义若干图层，我们可以把 AutoCAD 系统中的图层想象成若干张透明纸，在不同的纸上绘制不同的实体，然后再将这些透明纸重叠起来，就得到最后的图形。图层可以关闭、冻结和锁定，被关闭和冻结图层上的对象是不可见的；被锁定图层上的对象虽然可见，但不可编辑。设置图层可方便用户管理图形。

（2）建立图层的过程

命令：在"图层"工具栏中单击"图层特性管理器"按钮 ，屏幕上弹出"图层特性管理器"对话框，如图10-35 所示。

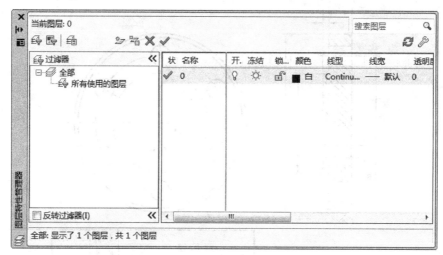

图 10-35 "图层特性管理器"对话框

① 单击"新建"按钮，出现层名为"图层1"的图层，将层名改为"中心线"。

② 设置新建层的颜色。单击该层中的"白色"，弹出"选择颜色"对话框，选取红色并确定。

③ 设置新建层的线型。单击该层中的"Continuous"，弹出"选择线型"对话框，单击"加载（L）…"按钮，弹出"加载或重载线型"对话框，（图10-36），选择需要加载的点画线线型名：CENTER，确定后回到"选择线型"对话框，选取点画线，确定后回到"图层

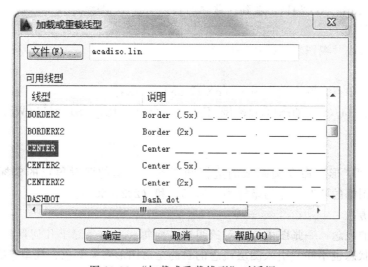

图 10-36 "加载或重载线型"对话框

特性管理器"对话框。

④ 重复上述操作过程,完成粗实线、细实线等其他图层的设置。如图 10-37 所示。

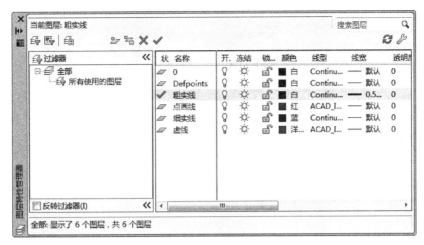

图 10-37　图层设置完成

3. 分别建立数字和汉字的文字样式

国家标准《机械工程 CAD 制图规则》中规定,汉字采用长仿宋体,输出时一般都采用正体,数字和字母一般都采用"gbenor.shx"。建立两种文字样式的操作步骤如下:

① 单击样式工具栏中的图标按钮 **A**,弹出"文字样式"对话框,如图 10-38 所示。单击"新建",弹出"新建文字样式"对话框,在样式名中输入代表数字和字母的文字样式名"西文"并确认,返回"文字样式"对话框。在"字体名"下拉列表中选取"gbenor.shx","大字体"下拉列表中选择"gbcbig.shx",其他默认,单击"应用"(见图10-39)。

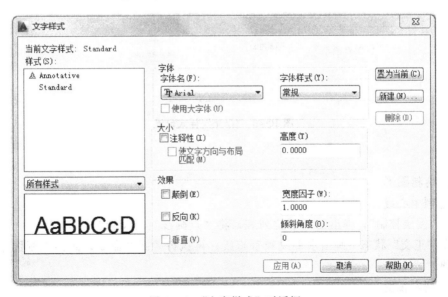

图 10-38　"文字样式"对话框

② 再次单击"新建",弹出"新建文字样式"对话框,在样式名中输入"汉字"并确认,返回"文字样式"对话框。在"字体名"下拉列表中选取"汉仪长仿宋体","高度"值仍为"0","宽度因子"设为"1","倾斜角度"值为 0,单击"应用"并"关闭"如图10-40

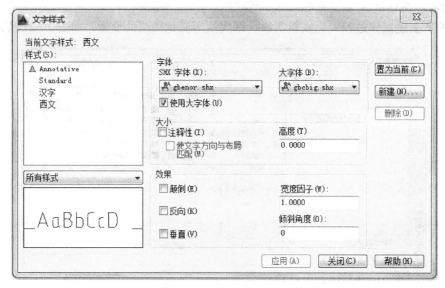

图 10-39 "西文"样式设置

图 10-40 "汉字"样式设置

所示。

二、绘制图形

1. 绘制中心线

单击"图层控制",弹出图层下拉列表,将"点画线"层设置为当前层。执行"直线"命令,在"正交"状态下画出水平线和垂直线;再执行"圆"命令,画出左视图中 $\phi 68$ 的点画线圆。

2. 绘制左视图

① 将图层下拉列表中"虚线"层设置为当前层,采用圆心(捕捉中心线的交点)、半径方式,画出左视图中 $\phi 50$ 的虚线圆。

② 将图层下拉列表中"粗实线"层设置为当前层。

③ 执行"圆"命令,采用圆心、半径方式,画出左视图中 $\phi 90$ 的大圆。

④ 执行"偏移"命令，偏移距离设定为"2"，将 φ90 向内偏移 2，得到左视图中直径为 86 的圆。绘制 φ6 的小圆。

⑤ 执行"圆"命令，采用圆心、半径方式，先画出一个 φ10 的小圆，再执行"环形阵列"命令，画出其余的五个小圆。结果如图 10-41 所示。

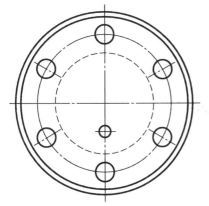

图 10-41 "阵列"后的左视图

"阵列"命令操作步骤如下：

单击修改工具栏图标

命令：_arraypolar

选择对象：找到 1 个（选取小圆）

选择对象：↙

类型＝极轴 关联＝是

指定阵列的中心点或 [基点（B）/旋转轴（A）]：（捕捉大圆圆心作为阵列的中心点）

选择夹点以编辑阵列或 [关联（AS）/基点（B）/项目（I）/项目间角度（A）/填充角度（F）/行（ROW）/层（L）/旋转项目（ROT）/退出（X）]＜退出＞：（默认项目数为 6）↙

完成阵列。

3. 绘制主视图

① 打开"正交"模式，执行"直线"命令，用"直接输入长度"法画出主视图中中心线以上的外轮廓线，操作过程如下：

命令：_line 指定第一点：（在中心线左侧捕捉"最近点"）

指定下一点或 [放弃（U）]：（向上移动光标，输入 45 ↙）

指定下一点或 [放弃（U）]：（向右移动光标，输入 12 ↙）

指定下一点或 [闭合（C）/放弃（U）]：（向下移动光标，输入 20 ↙）

指定下一点或 [闭合（C）/放弃（U）]：（向右移动光标，输入 3 ↙）

指定下一点或 [闭合（C）/放弃（U）]：（向下移动光标，输入 25 ↙或捕捉"垂足点"）

指定下一点或 [闭合（C）/放弃（U）]：（↙结束命令）。

② 绘制倒角"C2"，执行"倒角"命令。

命令：_chamfer

（"修剪"模式）当前倒角距离 1＝0.0000，距离 2＝0.0000

选择第一条直线或 [放弃（U）/多段线（P）/距离（D）/角度（A）/修剪（T）/方式（E）/多个（M）]：d

指定 第一个 倒角距离 ＜0.0000＞：2

指定 第二个 倒角距离 ＜2.0000＞：↙

选择第一条直线或 [放弃（U）/多段线（P）/距离（D）/角度（A）/修剪（T）/方式（E）/多个（M）]：（选择其中一条直线）

选择第二条直线，或按住 Shift 键选择直线以应用角点或 [距离（D）/角度（A）/方法（M）]：（选择另一条直线）

完成倒角操作。

③ 根据"高平齐"投影规律，执行"直线"命令，运用"对象捕捉追踪"功能画出主视图中 φ10 的圆孔，如图 10-42 所示。

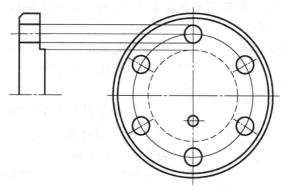

图 10-42 "镜像"前的图形

④ 执行"镜像"命令，将中心线作为镜像轴线，产生主视图的下半部分（图 10-43）。

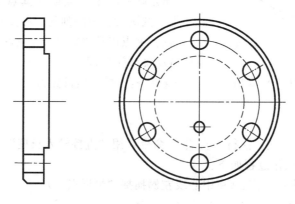

图 10-43 "镜像"后的图形

⑤ 执行"直线"命令，绘制主视图中 $\phi 6$ 的圆孔。
⑥ 将图层下拉列表中"细实线"层设置为当前层。执行"图案填充"命令，在"类型和图案"中选择"ANSI31"图案，填充剖面线。
⑦ 检查、整理，完成全图。

三、标注尺寸

AutoCAD 2014 的尺寸标注功能非常强大，可标注的类型主要包括线性、角度、半径、直径、引线、公差以及表面粗糙度等，如图 10-44 所示。

1. 设置尺寸标注样式

尺寸标注样式是指尺寸线、尺寸界线、尺寸箭头和尺寸数字（文本）等的形式、位置和大小。为使尺寸标注符合国家标准规定，在标注尺寸前，首先要设置尺寸标注样式。其操作步骤如下：

① 点击"格式"下拉菜单"标注样式"或单击"样式"工具栏中标注样式按钮，弹出"标注样式管理器"对话框（图 10-45）。单击"新建"按钮，进入"创建新标注样式"对话框，在"新样式名"一栏中输入"机械"，单击"继续"进入"新建标注样式"对话框（图 10-46）。

图 10-44 "尺寸标注"菜单

第十章　计算机辅助设计——AutoCAD 简介

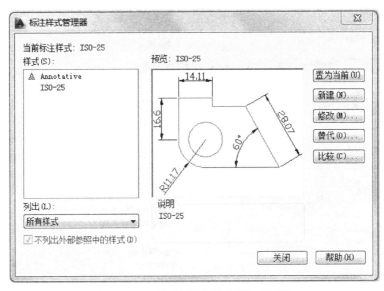

图 10-45　"标注样式管理器"对话框

② 分别进入"线"、"符号与箭头"、"文字"和"调整"选项，按图 10-46～图 10-50 中的对话框修改某些选项相应的值，完成"整体尺寸"标注样式的设置。

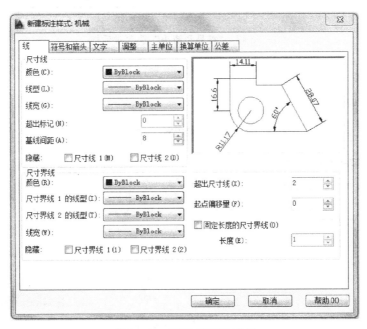

图 10-46　"线"选项对话框

③ 单击"确定"，返回"标注样式管理器"对话框，单击"新建"按钮，再次进入"创建新标注样式"对话框，在"用于"一栏列表中选取"直径标注"选项。"直径标注"子样式需打开"文字"选项，将"文字对齐"方式选为"ISO 标准"。

2. 标注尺寸

① 将图层下拉列表中"细实线"层设置为当前层。

② 线性尺寸标注。

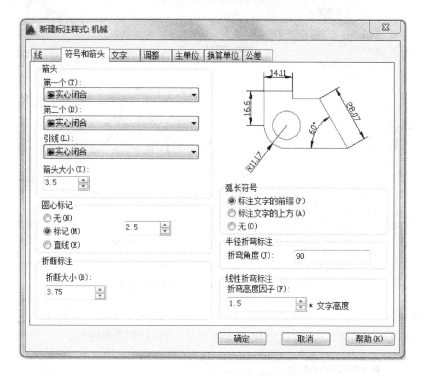

图 10-47 "符号和箭头"选项对话框

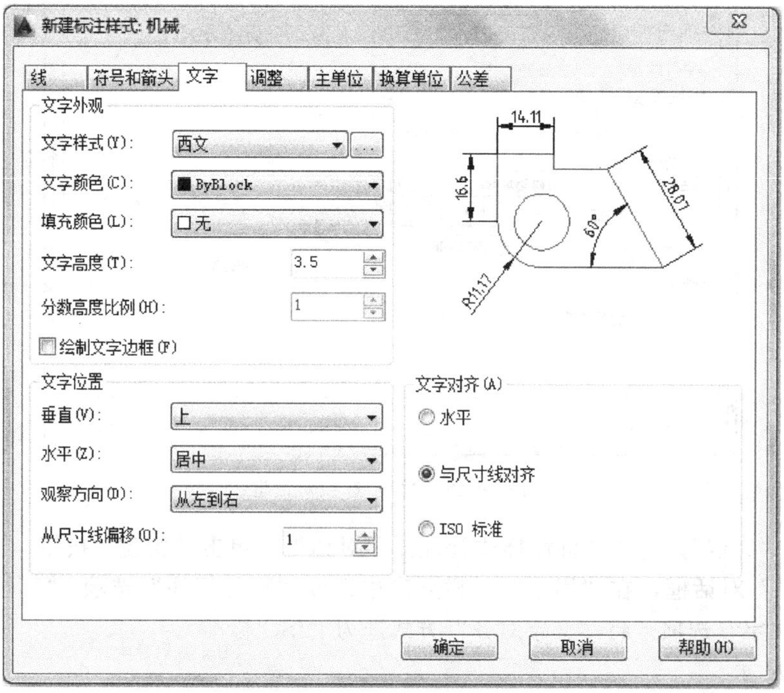

图 10-48 "文字"选项对话框

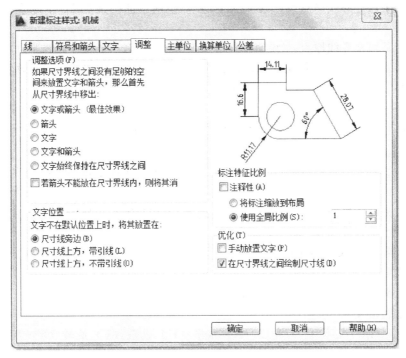

图 10-49 "调整"选项对话框

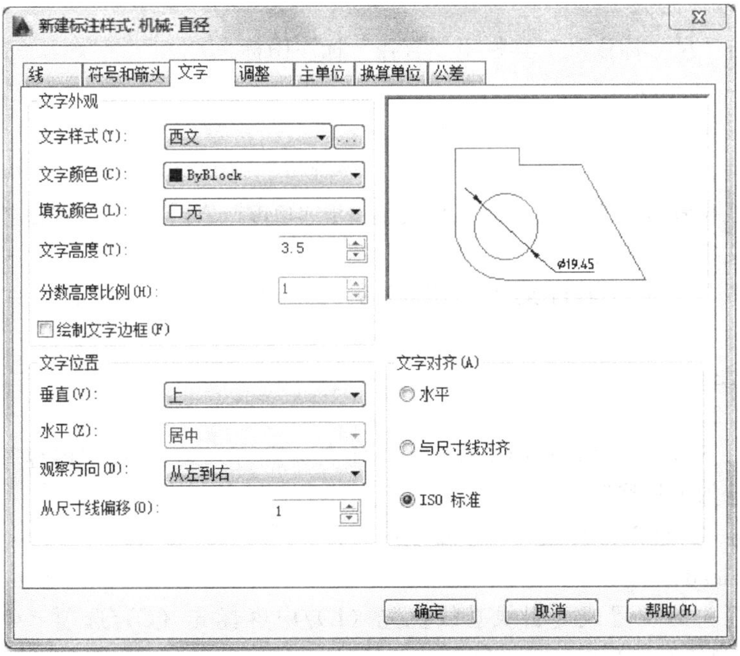

图 10-50 "直径标注"样式设置

单击"尺寸标注"工具栏中的下拉式列表按钮,调出"机械"尺寸样式。以"15"和"φ90"为例,操作过程如下:

命令:单击"尺寸标注"工具栏中"线性"标注图标┝┥

命令:_dimlinear

指定第一个尺寸界线原点或＜选择对象＞：（说明：捕捉交点 P1 作为第一条尺寸界线原点）

指定第二条尺寸界线原点：（说明：捕捉交点 P2 作为第二个尺寸界线原点）

指定尺寸线位置或［多行文字（M）/文字（T）/角度（A）/水平（H）/垂直（V）/旋转（R）］：（说明：直接指定尺寸线位置，则按自动测量数据标注尺寸）。

标注文字 =15

命令：单击"尺寸标注"工具栏中"线性"标注图标┣┫。

命令：_ dimlinear

指定第一个尺寸界线原点或＜选择对象＞：（说明：捕捉交点 P3 作为第一条尺寸界线原点）

指定第二条尺寸界线原点：（说明：捕捉交点 P4 作为第二个尺寸界线原点）

指定尺寸线位置或

［多行文字（M）/文字（T）/角度（A）/水平（H）/垂直（V）/旋转（R）］：t↙（或 m，修改数字样式）

输入标注文字 ＜90＞：％％c90（说明：％％c 表示 φ）

指定尺寸线位置或

［多行文字（M）/文字（T）/角度（A）/水平（H）/垂直（V）/旋转（R）］：

标注文字=90

重复"线性"标注，完成尺寸"3"、"φ50"、"φ68"、"φ6"和"14"的尺寸标注。

③ 直径尺寸标注。

命令：单击"尺寸标注"工具栏中"直径"标注图标◯。

命令：_ dimdiameter

选择圆弧或圆：

标注文字=10

指定尺寸线位置或［多行文字（M）/文字（T）/角度（A）］：t↙（修改数字样式）

输入标注文字 ＜10＞：6×％％c10

指定尺寸线位置或［多行文字（M）/文字（T）/角度（A）］：（指定一点作为尺寸线位置）

④ 引线标注。

标注倒角 C2。

在"格式"下拉菜单"多重引线样式"中将箭头设为"无"，将"内容"中引线连接位置设为"第一行加下划线"。

命令：单击"标注"下拉菜单"多重引线"。

命令：_ mleader

指定引线箭头的位置或［引线基线优先（L）/内容优先（C）/选项（O）］＜选项＞：（说明：捕捉适当位置点）

指定引线基线的位置：（说明：确定引线放置位置）

尺寸标注结果如图 10-51 所示。

四、绘制标题栏并填写文字

1. 绘制标题栏

根据工程制图中简化标题栏的要求，采用"直线"、"偏移"和"修剪"等命令完成标题

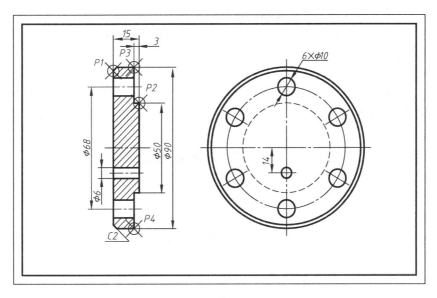

图 10-51　尺寸标注实例图

栏的绘制。

2. 填写文字

在命令提示下单击下拉菜单【绘图】→【文字】→【单行文字】，按标题栏中的内容输入文字。

五、存盘

单击标准工具条上的存盘图标，在保存文件框的文件名编辑框中输入保存的文件名，单击保存，关闭对话框。

［实例二］　绘制如图所示的管道及仪表流程图

1. 打开 AutoCAD 2014，新建一张 A1（841×594）图纸，横放。

2. 建立图层

图 10-52　仪表流程图的线型及颜色

根据管道及仪表流程图的线型要求：设备示意图采用细实线绘制；主要物料管道用粗实线绘制；辅助工艺物料管道用中粗线绘制。不同工艺物料管道配以不同的颜色（图 10-52）。

3. 绘制图形

(1) 绘制设备。

将"设备"层设为当前层，采用"直线"、"圆"、"圆弧"、"椭圆"等绘图命令和"删除"、"复制"、"修剪"等修改命令，用细实线根据流程由左向右依次画出各种设备示意图。

注意：各设备示意图间应留有一定间隙，以便画出管道流程线。

(2) 将"文字及标注"层设为当前层，设置文本样式，用"单行文字"命令在设备下方注写设备的位号和名称。

(3) 绘制主要物料的流程线。

将"主物料管线"层设为当前层，打开"正交"模式，采用"直线"命令，画出主要物料的流程线。

(4) 绘制辅助物料的流程线。

将"辅助物料管线"层设为当前层，打开"正交"模式，采用"直线"命令，画出辅助物料的流程线。

(5) 绘制箭头。

将"箭头"层设为当前层。

① 用多段线命令绘制箭头，操作如下：

命令：_pline

指定起点：

当前线宽为 0.0000

指定下一个点或 [圆弧 (A)/半宽 (H)/长度 (L)/放弃 (U)/宽度 (W)]：w

指定起点宽度 <0.0000>：0

指定端点宽度 <0.0000>：3（可根据需要设定端点宽度）

指定下一个点或 [圆弧 (A)/半宽 (H)/长度 (L)/放弃 (U)/宽度 (W)]：8（可根据需要设定箭头长度）

指定下一点或 [圆弧 (A)/闭合 (C)/半宽 (H)/长度 (L)/放弃 (U)/宽度 (W)]：w

指定起点宽度 <3.0000>：0

指定端点宽度 <0.0000>：0

指定下一点或 [圆弧 (A)/闭合 (C)/半宽 (H)/长度 (L)/放弃 (U)/宽度 (W)]：10（可根据需要设定）

指定下一点或 [圆弧 (A)/闭合 (C)/半宽 (H)/长度 (L)/放弃 (U)/宽度 (W)]：↙

② 用"创建块"命令，将箭头做成块，取名为"K1"，将直线的端点作为块的基点。

③ 用"插入块"命令，利用捕捉"最近点"的方法将箭头插入到流程线上。

(6) 绘制图例。

① 将"仪表、阀门、控制点"层设为当前层，用"直线"、"圆"、"单行文本"等命令画出仪表、阀门和控制点的图例。

② 用"复制"命令或"创建块"和"插入块"命令将图例复制或插入到流程线上。

(7) 管线标注。

将"文字及标注"层设为当前层,用"单行文本"命令在流程线上进行管线标注。

(8) 绘制标题栏。

(9) 存盘。

(10) 结果见图 9-4。

附 录

一、螺纹

附表 1　普通螺纹直径与螺距系列（摘自 GB/T 196—2003）　　单位：mm

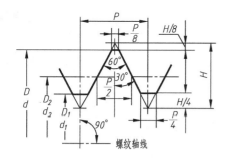

$H = 0.866P$
$d_2 = d - 0.6495P$
$d_1 = d - 1.0825P$
$D、d$ 为内、外螺纹大径
$D_2、d_2$ 为内、外螺纹中径
$D_1、d_1$ 为内、外螺纹小径
P 为螺距

标记示例：

公称直径 20 的粗牙右旋内螺纹，大径和中径的公差带均为 6H 的标记：
M20—6H

同规格的外螺纹，公差带为 6g 的标记：
M20—6g

上述规格的螺纹副的标记：
M20—6H/6g

公称直径 20、螺距 2 的细牙左旋外螺纹，中径大径的公差带分别为 5g、6g，短旋合长度的标记：
M20×2 左—5g6g—S

| 公称直径 | | 螺距 P | 中径 $D_2、d_2$ | 小径 $D_1、d_1$ | 公称直径 | | 螺距 P | 中径 $D_2、d_2$ | 小径 $D_1、d_1$ | 公称直径 | | 螺距 P | 中径 $D_2、d_2$ | 小径 $D_1、d_1$ |
第一系列	第二系列				第一系列	第二系列				第一系列	第二系列			
3		0.5	2.675	2.459	7		1	6.350	5.917	12		1	11.350	10.917
		0.35	2.773	2.621			0.75	6.513	6.188			2	12.701	11.835
	3.5	(0.6)	3.110	2.850	8		1.25	7.188	6.647		14	1.5	13.026	12.376
		0.35	3.273	3.121			1	7.350	6.917			1	13.350	12.917
4		0.7	3.545	3.242			0.75	7.513	7.188			2	14.701	13.835
		0.5	3.675	3.459			1.5	9.026	8.376	16		1.5	15.026	14.376
	4.5	0.75	4.013	3.688			1.25	9.188	8.647			1	15.350	14.917
		0.5	4.175	3.959	10		1	9.350	8.917			2.5	16.376	15.294
5		0.8	4.48	4.134			0.75	9.513	9.188		18	2	16.701	15.835
		0.5	4.675	4.459			1.75	10.863	10.106			1.5	17.030	16.376
6		1	5.350	4.917	12		1.5	11.026	10.376			1	17.350	16.917
		(0.75)	5.513	5.188			1.25	11.188	10.674	20		2.5	18.376	17.294

续表

公称直径 第一系列	公称直径 第二系列	螺距 P	中径 D_2、d_2	小径 D_1、d_1	公称直径 第一系列	公称直径 第二系列	螺距 P	中径 D_2、d_2	小径 D_1、d_1	公称直径 第一系列	公称直径 第二系列	螺距 P	中径 D_2、d_2	小径 D_1、d_1
20		2	18.701	17.835			(3)	31.051	29.752			(4)	45.402	43.670
20		1.5	19.026	18.376	33		2	31.701	30.835	48		3	46.051	44.752
20		1	19.350	18.917			1.5	32.026	31.376			2	46.701	45.835
	22	2.5	20.376	19.294			4	33.402	31.670			1.5	47.026	46.376
	22	2	20.701	19.835		36	3	34.051	32.752			5	48.752	46.587
	22	1.5	21.026	20.376		36	2	34.701	33.835			(4)	49.402	47.670
	22	1	21.350	20.917			1.5	35.026	34.376		52	3	50.051	48.752
24		3	22.051	20.752			4	36.402	34.670			2	50.701	49.835
24		2	22.701	21.835			3	37.051	35.752			1.5	51.026	50.376
24		1.5	23.026	22.376		39	2	37.701	36.835			5.5	52.428	50.046
24		1	23.350	22.917			1.5	38.026	37.376			4	53.402	51.670
	27	3	25.051	23.752			4.5	39.077	37.129	56		3	54.051	54.752
	27	2	25.701	24.835			3	40.051	38.752			2	54.701	53.835
	27	1.5	26.026	25.376	42		2	40.701	39.835			1.5	55.026	54.376
	27	1	26.350	25.917			1.5	41.026	40.376			5.5	56.428	54.046
30		3.5	27.727	26.211			4.5	42.077	40.129			4	57.402	55.67
30		(3)	28.051	26.752			(4)	42.402	40.670	60		3	58.051	56.752
30		2	28.701	27.835		45	3	43.051	41.752			2	58.701	57.835
30		1.5	29.026	28.376			2	43.701	42.835			1.5	59.026	58.376
30		1	29.350	28.917			1.5	44.026	43.376			6	60.103	57.505
	33	3.5	30.727	29.211	48		5	44.752	42.587	64		4	61.402	59.670

注：1. "螺距 P" 栏中第一个数值为粗牙螺纹，其余为细牙螺纹。
2. 优先选用第一系列，其次选用第二系列。
3. 括号内尺寸尽可能不用。

附表 2 梯形螺纹 (GB/T 5796.3—2005)

单位：mm

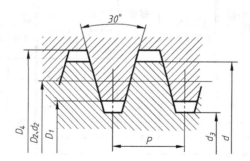

标记示例：

Tr36×6—6H—L

(单线梯形内螺纹、公称直径 $d=36$、螺距 $P=6$、右旋、中径公差带代号为 6H、长旋合长度)

Tr40×14(P7)LH—7e

(双线梯形外螺纹、公称直径 $d=40$、导程 $S=14$、螺距 $P=7$、左旋、中径公差带为 7e、中等旋合长度)

mm

d 公称直径		螺距 P	中径 $D_2=d_2$	大径 D_4	小径		d 公称直径		螺距 P	中径 $D_2=d_2$	大径 D_4	小径	
第一系列	第二系列				d_3	D_1	第一系列	第二系列				d_3	D_1
8		1.5	7.25	8.30	6.20	6.50	32		6	29.00	33.00	25.00	26.00
	9	2	8	9.50	6.50	7.00		34		31.00	35.00	27.00	28.00
10			9.00	10.50	7.50	8.00	36		7	33.00	37.00	29.00	30.00
	11	3	10.00	11.50	8.50	9.00		38		34.50	39.00	30.00	31.00
12			10.50	12.50	8.50	9.00	40			36.50	41.00	32.00	33.00
	14		12.50	14.50	10.50	11.00		42		38.50	43.00	34.00	35.00
16		4	14.00	16.50	11.50	12.00	44		8	40.50	45.00	36.00	37.00
	18		16.00	18.50	13.50	14.00	46			42.00	47.00	37.00	38.00
20			18.00	20.50	15.50	16.00	48			44.00	49.00	39.00	40.00
	22	5	19.50	22.50	16.50	17.00		50		46.00	51.00	41.00	42.00
24			21.50	24.50	18.50	19.00	52		9	48.00	53.00	43.00	44.00
	26		23.50	26.50	20.50	21.00		55		50.50	56.00	45.00	46.00
28		6	25.50	28.50	22.50	23.00	60		10	55.50	61.00	50.00	51.00
	30		27.00	31.00	23.00	24.00		65		60.00	66.00	54.00	55.00

注：1. 优先选用第一系列的直径。

2. 表中所列的直径与螺距系优先选择的螺距及与之对应的直径。

附表 3 管螺纹

用螺纹密封的管螺纹(摘自 GB/T 7306—87)　　非螺纹密封的管螺纹(摘自 GB/T 7307—87)

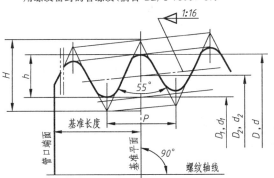
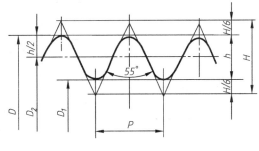

标记示例：
R½(尺寸代号 1/2,右旋圆锥外螺纹)
Rc½-LH(尺寸代号 1/2,左旋圆锥内螺纹)
Rp½(尺寸代号 1/2,右旋圆柱内螺纹)

标记示例：
G½-LH(尺寸代号 1/2,左旋内螺纹)
G½A(尺寸代号 1/2,A 级右旋外螺纹)

尺寸代号	基面上的直径(GB/T 7306) 基本直径(GB/T 7307)			螺距 P /mm	牙高 h /mm	圆弧半径 r /mm	每 25.4mm 内的牙数 n	有效螺纹长度 (GB/T 7306) /mm	基准的基本长度 (GB/T 7306) /mm
	大径 $d=D$ /mm	中径 $d_2=D_2$ /mm	小径 $d_1=D_1$ /mm						
1/16	7.723	7.142	6.561	0.907	0.581	0.125	28	6.5	4.0
1/8	9.728	9.147	8.566						
1/4	13.157	12.301	11.445	1.337	0.856	0.184	19	9.7	6.0
3/8	16.662	15.806	14.950					10.1	6.4
1/2	20.955	19.793	18.631	1.814	1.162	0.249	14	13.2	8.2
3/4	26.441	25.279	24.117					14.5	9.5
1	33.249	31.770	30.291					16.8	10.4
1¼	41.910	40.431	28.952					19.1	12.7
1½	47.803	46.324	44.845						
2	59.614	58.135	56.656					23.4	15.9
2½	75.184	73.705	72.226	2.309	1.479	0.317	11	26.7	17.5
3	87.884	86.405	84.926					29.8	20.6
4	113.030	111.551	110.072					35.8	25.4
5	138.430	136.951	135.472					40.1	28.6
6	163.830	162.351	160.872						

附表4 常用的螺纹公差带

螺纹种类	精度	外螺纹			内螺纹		
		S	N	L	S	N	L
普通螺纹 (GB 197—81)	中等	(5g6g) (5h6h)	*6g, *6e *6h, *6f	7g6g (7h6h)	*5H (5G)	*6H (6G)	*7H (7G)
	粗糙	—	8g,(8h)	—	—	7H,(7G)	—
梯形螺纹 (GB 5796.4—86)	中等		7h,7e	8e	—	7H	8H
	粗糙		8e,8c	8c		8H	9H
锯齿形螺纹 (GB 13576.4—92)	中等		7c	8c		7A	8A
	粗糙		8c	9c		8A	9A

注：1. 大量生产的精制紧固件螺纹，推荐采用带方框的公差带。
2. 带"*"的公差带优先选用，括号内的公差带尽可能不用。
3. 两种精度选用原则：中等——一般用途；粗糙——对精度要求不高时采用。

二、常用标准件

附表5 六角头螺栓 A和B级（摘自 GB/T 5782—2016）
六角头螺栓 全螺纹 A和B级（摘自 GB/T 5783—2000）
单位：mm

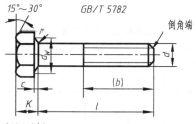
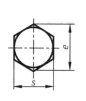
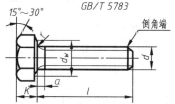

标记示例：
螺纹规格 d = M12、公称长度 l = 80、性能等级为 8.8 级、表面氧化、A 级的六角头螺栓的标记为：
螺栓 GB/T 5782—2016 M12×80

标记示例：
螺纹规格 d = M12、公称长度 l = 80、性能等级为 8.8 级、表面氧化、全螺纹、A 级的六角头螺栓的标记为：
螺栓 GB/T 5783—2000 M12×80

螺纹规格 d			M3	M4	M5	M6	M8	M10	M12	(M14)	M16	(M18)	M20	(M22)	M24	(M27)	M30	M36
b 参考	l≤125		12	14	16	18	22	26	30	34	38	42	46	50	54	60	66	78
	125<l≤200		—	—	—	—	28	32	36	40	44	48	52	56	60	66	72	84
	l>200		—	—	—	—	—	—	53	57	61	65	69	73	79	85	97
a	max		1.5	2.1	2.4	3	3.75	4.5	5.25	6	6	7.5	7.5	7.5	9	9	10.5	12
c	max		0.4	0.4	0.5	0.5	0.6	0.6	0.6	0.6	0.8	0.8	0.8	0.8	0.8	0.8	0.8	0.8
	min		0.15	0.15	0.15	0.15	0.15	0.15	0.15	0.15	0.2	0.2	0.2	0.2	0.2	0.2	0.2	0.2
d_w	min	A	4.6	5.9	6.9	8.9	11.6	14.6	16.6	19.6	22.5	25.3	28.2	31.7	33.6	—	—	—
		B	—	—	6.7	8.7	11.4	14.4	16.4	19.2	22	24.8	27.7	31.4	33.2	38	42.7	51.1
e	min	A	6.07	7.66	8.79	11.05	14.38	17.77	20.03	23.35	26.75	30.14	33.53	37.72	39.98	—	—	—
		B	—	—	8.63	10.89	14.20	17.59	19.85	22.78	26.17	29.56	32.95	37.29	39.55	45.2	50.85	60.79
K	公称		2	2.8	3.5	4	5.3	6.4	7.5	8.8	10	11.5	12.5	14	15	17	18.7	22.5
r	min		0.1	0.2	0.2	0.25	0.4	0.4	0.6	0.6	0.6	0.6	0.8	1	0.8	1	1	1
s	公称		5.5	7	8	10	13	16	18	21	24	27	30	34	36	41	46	55
l 范围			20~30	25~40	25~50	30~60	35~80	40~100	45~120	60~140	55~160	60~180	65~200	70~220	80~240	90~260	90~300	110~360
l 范围（全螺线）			6~30	8~40	10~50	12~60	16~80	20~100	25~120	30~140	35~150	35~180	40~150	45~200	55~200	40~100		
l 系列			6,8,10,12,16,20~70(5 进位),80~160(10 进位),180~360(20 进位)																
技术条件			材料		力学性能等级		螺纹公差		公差产品等级							表面处理		
			钢		8.8		6g		A 级用于 d≤24 和 l≤10d 或 l≤150 B 级用于 d>24 和 l>10d 或 l>150							氧化或镀锌钝化		

注：1. A, B 为产品等级，A 级最精确，C 级最不精确。C 级产品详见 GB/T 5780—2000、GB/T 5781—2000。
2. l 系列中，M14 中的 55、56，M18 和 M20 中的 65，全螺纹中的 55、65 等规格尽量不采用。
3. 括号内为第二系列螺纹直径规格，尽量不采用。

附表6 双头螺柱（摘自 GB/T 897~900—88）　　　　单位：mm

双头螺柱——$b_m=1d$（摘自 GB/T 897—88）
双头螺柱——$b_m=1.25d$（摘自 GB/T 898—88）
双头螺柱——$b_m=1.5d$（摘自 GB/T 899—88）
双头螺柱——$b_m=2d$（摘自 GB/T 900—88）

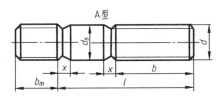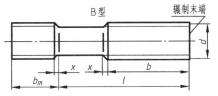

标记示例：
两端均为粗牙普通螺纹，$d=10\text{mm}$，$l=50\text{mm}$，性能等级为4.8级，B型，$b_m=1d$，记为：
　　　　螺柱　GB/T 897—88　M10×50
旋入端为粗牙普通螺纹，紧固端为 $P=1\text{mm}$ 的细牙普通螺纹，$d=10\text{mm}$，$l=50\text{mm}$，性能等级为4.8级，A型，$b_m=1d$，
记为：螺柱　GB/T 897—88　AM10—M10×1×50

螺纹规格 d	b_m（旋入端长度）				d_s	x	l/b（螺柱长度/紧固端长度）
	GB/T 897	GB/T 898	GB/T 899	GB/T 900			
M4			6	8	4	1.5P	16~22/8　25~40/14
M5	5	6	8	10	5	1.5P	16~22/10　25~50/16
M6	6	8	10	12	6	1.5P	20~22/10　25~30/14　32~75/18
M8	8	10	12	16	8	1.5P	20~22/12　25~30/16　32~90/22
M10	10	12	15	20	10	1.5P	25~28/14　30~38/16　40~120/26　130/32
M12	12	15	18	24	12	1.5P	25~30/16　32~40/20　45~120/30　130~180/36
M16	16	20	24	32	16	1.5P	30~38/20　40~55/30　60~120/38　130~200/44
M20	20	25	30	40	20	1.5P	35~40/25　45~65/35　70~120/46　130~200/52
M24	24	30	36	48	24	1.5P	45~50/30　55~75/45　80~120/54　130~200/60
M30	30	38	45	60	30	1.5P	60~65/40　70~90/50　95~120/66　130~200/72　210~250/85
M36	36	45	54	72	36	1.5P	65~75/45　80~110/60　120/78　130~200/84　210~300/97
M42	42	52	65	84	42	1.5P	70~80/50　85~110/70　120/90　130~200/96　210~300/109
M48	48	60	72	96	48	1.5P	80~90/60　95~110/80　120/102　130~200/108　210~300/121
l 系列	12,(14),16,(18),20,(22),25,(28),30,(32),35,(38),40,45,50,(55),60,(65),70,(75),80,(85),90,(95),100,110~260(10进位),280,300						

注：1. 括号内的规格尽可能不用。
2. P 为螺距。
3. $b_m=1d$，一般用于钢对钢；$b_m=1.25d$，$b_m=1.5d$，一般用于钢对铸铁；$b_m=2d$，一般用于钢对铝合金。

附表7　六角螺母　　　　单位：mm

六角螺母——C级　　　1型六角螺母——A和B级　　　六角薄螺母——A和B级
（GB/T 41—2000）　　　（GB/T 6170—2015）　　　　（GB/T 6172.1—2016）

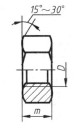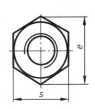

标记示例：
螺纹规格 $D=\text{M12}$、C级六角螺母　　记为：螺母　GB/T 41—2000　M12
螺纹规格 $D=\text{M12}$、A级1型六角螺母　记为：螺母　GB/T 6170.1—2015　M12
螺纹规格 $D=\text{M12}$、A级六角薄螺母　记为：螺母　GB/T 6172.1—2016　M12

螺纹规格D		M3	M4	M5	M6	M8	M10	M12	M16	M20	M24	M30	M36	M42
e_{min}	GB/T 41			8.63	10.89	14.20	17.59	19.85	26.17	32.95	39.55	50.85	60.79	72.02
	GB/T 6170	6.01	7.66	8.79	11.05	14.38	17.77	20.03	26.75	32.95	39.55	50.85	60.79	72.02
	GB/T 6172	6.01	7.66	8.79	11.05	14.38	17.77	20.03	26.75	32.95	39.55	50.85	60.79	72.02
s_{max}	GB/T 41			8	10	13	16	18	24	30	36	46	55	65
	GB/T 6170	5.5	7	8	10	13	16	18	24	30	36	46	55	65
	GB/T 6172	5.5	7	8	10	13	16	18	24	30	36	46	55	65
m_{max}	GB/T 41			5.6	6.4	7.9	9.5	12.2	15.9	18.7	22.3	26.4	31.95	34.9
	GB/T 6170	2.4	3.2	4.7	5.2	6.8	8.4	10.8	14.8	18	21.5	25.6	31	34
	GB/T 6172	1.8	2.2	2.7	3.2	4	5	6	8	10	12	15	18	21

注：A级用于$D \leqslant 16mm$；B级用于$D > 16mm$。

附表8 垫圈　　　　　　　　　　　　　　　　　　　单位：mm

小垫圈——A级（GB/T 848—2002）
平垫圈——A级（GB/T 97.1—2002）
平垫圈 倒角型——A级（GB/T 97.2—2002）

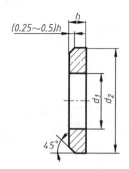 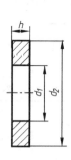

标记示例：
标准系列、公称规格为8mm、由钢制造的硬度等级为200HV级、不经表面处理的平垫圈
记为：垫圈　GB/T 97.1—2002　8

公称规格 （螺纹大径d）	内径d_1		外径d_2		厚度h		
	公称(min)	max	公称(max)	min	公称	max	min
1.6	1.7	1.84	4	3.7	0.3	0.35	0.25
2	2.2	2.34	5	4.7	0.3	0.35	0.25
2.5	2.7	2.84	6	5.7	0.5	0.55	0.45
3	3.2	3.38	7	6.64	0.5	0.55	0.45
4	4.3	4.48	9	8.64	0.8	0.9	0.7
5	5.3	5.48	10	9.64	1	1.1	0.9
6	6.4	6.62	12	11.57	1.6	1.8	1.4
8	8.4	8.62	16	15.57	1.6	1.8	1.4
10	10.5	10.77	20	19.48	2	2.2	1.8
12	13	13.27	24	23.48	2.5	2.7	2.3
16	17	17.27	30	29.48	3	3.3	2.7
20	21	21.33	37	36.38	3	3.3	2.7
24	25	25.33	44	43.38	4	4.3	3.7
30	31	31.39	56	55.26	4	4.3	3.7
36	37	37.62	66	64.8	5	5.6	4.4
42	45	45.62	78	76.8	8	9	7
48	52	52.74	92	90.6	8	9	7
54	62	62.74	105	103.6	10	11	9
64	70	70.74	115	113.6	10	11	9

附表9 平键连接的剖面和键槽尺寸（摘自 GB/T 1095—2003）
普通平键的形式和尺寸（摘自 GB/T 1096—2003） 单位：mm

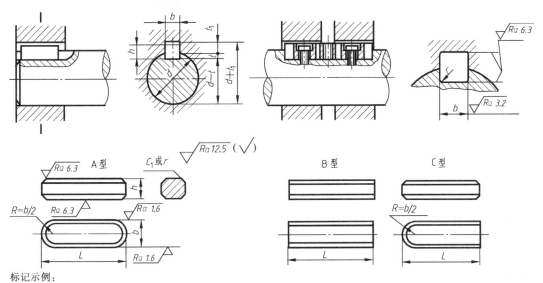

标记示例：

键 16×10×100 GB/T 1096—2003[圆头普通平键(A型)、$b=16$mm、$h=10$mm、$L=100$mm]

键 B16×10×100 GB/T 1096—2003[平头普通平键(B型)、$b=16$mm、$h=10$mm、$L=100$mm]

键 C16×10×100 GB/T 1096—2003[单圆头普通平键(C型)、$b=16$mm、$h=10$mm、$L=100$mm]

轴	键	键槽										
公称直径 d	公称尺寸 $b\times h$	宽度						深度				半径 r	
		公称尺寸 b	极限偏差					轴 t		毂 t_1			
			较松键连接		一般键连接		较紧键连接	公称尺寸	极限偏差	公称尺寸	极限偏差	最小	最大
			轴 H9	毂 D10	轴 N9	毂 Js9	轴和毂 P9						
自 6～8	2×2	2	+0.025 0	+0.060 +0.020	−0.004 −0.029	±0.0125	−0.006 −0.031	1.2	+0.1 0	1.0	+0.1 0	0.08	0.16
>8～10	3×3	3						1.8		1.4			
>10～12	4×4	4	+0.030 0	+0.078 +0.030	0 −0.030	±0.015	−0.012 −0.042	2.5		1.8			
>12～17	5×5	5						3.0		2.3		0.16	0.25
>17～22	6×6	6						3.5		2.8			
>22～30	8×7	8	+0.036 0	+0.098 +0.040	0 −0.036	±0.018	−0.015 −0.051	4.0		3.3			
>30～38	10×8	10						5.0		3.3			
>38～44	12×8	12	+0.043 0	+0.120 +0.050	0 −0.043	±0.0215	−0.018 −0.061	5.0		3.3		0.25	0.40
>44～50	14×9	14						5.5		3.8			
>50～58	16×10	16						6.0	+0.2 0	4.3	+0.2 0		
>58～65	18×11	18						7.0		4.4			
>65～75	20×12	20	+0.052 0	+0.149 +0.065	0 −0.052	±0.026	−0.022 −0.074	7.5		4.9			
>75～85	22×14	22						9.0		5.4		0.40	0.60
>85～95	25×14	25						9.0		5.4			
>95～110	28×16	28						10.0		6.4			

键的长度系列	6,8,10,12,14,16,18,20,22,25,28,32,36,40,45,50,56,63,70,80,90,100,110,125,140,160,180,200,220,250,280,320,360

注：1. 在工作图中，轴槽深用 t 或 $(d-t)$ 标注，轮毂槽深用 $(d+t_1)$ 标注。

2. $(d-t)$ 和 $(d+t_1)$ 两组组合尺寸的极限偏差按相应的 t 和 t_1 极限偏差选取，但 $(d-t)$ 极限偏差值应取负号（−）。

3. 键尺寸的极限偏差 b 为 h9，h 为 h11，L 为 h14。

4. 平键常用材料为 45 钢。

附表 10 普通圆柱销（摘自 GB/T 119—2000）　　mm

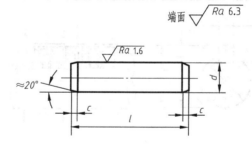

标记示例：

销 GB/T 119.1 10×90（公称直径 $d=10$mm、长度 $l=90$mm、材料为钢、不经淬火、不经表面处理的圆柱销）

销 GB/T 119.1 10×90-A1（公称直径 $d=10$mm、长度 $l=90$mm、材料为 A1 组奥氏体不锈钢、表面简单处理的圆柱销）

d 公称	2	3	4	5	6	8	10	12	16	20	25
$a\approx$	0.25	0.4	0.5	0.63	0.8	1.0	1.2	1.6	2.0	2.5	3.0
$c\approx$	0.35	0.5	0.63	0.8	1.2	1.6	2.0	2.5	3.0	3.5	4.0
l 范围	6～20	8～30	8～40	10～50	12～60	14～80	18～95	22～140	26～180	35～200	50～200
l 系列	2、3、4、5、6～32（2 进位）、35～100（5 进位）、120～200（20 进位）										

附表 11 圆锥销（摘自 GB/T 117—2000）　　mm

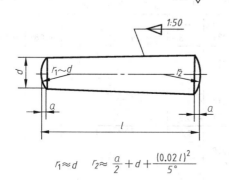

A 型（磨削）：锥面表面粗糙度 $Ra=0.8\mu m$
B 型（切削或冷镦）：锥面表面粗糙度 $Ra=3.2\mu m$

$r_1\approx d \quad r_2\approx \dfrac{a}{2}+d+\dfrac{(0.021)^2}{5°}$

标记示例：

销 GB/T 117 10×60（公称直径 $d=10$mm、公称长度 $l=60$mm、材料为 35 钢、热处理硬度 28～38HRC、表面氧化处理的 A 型圆锥销）

d 公称	2	2.5	3	4	5	6	8	10	12	16	20	25
$a\approx$	0.25	0.3	0.4	0.5	0.63	0.8	1.0	1.2	1.6	2.0	2.5	3.0
l 范围	10～35	10～35	12～45	14～55	18～60	22～90	22～120	26～160	32～180	40～200	45～200	50～200
l 系列	2、3、4、5、6～32（2 进位）、35～100（5 进位）、120～200（20 进位）											

附表 12 滚动轴承

深沟球轴承 (GB/T 276—2013)	圆锥滚子轴承 (GB/T 297—2015)	推力球轴承 (GB/T 301—2015)
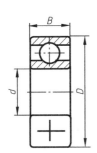	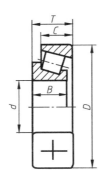	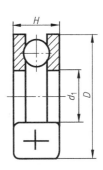
标记示例： 滚动轴承 6212 GB/T 276—2013	标记示例： 滚动轴承 30213 GB/T 297—2015	标记示例： 滚动轴承 51304 GB/T 301—2015

轴承型号	尺寸/mm			轴承型号	尺寸/mm					轴承型号	尺寸/mm			
	d	D	B		d	D	B	C	T		d	D	H	$d_{1\min}$
尺寸系列(02)				尺寸系列(02)						尺寸系列(12)				
6202	15	35	11	30203	17	40	12	11	13.25	51202	15	32	12	17
6203	17	40	12	30204	20	47	14	12	15.25	51203	17	35	12	19
6204	20	47	14	30205	25	52	15	13	16.25	51204	20	40	14	22
6205	25	52	15	30206	30	62	16	14	17.25	51205	25	47	15	27
6206	30	62	16	30207	35	72	17	15	18.25	51206	30	52	16	32
6207	35	72	17	30208	40	80	18	16	19.75	51207	35	62	18	37
6208	40	80	18	30209	45	85	19	16	20.75	51208	40	68	19	42
6209	45	85	19	30210	50	90	20	17	21.75	51209	45	73	20	47
6210	50	90	20	30211	55	100	21	18	22.75	51210	50	78	22	52
6211	55	100	21	30212	60	110	22	19	23.75	51211	55	90	25	57
6212	60	110	22	30213	65	120	23	20	24.75	51212	60	95	26	62
尺寸(03)				尺寸系列(03)						尺寸系列(13)				
6302	15	42	13	30302	15	42	13	11	14.25	51304	20	47	18	22
6303	17	47	14	30303	17	47	14	12	15.25	51305	25	52	18	27
6304	20	52	15	30304	20	52	15	13	16.25	51306	30	60	21	32
6305	25	62	17	30305	25	62	17	15	18.25	51307	35	68	24	37
6306	30	72	19	30306	30	72	19	16	20.75	51308	40	78	26	42
6307	35	80	21	70307	35	80	21	18	22.75	51309	45	85	28	47
6308	40	90	23	30308	40	90	23	20	25.25	51310	50	95	31	52
6309	45	100	25	30309	45	100	25	22	27.25	51311	55	105	35	57
6310	50	110	27	30310	50	110	27	23	29.25	51312	60	110	35	62
6311	55	120	29	30311	55	120	29	25	31.5	51313	65	115	36	67
6312	60	130	31	30312	60	130	31	26	33.5	51314	70	125	40	72

三、极限与配合

附表 13 轴的基本

基本尺寸 /mm		上 偏 差 es														
		所有标准公差等级										IT5 和 IT6	IT7	IT8	IT4 和 IT7	
大于	至	a	b	c	cd	d	e	ef	f	fg	g	h	js	j		
—	3	-270	-140	-60	-34	-20	-14	-10	-6	-4	-2	0		-2	-4	-6	0
3	6	-270	-140	-70	-46	-30	-20	-14	-10	-6	-4	0		-2	—		+1
6	10	-280	-150	-80	-56	-40	-25	-18	-13	-8	-5	0		-2	—		+1
10	14	-290	-150	-95		-50	-32		-16		-6	0		-3			+1
14	18																
18	24	-300	-160	-110		-65	-40		-20		-7	0		-4			+2
24	30																
30	40	-310	-170	-120		-80	-50		-25		-9	0		-5			+2
40	50	-320	-180	-130													
50	65	-340	-190	-140		-100	-60		-30		-10	0		-7			+2
65	80	-360	-200	-150													
80	100	-380	-220	-170		-120	-72		-36		-12	0		-9			+3
100	120	-410	-240	-180													
120	140	-460	-260	-200		-145	-85		-43		-14	0	偏差=±ITn/2 式中ITn是IT数值	-11			+3
140	160	-520	-280	-210													
160	180	-580	-310	-230													
180	200	-660	-340	-240		-170	-100		-50		-15	0		-13			+4
200	225	-740	-380	-260													
225	250	-820	-420	-280													
250	280	-920	-480	-300		-190	-110		-56		-17	0		-16			+4
280	315	-1050	-540	-330													
315	355	-1200	-600	-360		-210	-125		-62		-18	0		-18			+4
355	400	-1350	-680	-400													
400	450	-1500	-760	-440		-230	-135		-68		-20	0		-20			+5
450	500	-1650	-840	-480													
500	560					-260	-145		-76		-22	0					0
560	630																
630	710					-290	-160		-80		-24	0					0
710	800																
800	900					-320	-170		-86		-26	0					0
900	1000																
1000	1120					-350	-195		-98		-28	0					0
1120	1250																
1250	1400					-390	-220		-110		-30	0					0
1400	1600																
1600	1800					-430	-240		-120		-32	0					0
1800	2000																
2000	2240					-480	-260		-130		-34	0					0
2240	2500																
2500	2800					-520	-290		-1450		-38	0					0
2800	3150																

注：1. 基本尺寸小于或等于 1mm 时，基本差 a、b 均不采用。

2. 公差带 js7 至 js11，若 ITn 值数是奇数，则取偏差 $=\pm\dfrac{ITn}{2}$。

基本偏差（摘自 GB/T 1800.3—1998）　　　　　　　　　　　　　　　　　　　单位：μm

偏　差　数　值

						下偏差 ei							
≤IT3 ＞IT7													
k	m	n	p	r	s	t	u	v	x	y	z	za	zb	zc
0	+2	+4	+6	+10	+14		+18		+20		+26	+32	+40	+60
0	+4	+8	+12	+15	+19		+23		+28		+35	+42	+50	+80
0	+6	+10	+15	+19	+23		+28		+34		+42	+52	+67	+97
0	+7	+12	+18	+23	+28		+33		+40		+50	+64	+90	+130
								+39	+45		+60	+77	+108	+150
0	+8	+15	+22	+28	+35		+41	+47	+54	+63	+73	+98	+136	+188
						+41	+48	+55	+64	+75	+88	+118	+160	+218
0	+9	+17	+26	+34	+43	+48	+60	+68	+80	+94	+112	+148	+200	+274
						+54	+70	+81	+97	+114	+136	+180	+242	+325
0	+11	+20	+32	+41	+53	+66	+87	+102	+122	+144	+172	+226	+300	+405
					+43	+59	+75	+102	+120	+146	+174	+210	+274	+360	+480
0	+13	+23	+37	+51	+71	+91	+124	+146	+178	+214	+258	+335	+445	+585
				+54	+79	+104	+144	+172	+210	+254	+310	+400	+525	+690
0	+15	+27	+43	+63	+92	+122	+170	+202	+248	+300	+365	+470	+620	+800
				+65	+100	+134	+190	+228	+280	+340	+415	+535	+700	+900
				+68	+108	+146	+210	+252	+310	+380	+465	+600	+780	+1000
0	+17	+31	+50	+77	+122	+166	+236	+284	+350	+425	+520	+670	+880	+1150
				+80	+130	+180	+258	+310	+385	+470	+575	+740	+960	+1250
				+84	+140	+196	+284	+340	+425	+520	+640	+820	+1050	+1350
0	+20	+34	+56	+94	+158	+218	+315	+385	+475	+580	+710	+920	+1200	+1550
				+98	+170	+240	+350	+425	+525	+650	+790	+1000	+1300	+1700
0	+21	+37	+62	+108	+190	+268	+390	+475	+590	+730	+900	+1150	+1500	+1900
				+114	+208	+294	+435	+530	+660	+820	+1000	+1300	+1650	+2100
0	+23	+40	+68	+126	+232	+330	+490	+595	+740	+920	+1100	+1450	+1850	+2400
				+132	+252	+360	+540	+660	+820	+1000	+1250	+1600	+2100	+2600
0	+26	+44	+78	+150	+280	+400	+600							
				+155	+310	+450	+660							
0	+30	+50	+88	+175	+340	+500	+740							
				+185	+380	+560	+840							
0	+34	+56	+100	+210	+430	+620	+940							
				+220	+470	+680	+1050							
0	+40	+66	+120	+250	+520	+780	+1150							
				+260	+580	+840	+1300							
0	+48	+78	+140	+300	+640	+960	+1450							
				+330	+720	+1050	+1600							
0	+58	+92	+170	+370	+820	+1200	+1850							
				+400	+920	+1350	+2000							
0	+68	+110	+195	+440	+1000	+1500	+2300							
				+460	+1100	+1650	+2500							
0	+76	+135	+240	+550	+1250	+1900	+2900							
				+580	+1400	+2100	+3200							

附表 14 孔的基本偏差数值

基本尺寸/mm		\multicolumn{10}{c}{下偏差 EI 所有标准公差等级}				基本偏差						
																IT6	IT7	IT8	≤IT8	>IT8	≤IT8	>IT8	≤IT8	>IT8
大于	至	A	B	C	CD	D	E	EF	F	FG	G	H	JS	J			K		M		N	
—	3	+270	+140	+60	+34	+20	+14	+10	+6	+4	+2	0		+2	+4	+6	0	0	−2	−2	−4	−4
3	6	+270	+140	+70	+46	+30	+20	+14	+10	+6	+4	0		+5	+6	+10	−1+Δ		−4+Δ	−4	−8+Δ	0
6	10	+280	+150	+80	+56	+40	+25	+18	+13	+8	+5	0		+5	+8	+12	−1+Δ		−6+Δ	−6	−10+Δ	0
10	14	+290	+150	+95		+50	+32		+16		+6	0		+6	+10	+15	−1+Δ		−7+Δ	−7	−12+Δ	0
14	18	+290	+150	+95		+50	+32		+16		+6	0		+6	+10	+15	−1+Δ		−7+Δ	−7	−12+Δ	0
18	24	+300	+160	+110		+65	+40		+20		+7	0		+8	+12	+20	−2+Δ		−8+Δ	−8	−15+Δ	0
24	30	+300	+160	+110		+65	+40		+20		+7	0		+8	+12	+20	−2+Δ		−8+Δ	−8	−15+Δ	0
30	40	+310	+170	+120		+80	+50		+25		+9	0		+10	+14	+24	−2+Δ		−9+Δ	−9	−17+Δ	0
40	50	+320	+180	+130		+80	+50		+25		+9	0		+10	+14	+24	−2+Δ		−9+Δ	−9	−17+Δ	0
50	65	+340	+190	+140		+100	+60		+30		+10	0		+13	+18	+28	−2+Δ		−11+Δ	−11	−20+Δ	0
65	80	+360	+200	+150		+100	+60		+30		+10	0		+13	+18	+28	−2+Δ		−11+Δ	−11	−20+Δ	0
80	100	+380	+220	+170		+120	+72		+36		+12	0		+16	+22	+34	−3+Δ		−13+Δ	−13	−23+Δ	0
100	120	+410	+240	+180		+120	+72		+36		+12	0		+16	+22	+34	−3+Δ		−13+Δ	−13	−23+Δ	0
120	140	+460	+260	+200		+145	+85		+43		+14	0	偏差=±(ITn/2),式中ITn是IT值数	+18	+26	+41	−3+Δ		−15+Δ	−15	−27+Δ	0
140	160	+520	+280	+210		+145	+85		+43		+14	0		+18	+26	+41	−3+Δ		−15+Δ	−15	−27+Δ	0
160	180	+580	+310	+230		+145	+85		+43		+14	0		+18	+26	+41	−3+Δ		−15+Δ	−15	−27+Δ	0
180	200	+660	+340	+240		+170	+100		+50		+15	0		+22	+30	+47	−4+Δ		−17+Δ	−17	−31+Δ	0
200	225	+740	+380	+260		+170	+100		+50		+15	0		+22	+30	+47	−4+Δ		−17+Δ	−17	−31+Δ	0
225	250	+820	+420	+280		+170	+100		+50		+15	0		+22	+30	+47	−4+Δ		−17+Δ	−17	−31+Δ	0
250	280	+920	+480	+300		+190	+110		+56		+17	0		+25	+36	+55	−4+Δ		−20+Δ	−20	−34+Δ	0
280	315	+1050	+540	+330		+190	+110		+56		+17	0		+25	+36	+55	−4+Δ		−20+Δ	−20	−34+Δ	0
315	355	+1200	+600	+360		+210	+125		+62		+18	0		+29	+39	+60	−4+Δ		−21+Δ	−21	−37+Δ	0
355	400	+1350	+680	+400		+210	+125		+62		+18	0		+29	+39	+60	−4+Δ		−21+Δ	−21	−37+Δ	0
400	450	+1500	+760	+440		+230	+135		+68		+20	0		+33	+43	+66	−5+Δ		−23+Δ	−23	−40+Δ	0
450	500	+1650	+840	+480		+230	+135		+68		+20	0		+33	+43	+66	−5+Δ		−23+Δ	−23	−40+Δ	0
500	560					+260	+145		+76		+22	0			0			26			44	
560	630					+260	+145		+76		+22	0			0			26			44	
630	710					+290	+160		+80		+24	0			0			30			50	
710	800					+290	+160		+80		+24	0			0			30			50	
800	900					+320	+170		+86		+26	0			0			34			56	
900	1000					+320	+170		+86		+26	0			0			34			56	
1000	1120					+350	+195		+98		+28	0			0			40			65	
1120	1250					+350	+195		+98		+28	0			0			40			65	
1250	1400					+390	+220		+110		+30	0			0			48			78	
1400	1600					+390	+220		+110		+30	0			0			48			78	
1600	1800					+430	+240		+120		+32	0			0			58			92	
1800	2000					+430	+240		+120		+32	0			0			58			92	
2000	2240					+480	+260		+130		+34	0			0			68			110	
2240	2500					+480	+260		+130		+34	0			0			68			110	
2500	2800					+520	+290		+145		+38	0			0			76			135	
2800	3150					+520	+290		+145		+38	0			0			76			135	

注：1. 基本尺寸小于或等于 1mm 时，基本偏差 A 和 B 及大于 IT8 的 N 均不采用。

2. 公差带 JS7 至 JS1，若 ITn 值数是奇数，则取偏差 $=\pm\dfrac{ITn-1}{2}$。

3. 对小于或等于 IT8 的 K、M、N 和小于或等于 IT7 的 P 至 ZC，所需 Δ 值从表内右侧选取。例如：18mm 至 30mm 段

4. 特殊情况：250mm 至 315mm 段的 M6，ES＝−9μm（代替−11μm）。

附　录

(摘自 GB/T 1800.3—1998)　　　　　　　　　　　　　　　　　　　　　　　　　单位：μm

数　值													Δ 值					
上偏差 ES																		
≤IT7	标准公差等级大于 IT7												标准公差等级					
P 至 ZC	P	R	S	T	U	V	X	Y	Z	ZA	ZB	ZC	IT3	IT4	IT5	IT6	IT7	IT8
在大于 IT7 的相应数值上加一个 Δ 值	−6	−10	−14		−18		−20		−26	−32	−40	−60	0	0	0	0	0	0
	−12	−15	−19		−23		−28		−35	−42	−50	−80	1	1.5	1	3	4	6
	−15	−19	−23		−28		−34		−42	−52	−67	−97	1	1.5	2	3	6	7
	−18	−23	−28		−33		−40		−50	−64	−90	−130	1	2	3	3	7	9
						−39	−45		−60	−77	−108	−150						
	−22	−28	−35		−41	−47	−54	−63	−73	−98	−136	−188	1.5	2	3	4	8	12
				−41	−48	−55	−64	−75	−88	−118	−160	−218						
	−26	−34	−43	−48	−60	−68	−80	−94	−112	−148	−200	−274	1.5	3	4	5	9	14
				−54	−70	−81	−97	−114	−136	−180	−242	−325						
	−32	−41	−53	−66	−87	−102	−122	−144	−172	−226	−300	−405	2	3	5	6	11	16
		−43	−59	−75	−102	−120	−146	−174	−210	−274	−360	−480						
	−37	−51	−71	−91	−124	−146	−178	−214	−258	−335	−445	−585	2	4	5	7	13	19
		−54	−79	−104	−144	−172	−210	−257	−310	−400	−525	−690						
	−43	−63	−92	−122	−170	−202	−248	−300	−365	−470	−620	−800	3	4	6	7	15	23
		−65	−100	−134	−190	−228	−280	−340	−415	−535	−700	−900						
		−68	−108	−146	−210	−252	−310	−380	−465	−600	−780	−1000						
	−50	−77	−122	−166	−236	−284	−350	−425	−520	−670	−880	−1150	3	4	6	9	17	26
		−80	−130	−180	−258	−310	−385	−470	−575	−740	−960	−1250						
		−84	−140	−196	−284	−340	−425	−520	−640	−820	−1050	−1350						
	−56	−94	−158	−218	−315	−385	−475	−580	−710	−920	−1200	−1550	4	4	7	9	20	29
		−98	−170	−240	−350	−425	−525	−650	−790	−1000	−1300	−1700						
	−62	−108	−190	−268	−390	−475	−590	−730	−900	−1150	−1500	−1900	4	5	7	11	21	32
		−114	−208	−294	−435	−530	−660	−820	−1000	−1300	−1650	−2100						
	−68	−126	−232	−330	−490	−595	−740	−920	−1100	−1450	−1850	−2400	5	5	7	13	23	34
		−132	−252	−360	−540	−660	−820	−1000	−1250	−1600	−2100	−2600						
	−78	−150	−280	−400	−600													
		−155	−310	−450	−660													
	−88	−175	−340	−500	−740													
		−185	−380	−560	−840													
	−100	−210	−430	−620	−940													
		−220	−470	−680	−1050													
	−120	−250	−520	−780	−1150													
		−260	−580	−810	−1300													
	−140	−300	−640	−960	−1450													
		−330	−720	−1050	−1600													
	−170	−370	−820	−1200	−1850													
		−400	−920	−1350	−2000													
	−195	−440	−1000	−1500	−2300													
		−460	−1100	−1650	−2500													
	−240	−550	−1250	−1900	−2900													
		−580	−1400	−2100	−3200													

的 K7：Δ＝8μm，所以 ES＝(−2+8)μm；18～30mm 段的 S6：Δ＝4μm，所以 ES＝−35+4＝31μm。

附表 15 优先配合中轴的极限偏差（摘自 GB/T 1800.4—1999） 单位：μm

基本尺寸/mm		公差带											
		c	d	f	g	h	h	h	h	k	n	p	s	u
大于	至	11	9	7	6	6	7	9	11	6	6	6	6	6
—	3	−60 −120	−20 −45	−6 −16	−2 −8	0 −6	0 −20	0 −25	0 −60	+6 0	+10 +4	+12 +6	+20 +14	+24 +18
3	6	−70 −145	−30 −60	−10 −22	−4 −12	0 −8	0 −12	0 −30	0 −75	+9 +1	+16 +8	+20 +12	+27 +19	+31 +23
6	10	−80 −170	−40 −76	−13 −28	−5 −14	0 −9	0 −15	0 −36	0 −90	+10 +1	+19 +10	+24 +15	+32 +23	+37 +28
10	14	−95 −205	−50 −93	−16 −34	−6 −17	0 −11	0 −18	0 −43	0 −110	+12 +1	+23 +12	+29 +18	+39 +28	+44 +33
14	18													
18	24	−110 −240	−65 −117	−20 −41	−7 −20	0 −13	0 −21	0 −52	0 −130	+15 +2	+28 +15	+35 +22	+48 +35	+54 +41
24	30													+61 +48
30	40	−120 −280	−80 −142	−25 −50	−9 −25	0 −16	0 −25	0 −62	0 −160	+18 +2	+33 +17	+42 +26	+59 +43	+76 +60
40	50	−130 −290												+86 +70
50	65	−140 −330	−100 −174	−30 −60	−10 −29	0 −19	0 −30	0 −74	0 −190	+21 +2	+39 +20	+51 +32	+72 +53	+106 +87
65	80	−150 −340											+78 +59	+121 +102
80	100	−170 −390	−120 −207	−36 −71	−12 −34	0 −22	0 −35	0 −87	0 −220	+25 +3	+45 +23	+59 +37	+93 +71	+146 +124
100	120	−180 −400											+101 +79	+166 +144
120	140	−200 −450											+114 +92	+195 +170
140	160	−210 −460	−145 −245	−43 −83	−14 −39	0 −25	0 −40	0 −100	0 −250	+28 +3	+52 +27	+68 +43	+125 +100	+215 +190
160	180	−230 −480											+133 +108	+235 +210
180	200	−240 −530											+151 +122	+265 +236
200	225	−260 −550	−170 −285	−50 −96	−15 −44	0 −29	0 −46	0 −115	0 −290	+33 +4	+60 +31	+79 +50	+159 +130	+287 +258
225	250	−280 −570											+169 +140	+313 +284
250	280	−300 −620	−190 −320	−56 −108	−17 −49	0 −32	0 −52	0 −130	0 −320	+36 +4	+66 +34	+88 +56	+190 +158	+347 +315
280	315	−330 −650											+202 +170	+382 +350
315	355	−360 −720	−210 −350	−62 −119	−18 −54	0 −36	0 −57	0 −140	0 −360	+40 +4	+73 +37	+98 +62	+226 +190	+426 +390
355	400	−400 −760											+244 +208	+471 +435
400	450	−440 −840	−230 −385	−68 −131	−20 −60	0 −40	0 −63	0 −155	0 −400	+45 +5	+80 +40	+108 +68	+272 +232	+530 +490
450	500	−480 −880											+292 +252	+580 +540

附表 16　优先配合中孔的极限偏差（摘自 GB/T 1800.4—1999）　　单位：μm

基本尺寸/mm		公差带											
		C	D	F	G	H	H	H	H	K	N	P	S	U
大于	至	11	9	8	7	7	8	9	11	7	7	7	7	7
—	3	+120 +60	+45 +20	+20 +6	+12 +2	+10 0	+14 0	+25 0	+60 0	0 −10	−4 −14	−6 −16	−14 −24	−18 −28
3	6	+145 +70	+60 +30	+28 +10	+16 +4	+12 0	+18 0	+30 0	+75 0	+3 −9	−4 −16	−8 −20	−15 −27	−19 −31
6	10	+170 +80	+76 +40	+35 +13	+20 +5	+15 0	+22 0	+36 0	+90 0	+5 −10	−4 −19	−9 −24	−17 −32	−22 −37
10	14	+205 +95	+93 +50	+43 +16	+24 +6	+18 0	+27 0	+43 0	+110 0	+6 −12	−5 −23	−11 −29	−21 −39	−26 −44
14	18	+205 +95	+93 +50	+43 +16	+24 +6	+18 0	+27 0	+43 0	+110 0	+6 −12	−5 −23	−11 −29	−21 −39	−26 −44
18	24	+240 +110	+117 +65	+53 +20	+28 +7	+21 0	+33 0	+52 0	+130 0	+6 −15	−7 −28	−14 −35	−27 −48	−33 −54
24	30	+240 +110	+117 +65	+53 +20	+28 +7	+21 0	+33 0	+52 0	+130 0	+6 −15	−7 −28	−14 −35	−27 −48	−40 −61
30	40	+280 +120	+142 +80	+64 +25	+34 +9	+25 0	+39 0	+62 0	+160 0	+7 −18	−8 −33	−17 −42	−34 −59	−51 −76
40	50	+290 +130	+142 +80	+64 +25	+34 +9	+25 0	+39 0	+62 0	+160 0	+7 −18	−8 −33	−17 −42	−34 −59	−61 −86
50	65	+330 +140	+174 +100	+76 +30	+40 +10	+30 0	+46 0	+74 0	+190 0	+9 −21	−9 −39	−21 −51	−42 −72	−76 −106
65	80	+340 +150	+174 +100	+76 +30	+40 +10	+30 0	+46 0	+74 0	+190 0	+9 −21	−9 −39	−21 −51	−48 −78	−91 −121
80	100	+390 +170	+207 +120	+90 +36	+47 +12	+35 0	+54 0	+87 0	+220 0	+10 −25	−10 −45	−24 −59	−58 −93	−111 −146
100	120	+400 +180	+207 +120	+90 +36	+47 +12	+35 0	+54 0	+87 0	+220 0	+10 −25	−10 −45	−24 −59	−66 −101	−131 −166
120	140	+450 +200	+245 +145	+106 +43	+54 +14	+40 0	+63 0	+100 0	+250 0	+12 −28	−12 −52	−28 −68	−77 −117	−155 −195
140	160	+460 +210	+245 +145	+106 +43	+54 +14	+40 0	+63 0	+100 0	+250 0	+12 −28	−12 −52	−28 −68	−85 −125	−175 −215
160	180	+480 +230	+245 +145	+106 +43	+54 +14	+40 0	+63 0	+100 0	+250 0	+12 −28	−12 −52	−28 −68	−93 −133	−195 −235
180	200	+530 +240	+285 +170	+122 +50	+61 +15	+46 0	+72 0	+115 0	+290 0	+13 −33	−14 −60	−33 −79	−105 −151	−219 −265
200	225	+550 +260	+285 +170	+122 +50	+61 +15	+46 0	+72 0	+115 0	+290 0	+13 −33	−14 −60	−33 −79	−113 −159	−241 −287
225	250	+570 +280	+285 +170	+122 +50	+61 +15	+46 0	+72 0	+115 0	+290 0	+13 −33	−14 −60	−33 −79	−123 −169	−267 −313
250	280	+620 +300	+320 +190	+137 +56	+69 +17	+52 0	+81 0	+130 0	+320 0	+16 −36	−14 −66	−36 −88	−138 −190	−295 −347
280	315	+650 +330	+320 +190	+137 +56	+69 +17	+52 0	+81 0	+130 0	+320 0	+16 −36	−14 −66	−36 −88	−150 −202	−330 −382
315	355	+720 +360	+350 +210	+151 +62	+75 +18	+57 0	+89 0	+140 0	+360 0	+17 −40	−16 −73	−41 −98	−169 −226	−369 −426
355	400	+760 +400	+350 +210	+151 +62	+75 +18	+57 0	+89 0	+140 0	+360 0	+17 −40	−16 −73	−41 −98	−187 −244	−414 −471
400	450	+840 +440	+385 +230	+165 +68	+83 +20	+63 0	+97 0	+155 0	+400 0	+18 −45	−17 −80	−45 −108	−209 −272	−467 −530
450	500	+880 +480	+385 +230	+165 +68	+83 +20	+63 0	+97 0	+155 0	+400 0	+18 −45	−17 −80	−45 −108	−229 −292	−517 −580

附表17 标准公差数值（摘自 GB/T 1800.3）

基本尺寸/mm		标准公差等级																	
大于	至	IT1	IT2	IT3	IT4	IT5	IT6	IT7	IT8	IT9	IT10	IT11	IT12	IT13	IT14	IT15	IT16	IT17	IT18
		μm											mm						
—	3	0.8	1.2	2	3	4	6	10	14	25	40	60	0.1	0.14	0.25	0.4	0.6	1	1.4
3	6	1	1.5	2.5	4	5	8	12	18	30	48	75	0.12	0.18	0.3	0.45	0.75	1.2	1.8
6	10	1	1.5	2.5	4	6	9	15	22	36	58	90	0.15	0.22	0.36	0.58	0.9	1.5	2.2
10	18	1.2	2	3	5	8	11	18	27	43	70	110	0.18	0.27	0.43	0.7	1.1	1.8	2.7
18	30	1.5	2.5	4	6	9	13	21	33	52	84	130	0.21	0.33	0.52	0.84	1.3	2.1	3.3
30	50	1.5	2.5	4	7	11	16	25	39	62	100	160	0.25	0.39	0.62	1	1.6	2.5	3.9
50	80	2	3	5	8	13	19	30	46	74	120	190	0.3	0.46	0.74	1.2	1.9	3	4.6
80	120	2.5	4	6	10	15	22	35	54	87	140	220	0.35	0.54	0.87	1.4	2.2	3.5	5.4
120	180	3.5	5	8	12	18	25	40	63	100	160	250	0.4	0.63	1	1.6	2.5	4	6.3
180	250	4.5	7	10	14	20	29	46	72	115	185	290	0.46	0.72	1.15	1.85	2.9	4.6	7.2
250	315	6	8	12	16	23	32	52	81	130	210	320	0.52	0.81	1.3	2.1	3.2	5.2	8.1
315	400	7	9	13	18	25	36	57	89	140	230	360	0.57	0.89	1.4	2.3	3.6	5.7	8.9
400	500	8	10	15	20	27	40	63	97	155	250	400	0.63	0.97	1.55	2.5	4	6.3	9.7

注：基本尺寸小于或等于1时，无IT14~IT18。

四、材料与热处理

附表18 热处理方法及应用

名词	说明	应用
退火	将钢材或钢件加热至适当温度，保温一段时间后，缓慢冷却，以获得接近平衡状态组织的热处理工艺	退火作为预备热处理，安排在铸造或锻造之后，粗加工之前，用以消除前一道工序所带来的缺陷，为随后的工序做准备
正火	将钢材或钢件加热到临界点 A_{C3} 或 A_{CM} 以上的适当温度保持一定时间后在空气中冷却，得到珠光体类组织的热处理工艺	改善低碳钢和低碳合金钢的切削加工性；作为普通结构零件或大型及形状复杂零件的最终热处理；作为中碳和低合金结构钢重要零件的预备热处理
淬火	将钢奥氏体化后以适当的冷却速度冷却，使工件在横截面内全部或一定范围内发生马氏体等不稳定组织结构转变的热处理工艺	钢的淬火多半是为了获得马氏体，提高它的硬度和强度，例如各种工模具、滚动轴承的淬火，是为了获得马氏体以提高其硬度和耐磨性

续表

名词	说明	应用
回火	将经过淬火的工件加热到临界点 A_{C1} 以下的适当温度保持一定时间,随后用符合要求的方法冷却,以获得所需要的组织和性能的热处理工艺	低温回火(150～250℃)所得组织为回火马氏体。其目的是在保持淬火钢的高硬度和高耐磨性的前提下,降低其淬火内应力和脆性,以免使用时崩裂或过早损坏。它主要用于各种高碳的切削刃具,量具,冷冲模具,滚动轴承以及渗碳件等,回火后硬度一般为58～64HRC;中温回火(350～500℃)所得组织为回火屈氏体。其目的是获得高的屈服强度,弹性极限和较高的韧性。因此,它主要用于各种弹簧和热作模具的处理,回火后硬度一般为35～50HRC;高温回火(500～650℃)所得组织为回火索氏体。能获得强度、硬度和塑性、韧性都较好的综合机械性能。因此,广泛用于汽车,拖拉机,机床等的重要结构零件,如连杆,螺栓,齿轮及轴类。回火后硬度一般为200～330HB
调质	将淬火加高温回火相结合的热处理称为调质处理	
表面淬火	用火焰或高频电流将零件表面迅速加热到临界温度以上,快速冷却	表层获得硬而耐磨的马氏体组织,而心部仍保持一定的韧性,使零件既耐磨又能承受冲击,表面淬火常用来处理齿轮等
渗碳	向钢件表面渗入碳原子的过程	使零件表面具有高硬度和耐磨性,而心部仍保持一定的强度及较高的塑性、韧性,可用在汽车、拖拉机齿轮、套筒等
渗氮	向钢件表面渗入氮原子的过程	增加钢件的耐磨性、硬度、疲劳强度和耐蚀性,可用在模具、螺杆、齿轮、套筒等
氰化	氰化是向钢的表层同时渗入碳和氮的过程	目前以中温气体碳氮共渗和低温气体碳氮共渗(即气体软氮化)应用较为广泛。中温气体碳氮共渗的主要目的是提高钢的硬度,耐磨性和疲劳强度。低温气体碳氮共渗以渗氮为主,其主要目的是提高钢的耐磨性和抗咬合性
时效	低温回火后,精加工之前,加热到100～160℃,保持10～40h。对铸件也可天然时效	使工件消除内应力和稳定尺寸,用于量具、精密丝杠、床身导轨等
发蓝发黑	将金属零件放在很浓的碱和氧化剂溶液中加热氧化,使金属表面形成一层氧化铁所组成的保护性薄膜	能防腐蚀,美观。用于一般连接的标准件和其他电子类零件
HB(布氏硬度)	硬度指金属材料抵抗外物压入其表面的能力,也是衡量金属材料软硬程度的一种力学性能指标	用于退火、正火、调质的零件及铸件的硬度检验。优点:测量结果准确,缺点:压痕大,不适合成品检验
HRC(洛氏硬度)		用于经淬火、回火及表面渗碳、渗氮等处理的零件的硬度检验。优点:测量迅速简便,压痕小,可在成品零件上检测
HV(维氏硬度)		维氏硬度试验所用载荷小,压痕深度浅,适用于测量零件薄的表面硬化层的硬度。试验载荷可任意选择,故可测硬度范围宽,工作效率较低

附表 19 常用的金属材料和非金属材料

名 称		牌 号	说 明	应 用 举 例
黑色金属	灰铸铁 (GB 9439)	HT150	HT—"灰铁"代号 150—抗拉强度/MPa	用于制造端盖、带轮、轴承座、阀壳、管子及管子附件、机床底座、工作台等
		HT200		用于较重要铸件，如汽缸、齿轮、机器、飞机、床身、阀壳、衬筒等
	球墨铸铁 (GB 1348)	QT450-10 QT500-7	QT—"球铁"代号 450—抗拉强度/MPa 10—伸长率/%	具有较高的强度和塑性。广泛用于机械制造业中受磨损和受冲击的零件，如曲轴、汽缸套、活塞环、摩擦片、中低压阀门、千斤顶座等
	铸钢 (GB 11352)	ZG200-400 ZG270-500	ZG—"铸钢"代号 200—屈服强度/MPa 400—抗拉强度/MPa	用于各种形状的零件，如机座、变速箱座、飞轮、重负荷机座、水压机工作缸等
	碳素结构钢 (GB 700)	Q215-A Q235-A	Q—"屈"字代号 215—屈服点数值/MPa A—质量等级	有较高的强度和硬度，易焊接，是一般机械上的主要材料。用于制造垫圈、铆钉、轻载齿轮、键、拉杆、螺栓、螺母、轮轴等
	优质碳素 结构钢 (GB 699)	15	15—平均含碳量 （万分之几）	塑性、韧性、焊接性和冷冲性能均良好，但强度较低，用于制造螺钉、螺母、法兰盘及化工储器等
		35		用于强度要求较高的零件，如汽轮机叶轮、压缩机、机床主轴、花键轴等
		15Mn 65Mn	15—平均含碳量(万分之几) Mn—含锰量较高	其性能与 15 钢相似，但其塑性、强度比 15 钢高 强度高，适宜制作大尺寸的各种扁弹簧和圆弹簧
	低合金结构钢 (GB 1591)	15MnV	15—平均含碳量(万分之几) Mn—含锰量较高 V—合金元素钒	用于制作高中压石油化工容器、桥梁、船舶、起重机等
		16Mn		用于制作车辆、管道、大型容器、低温压力容器、重型机械等
有色金属	普通黄铜 (GB 5232)	H96 H59	H—"黄"铜的代号 96—基体元素铜的含量	用于导管、冷凝管、散热器管、散热片等 用于一般机器零件、焊接件、热冲及热轧零件等
	铸造锡青铜 (GB 1176)	ZCuSn10Zn2	Z—"铸"造代号 Cu—基体金属铜元素符号 Sn10—锡元素符号及名义含量(%)	在中等及较高载荷下工作的重要管件以及阀、旋塞、泵体、齿轮、叶轮等
	铸造铝合金 (GB 1173)	ZAlSi5Cu1Mg	Z—"铸"造代号 Al—基体元素铝元素符号 Si5—硅元素符号及名义含量(%)	用于水冷发动机的汽缸体、汽缸头、汽缸盖、空冷发动机头和发动机曲轴箱等
非金属	耐油橡胶板 (GB 5574)	3707 3807	37、38—顺序号 07—扯断强度/kPa	硬度较高，可在温度为－30～＋100℃的机油、变压器油、汽油等介质中工作，适于冲制各种形状的垫圈
	耐热橡胶板 (GB 5574)	4708 4808	47、48—顺序号 07—扯断强度/kPa	较高硬度，具有耐热性能，可在温度为－30～＋100℃且压力不大的条件下于蒸汽、热空气等介质中工作，用做冲制各种垫圈和垫板
	油浸石棉盘根 (JC 68)	YS350 YS250	YS—"油石"代号 350—适用的最高温度	用于回转轴、活塞或阀门杆上做密封材料,介质为蒸汽、空气、工业用水、重质石油等
	橡胶石棉盘根 (JC 67)	XS550 XS350	XS—"橡石"代号 550—适用的最高温度	用于蒸汽机、往复泵的活塞和阀门杆上做密封材料
	聚四氟乙烯 (PTFE)			主要用于耐腐蚀、耐高温的密封元件，如填料、衬垫、胀圈、阀座，也用做输送腐蚀介质的高温管路、耐腐蚀衬里，容器的密封圈等

附表20 钢管 单位：mm

低压流体输送用焊接钢管(摘自 GB/T 3092—93)

公称口径	外径	普通管壁厚	加厚管壁厚	公称口径	外径	普通管壁厚	加厚管壁厚
6	10.0	2.00	2.50	40	48.0	3.50	4.25
8	13.5	2.25	2.75	50	60.0	3.50	4.50
10	17.0	2.25	2.75	65	75.5	3.75	4.50
15	21.3	2.75	3.25	80	88.5	4.00	4.75
20	26.8	2.75	3.50	100	114.0	4.00	5.00
25	33.5	3.25	4.00	125	140.0	4.00	5.50
32	42.3	3.25	4.00	150	165.0	4.50	5.50

低、中压锅炉用钢管(摘自 GB 3087—82)

外径	壁厚	外径	壁厚	外径	壁厚	外径	壁厚	外径	壁厚	外径	壁厚	外径	壁厚
10	1.5~2.5	19	2~3	30	2.5~4	45	2.5~5	70	3~6	114	4~12	194	4.5~26	426	11~26
12	1.5~2.5	20	2~3	32	2.5~4	48	2.5~5	76	3.5~8	121	4~12	219	6~26	—	—
14	2~3	22	2~4	35	2.5~4	51	2.5~5	83	3.5~8	127	4~12	245	6~26	—	—
16	2~3	24	2~4	38	2.5~4	57	3~5	89	4~8	133	4~12	273	7~26	—	—
17	2~3	25	2~4	40	2.5~4	60	3~5	102	4~8	159	4.5~26	325	8~26	—	—
18	2~3	29	2.5~4	42	2.5~5	63.5	3~5	108	4~12	168	4.5~26	377	10~26	—	—

壁厚尺寸系列：1.5,2,2.5,3,3.5,4,4.5,5,6,7,8,9,10,11,12,13,14,15,16,17,18,19,20,21,22,23,24,25,26

高压锅炉用无缝钢管(摘自 GB 5310—85)

外径	壁厚	外径	壁厚	外径	壁厚	外径	壁厚	外径	壁厚	外径	壁厚	外径	壁厚
22	2~3.2	42	2.8~6	76	3.5~19	121	5~26	194	7~45	325	13~60	480	14~70	—	—
25	2~3.5	48	2.8~7	83	4~20	133	5~32	219	7.5~50	351	13~60	500	17~70	—	—
28	2.5~3.5	51	2.8~9	89	4~20	146	6~36	245	9~50	377	13~70	530	14~70	—	—
32	2.8~5	57	3.5~12	102	4.5~22	159	6~36	273	9~50	426	14~70	—	—	—	—
38	2.8~5.5	60	3.5~12	108	4.5~26	168	6.5~40	299	9~60	450	14~70	—	—	—	—

壁厚尺寸系列：2,2.5,2.8,3,3.2,3.5,4,4.5,5,5.5,6,(6.5),7,(7.5),8,9,10,11,12,13,14,(15),16,(17),18,(19),20,22,(24),25,26,28,30,32,(34),36,38,40,(42),45,(48),50,56,60,63,(65),70

注：1. 括号内的尺寸不推荐使用。
2. GB/T 3092 适用于常压容器，但用作工业用水及煤气输送等用途时，可用于≤0.6MPa 的场合。
3. GB 3087 用于设计压力≤10MPa 的受压元件；GB 5310 用于设计压力≥10MPa 的受压元件。

五、化工设备标准零部件

附表21 内压筒体壁厚（经验数据）

材料	工作压力/MPa	公称直径/mm																										
		300	(350)	400	(450)	500	(550)	600	(650)	700	800	900	1000	(1100)	1200	1300	1400	(1500)	1600	(1700)	1800	(1900)	2000	(2100)	2200	(2300)	2400	2600	2800	3000
		筒体壁厚/mm																											
Q235-A Q235-A·F	≤0.3	3	3	3	3	3	3	3	3	4	4	4	5	5	5	5	5	5	6	6	6	6	6	6	6	6	8	8	8
	≤0.4	3	3	3	3	3	3	4	4	4	5	5	5	5	5	6	6	6	6	6	6	6	6	6	8	8	8	8	8
	≤0.6	3	3	3	4	4	4	4.5	4.5	5	6	6	6	6	8	8	8	8	8	8	8	10	10	10	10	10	10	10	10
	≤1.0	4	4	4.5	4.5	5	5	6	6	6	6	6	8	8	8	10	10	10	10	12	12	12	12	12	14	14	14	16	16
	≤1.6	4.5	5	6	6	6	8	8	8	8	10	10	10	12	12	12	14	14	14	16	16	16	18	18	20	20	22	24	24
不锈钢	≤0.3	3	3	3	3	3	3	3	3	4	4	4	4	4	5	5	5	5	5	5	5	5	5	5	$\frac{5}{7}$	7	7	7
	≤0.4	3	3	3	3	3	3	3	3	4	4														7				
	≤0.6	3	3	3	3	3	3	3	3	4	4		5	5	5	5	6	6	6	6	7	7	7	8	8	9	9		
	≤1.0			4	4	4	4	4	4	5	5	6	6	7	7	8	8	9	9	10	10	12	12	12	12	14	14	16	
	≤1.6	4	4	5	5	6	6	7	7	8	8	10	12	12	12	14	14	14	16	16	18	18	18	18	20	20	22	24	

附表22 椭圆形封头参数（摘自 GB/T 25198—2010）

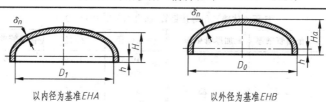

以内径为基准EHA 以外径为基准EHB

（$DN \leqslant 2000$ 时，$h=25$；$DN > 2000$ 时，$h=40$）

EHA 椭圆形封头总深度、容积

序号	公称直径 DN/mm	总高度 H /mm	容积 V/m³	序号	公称直径 DN/mm	总高度 H/mm	容积 V/m³
1	300	100	0.0053	34	2900	765	3.4567
2	350	113	0.0080	35	3000	790	3.8170
3	400	125	0.0115	36	3100	815	4.2015
4	450	138	0.0159	37	3200	840	4.6110
5	500	150	0.0213	38	3300	865	5.0463
6	550	163	0.0277	39	3400	890	5.5080
7	600	175	0.0353	40	3500	915	5.9972
8	650	188	0.0442	41	3600	940	6.5144
9	700	200	0.0545	42	3700	965	7.0605
10	750	213	0.0663	43	3800	990	7.6364
11	800	225	0.0796	44	3900	1015	8.2427
12	850	238	0.0946	45	4000	1040	8.8802
13	900	250	0.1113	46	4100	1065	9.5498
14	950	263	0.1300	47	4200	1090	10.2523
15	1000	275	0.1505	48	4300	1115	10.9883
16	1100	300	0.1980	49	4400	1140	11.7588
17	1200	325	0.2545	50	4500	1165	12.5644
18	1300	350	0.3208	51	4600	1190	13.4060
19	1400	375	0.3977	52	4700	1215	14.2844
20	1500	400	0.4860	53	4800	1240	15.2003
21	1600	425	0.5864	54	4900	1265	16.1545
22	1700	450	0.6999	55	5000	1290	17.1479
23	1800	475	0.8270	56	5100	1315	18.1811
24	1900	500	0.9687	57	5200	1340	19.2550
25	2000	525	1.1257	58	5300	1365	20.3704
26	2100	565	1.3508	59	5400	1390	21.5281
27	2200	590	1.5459	60	5500	1415	22.7288
28	2300	615	1.7588	61	5600	1440	23.9733
29	2400	640	1.9905	62	5700	1465	25.2624
30	2500	665	2.2417	63	5800	1490	26.5969
31	2600	690	2.5131	64	5900	1515	27.9776
32	2700	715	2.8055	65	6000	1540	29.4053
33	2800	740	3.1198	—	—	—	—

EHA 椭圆形封头的质量

单位：kg

序号	公称直径 DN/mm	\multicolumn{18}{c}{封头名义厚度 δ_n/mm}
		2	3	4	5	6	8	10	12	14	16	18	20	22	24	26	28	30	32
1	300	1.9	2.8	3.8	4.8	5.8	7.8	9.9	12.1	14.3									
2	350	2.5	3.7	5.0	6.3	7.6	10.3	13.0	15.8	18.7	21.6								
3	400	3.2	4.8	6.4	8.0	9.7	13.1	16.5	20.0	23.6	27.3								
4	450	3.9	5.9	7.9	10.0	12.0	16.2	20.4	24.8	29.2	33.7								
5	500	4.8	7.2	9.6	12.1	14.6	19.6	24.7	30.0	35.3	40.7								
6	550	5.7	8.6	11.5	14.4	17.4	23.4	29.5	35.7	41.9	48.3								
7	600	6.7	10.1	13.5	17.0	20.4	27.5	34.6	41.8	49.2	56.7								
8	650	7.8	11.7	15.7	19.7	23.8	31.9	40.2	48.5	57.0	65.6	74.4	83.2	92.2					
9	700	9.0	13.5	18.1	22.7	27.3	36.6	46.1	55.7	65.4	75.3	85.2	95.3	105.5					
10	750	10.2	15.4	20.6	25.8	31.1	41.7	52.5	63.4	74.4	85.6	96.8	108.3	119.8					
11	800	11.6	17.4	23.3	29.2	35.1	47.1	59.3	71.5	83.9	96.5	109.2	122.0	135.0	148.2	161.4	174.9		
12	850		19.6	26.1	32.8	39.4	52.9	66.5	80.2	94.1	108.1	122.3	136.6	151.1	165.8	180.6	195.5		
13	900		21.8	29.2	36.5	44.0	58.9	74.1	89.3	104.8	120.4	136.1	152.0	168.1	184.4	200.8	217.3		
14	950		24.2	32.3	40.5	48.8	65.3	82.1	99.0	116.1	133.3	150.7	168.3	186.0	203.9	222.0	240.3		
15	1000		26.7	35.7	44.7	53.8	72.1	90.5	109.1	127.9	146.9	166.0	185.3	204.8	224.5	244.4	264.4	284.6	305.0
16	1100		32.1	42.9	53.7	64.6	86.5	108.6	130.9	153.3	176.0	198.9	221.9	245.2	268.6	292.2	316.1	340.1	364.3
17	1200		38.0	50.7	63.3	76.4	102.2	128.3	154.6	181.1	207.8	234.7	261.8	289.1	316.6	344.4	372.3	400.5	428.9
18	1300		44.3	59.2	74.2	89.2	119.3	149.7	180.3	211.1	242.2	273.4	304.9	336.7	368.6	400.8	433.2	465.9	498.7
19	1400		51.2	68.4	85.6	102.9	137.7	172.7	208.0	243.5	279.2	315.2	351.4	387.9	424.6	461.5	498.7	536.2	573.8
20	1500		58.5	78.2	97.9	117.7	157.4	197.4	237.6	278.1	318.9	359.9	401.1	442.7	484.4	526.5	568.8	611.4	654.2
21	1600		66.4	88.7	111.0	133.4	178.4	223.7	269.2	315.0	361.1	407.5	454.1	501.1	548.3	595.7	643.5	691.5	739.8
22	1700		74.7	99.8	127.9	150.1	200.7	251.6	302.8	354.3	406.1	458.1	510.5	563.1	616.0	669.3	722.8	776.6	830.7

续表

序号	公称直径 DN/mm	封头名义厚度 δ_n/mm															
		2	3	4	5	6	8	10	12	14	16	18	20	22	24	26	28	30	32
23	1800		83.6	111.6	139.7	167.8	224.4	281.2	338.4	395.8	453.6	511.7	570.1	628.7	687.8	747.1	806.7	866.6	926.9
24	1900			124.0	155.2	186.5	249.3	312.5	375.9	439.7	503.8	568.2	632.9	698.0	763.4	829.1	895.2	961.6	1028.3
25	2000			137.1	171.6	206.2	275.6	345.3	415.4	485.8	556.6	627.7	699.1	770.9	843.0	915.5	988.3	1061.4	1134.9
26	2100			154.0	192.7	231.5	309.4	387.7	466.3	545.2	624.6	704.2	784.3	864.7	945.4	1026.6	1108.0	1189.9	1272.1
27	2200			168.6	210.9	253.4	338.6	424.2	510.2	596.5	683.2	770.3	857.8	945.6	1033.8	1122.4	1211.4	1300.7	1390.5
28	2300			183.8	230.0	276.3	369.1	462.4	556.0	650.1	744.5	839.3	934.5	1030.1	1126.1	1222.5	1319.3	1416.5	1514.1
29	2400				249.8	300.1	401.0	502.2	603.9	706.0	808.4	911.3	1014.6	1118.3	1222.4	1327.0	1431.9	1537.3	1643.0
30	2500				270.5	325.0	434.1	543.7	653.7	764.1	875.0	986.3	1098.0	1210.1	1322.7	1435.6	1549.1	1662.9	1777.2
31	2600					350.8	468.6	586.8	705.5	824.6	944.2	1064.2	1184.6	1305.5	1426.8	1548.6	1670.8	1793.5	1916.6
32	2700					377.6	504.3	631.6	759.3	887.4	1016.0	1145.0	1274.5	1404.5	1534.9	1665.8	1797.2	1929.0	2061.3
33	2800					405.4	541.4	678.0	815.0	952.5	1090.4	1228.9	1367.8	1507.1	1647.0	1787.3	1928.2	2069.4	2211.2
34	2900					434.2	579.8	726.0	872.7	1019.9	1167.5	1315.6	1464.3	1613.4	1763.0	1913.1	2063.7	2214.8	2366.4
35	3000					463.9	619.6	775.7	932.4	1089.5	1247.2	1405.4	1564.1	1723.3	1883.0	2043.2	2203.9	2365.1	2526.9
36	3100						660.6	827.1	994.0	1161.5	1329.5	1498.1	1667.2	1836.7	2006.9	2177.5	2348.7	2520.4	2692.6
37	3200						703.0	880.0	1057.7	1235.8	1414.5	1593.7	1773.5	1953.8	2134.7	2316.1	2498.1	2680.6	2863.6
38	3300						746.6	934.7	1123.3	1312.4	1502.1	1692.4	1883.2	2074.6	2266.5	2459.0	2652.0	2845.7	3039.8
39	3400						791.6	990.9	1190.8	1391.3	1592.3	1793.9	1996.1	2198.9	2402.2	2606.1	2810.6	3015.7	3221.4
40	3500						837.9	1048.8	1260.4	1472.5	1685.2	1898.5	2112.4	2326.8	2541.9	2757.6	2973.8	3190.7	3408.1
41	3600						885.5	1108.4	1331.9	1556.0	1780.7	2006.0	2231.9	2458.4	2685.5	2913.3	3141.6	3370.6	3600.2
42	3700							1169.6	1405.4	1641.8	1878.8	2116.4	2354.7	2593.6	2833.1	3073.3	3314.0	3555.4	3797.4
43	3800							1232.5	1480.8	1729.9	1979.6	2229.9	2480.8	2732.4	2984.6	3237.5	3491.0	3745.2	4000.0
44	3900							1296.9	1558.3	1820.3	2082.9	2346.2	2610.2	2874.8	3140.1	3406.0	3672.6	3939.9	4207.8

续表

序号	公称直径 DN/mm	封头名义厚度 δ_n/mm																			
		2	3	4	5	6	8	10	12	14	16	18	20	22	24	26	28	30	32
45	4000							1363.1	1637.7	1913.0	2188.9	2465.6	2742.9	3020.9	3299.5	3578.8	3858.9	4139.5	4420.9
46	4100							1430.9	1719.1	2008.0	2297.6	2587.9	2878.9	3170.5	3462.9	3755.9	4049.7	4344.1	4639.2
47	4200							1500.3	1802.4	2105.3	2408.9	2713.1	3018.1	3323.8	3630.2	3937.3	4245.1	4553.6	4862.8
48	4300								1887.8	2204.9	2522.8	2841.3	3160.7	3480.7	3801.4	4122.9	4445.1	4768.0	5091.7
49	4400								1975.1	2306.8	2639.3	2972.5	3306.5	3461.2	3976.6	4312.8	4649.7	4987.4	5325.8
50	4500								2064.3	2411.0	2758.5	3106.7	3455.6	3805.3	4155.8	4507.0	4859.0	5211.7	5565.2
51	4600								2155.6	2517.5	2880.3	3243.7	3608.0	3973.0	4338.9	4705.4	5027.8	5440.7	5809.8
52	4700								2248.8	2626.4	3004.7	3383.8	3763.7	4144.4	4525.9	4908.2	5115.2	5675.1	6059.7
53	4800								2344.0	2737.5	3131.7	3526.8	3922.7	4319.4	4716.9	5115.2	5326.4	5914.2	6314.9
54	4900								2441.2	2850.9	3261.4	3672.8	4085.0	4498.0	4911.8	5326.4	5542.0	6158.5	6575.3
55	5000								2540.3	2966.6	3393.7	3821.7	4250.5	4680.2	5110.7	5542.5	5761.8	6047.2	6841.0
56	5100								2641.4	3084.6	3528.7	3973.6	4419.4	4866.0	5313.5	5761.8	5985.9	6661.0	7112.0
57	5200								2744.5	3205.0	3666.3	4128.5	4591.5	5055.5	5520.2	5985.9	6214.3	6919.9	7388.2
58	5300								2849.6	3327.6	3806.5	4286.3	4766.9	5248.5	5730.9	6214.3	6452.5	7183.6	7669.6
59	5400								2956.6	3452.5	3949.3	4447.0	4945.7	5445.2	5945.6	6446.2	6698.5	7452.3	7956.4
60	5500								6.65.6	379.7	4094.8	4610.8	5127.7	5645.5	6164.2	6683.9	6949.2	7725.9	8248.4
61	5600								3176.6	3709.3	4242.9	4777.4	5312.9	5849.4	6386.7	6925.1	7204.4	8004.5	8545.6
62	5700								3289.5	3841.1	4393.6	4947.1	5501.5	6056.9	6613.2	7170.5	7464.3	8288.0	8848.1
63	5800								3404.4	3975.2	4547.0	5119.7	5693.4	6268.0	6843.7	7420.3	7728.8	8576.4	9155.9
64	5900								3521.3	4111.7	4703.0	5295.3	5888.5	6482.8	7078.1	7674.3	7997.8	8869.7	9468.9
65	6000								3640.2	4250.4	4861.6	5473.8	6087.0	6701.2	7316.4	7932.6	8271.5	9168.0	9787.2
66																				

EHB 椭圆形封头总深度、容积和质量

序号	公称直径 DN/mm	总高度 H_0/mm	名义厚度 δ_n/mm	容积 V/m³	质量/kg
1	159	65	4	0.0009	1.1623
2			5	0.0008	1.4342
3			6	0.0008	1.6988
4			8	0.0007	2.2.66
5	219	80	5	0.0020	2.5205
6			6	0.0019	2.9950
7			8	0.0018	3.9152
8	273	93	6	0.0036	4.4653
9			8	0.0034	5.8577
10			10	0.0032	7.2035
11			12	0.0030	8.5035
12	325	106	6	0.0058	6.1529
13			8	0.0055	8.0908
14			10	0.0053	9.9735
15			12	0.0051	11.8018
16	377	119	8	0.0084	10.6795
17			10	0.0081	13.1881
18			12	0.0078	15.6336
19			14	0.0075	18.0170
20	426	132	8	0.0120	13.4444
21			10	0.0116	16.6240
22			12	0.0112	19.7326
23			14	0.0108	22.7709

附表 23　板式钢制平焊法兰（摘自 HG/T 20592—2009）

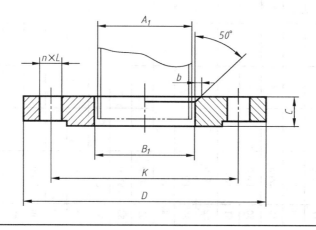

PN2.5 板式平焊钢制管法兰

单位:mm

公称尺寸 DN	钢管外径 A_1		连接尺寸					法兰厚度 C	法兰内径 B_1	
			法兰外径 D	螺栓孔中心圆直径 K	螺栓孔直径 L	螺栓孔数量 n/个	螺栓 Th			
	A	B							A	B
10	17.2	14	75	50	11	4	M10	12	18	15
15	21.3	18	80	55	11	4	M10	12	22.5	19
20	26.9	25	90	65	11	4	M10	14	27.5	26
25	33.7	32	100	75	11	4	M10	14	34.5	33
32	42.4	38	120	90	14	4	M12	16	43.5	39
40	48.3	45	130	100	14	4	M12	16	49.5	46
50	60.3	57	140	110	14	4	M12	16	61.5	59
65	76.1	76	160	130	14	4	M12	16	77.5	78
80	88.9	89	190	150	18	4	M16	18	90.5	91
100	114.3	108	210	170	18	4	M16	18	116	110
125	139.7	133	240	200	18	8	M16	20	143.5	135
150	168.3	159	265	225	18	8	M16	20	170.5	161
200	219.1	219	320	280	18	8	M16	22	221.5	222
250	273	273	375	335	18	12	M16	24	276.5	276
300	323.9	325	440	395	22	12	M20	24	328	328

PN6 板式平焊钢制管法兰

单位:mm

公称尺寸 DN	钢管外径 A_1		连接尺寸					法兰厚度 C	法兰内径 B_1	
			法兰外径 D	螺栓孔中心圆直径 K	螺栓孔直径 L	螺栓孔数量 n/个	螺栓 Th			
	A	B							A	B
10	17.2	14	75	50	11	4	M10	12	18	15
15	21.3	18	80	55	11	4	M10	12	22.5	19
20	26.9	25	90	65	11	4	M10	14	27.5	26
25	33.7	32	100	75	11	4	M10	14	34.5	33
32	42.4	38	120	90	14	4	M12	16	43.5	39
40	48.3	45	130	100	14	4	M12	16	49.5	46
50	60.3	57	140	110	14	4	M12	16	61.5	59
65	76.1	76	160	130	14	4	M12	16	77.5	78
80	88.9	89	190	150	18	4	M16	18	90.5	91
100	114.3	108	210	170	18	4	M16	18	116	110
125	139.7	133	240	200	18	8	M16	20	143.5	135
150	168.3	159	265	225	18	8	M16	20	170.5	161
200	219.1	219	320	280	18	8	M16	22	221.5	222
250	273	273	375	335	18	12	M16	24	276.5	276
300	323.9	325	440	395	22	12	M20	24	328	328

附表24 设备法兰及垫片

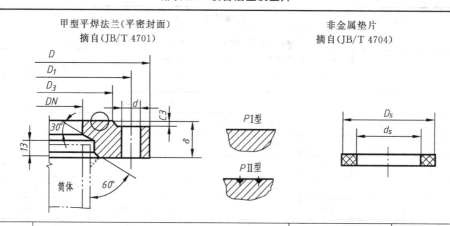

公称直径 (DN)/mm	甲型平焊法兰/mm					非金属垫片/mm		螺柱	
	D	D_1	D_3	δ	d	D_5	d_5	规格	数量
$PN=0.25$MPa									
700	815	780	740	36	18	739	703	M16	28
800	115	880	840	36		839	803		32
900	1015	980	940	40		939	903		36
1000	1030	1090	1045	40	23	1044	1004	M20	32
1200	1330	1290	1241	44		1240	1200		36
1400	1530	1490	1441	46		1440	1400		40
1600	1730	1690	1641	50		1640	1600		48
1800	1930	1890	1841	56		1840	1800		52
2000	2130	2090	2041	60		2040	2000		60
$PN=0.6$MPa									
500	615	580	540	30	18	539	503	M16	20
600	715	680	640	32		639	603		24
700	830	790	745	36	23	744	704	M20	24
800	930	890	845	40		844	804		24
900	1030	990	945	44		944	904		32
1000	1130	1090	1045	48		1044	1004		36
1200	1330	1290	1241	60		1240	1200		52
$PN=1.0$MPa									
300	415	380	340	26	18	339	303	M16	16
400	515	480	440	30		439	403		20
500	630	590	545	34	23	544	504	M20	20
600	730	690	645	40		644	604		24
700	830	790	745	46		744	704		32
800	930	890	845	54		844	804		40
900	1030	990	945	60		944	904		48
$PN=1.6$MPa									
300	430	390	345	30	23	344	304	M20	16
400	530	490	445	36		444	404		20
500	630	590	545	44		544	504		28
600	730	690	645	54		644	604		40

附表 25　常压人孔和手孔

常压人孔（摘自 HG/T 21515—2014）

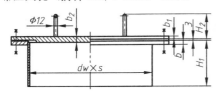

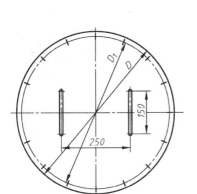

常压手孔（摘自 HG/T 21528—2014）

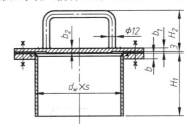

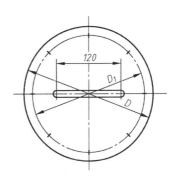

常压人孔尺寸表

密封面型式	公称直径 DN	$d_w \times s$	D	D_1	B	b	b_1	b_2	H_1	H_2	螺栓螺母 数量	螺栓 直径×长度	总质量 /kg
全平面 (FF型)	(400)	426×6	515	480	250	14	10	12	150	90	16	M16×50	37.0
	450	480×6	570	535	250	14	10	12	160	90	250	M16×50	44.4
	500	530×6	620	585	300	14	10	12	160	90	20	M16×50	50.5
	600	630×6	720	685	300	16	12	14	180	92	24	M16×55	74.0

注：1. 人孔高度 H_1 系根据容器的直径不小于人孔公称直径的两倍而定；如有特殊要求，允许改变，但需注明改变后的 H_1 尺寸，并修正人孔总质量。
2. 表中带括号的公称直径尽量不采用。

常压手孔尺寸表

密封面形式	公称直径 DN /mm	$d_w \times s$	D	D_1	b	b_1	b_2	H_1	H_2	螺栓螺母 数量	螺栓 直径×长度 /mm×mm	总质量 /kg
		/mm										
全平面 (FF)	150	159×4.5	235	205	10	6	8	100	72	8	M16×40	6.7
	250	273×6.5	350	320	12	8	10	120	74	12	M16×45	16.5

注：手孔高度 H_1 系根据容器的直径不小于手孔公称直径的两倍而定；如有特殊要求，允许改变，但需注明改变后的 H_1 尺寸，并修正手孔总质量。

附表 26　补强圈（摘自 JB/T 4736）　　　　　　　　　　　单位：mm

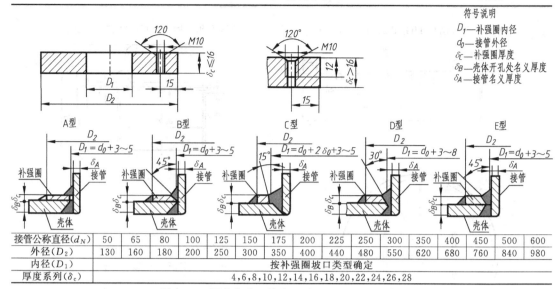

接管公称直径(d_N)	50	65	80	100	125	150	175	200	225	250	300	350	400	450	500	600
外径(D_2)	130	160	180	200	250	300	350	400	440	480	550	620	680	760	840	980
内径(D_1)	按补强圈坡口类型确定															
厚度系列(δ_c)	4,6,8,10,12,14,16,18,20,22,24,26,28															

附表 27　耳式支座（摘自 JB/T 4712.3—2007）

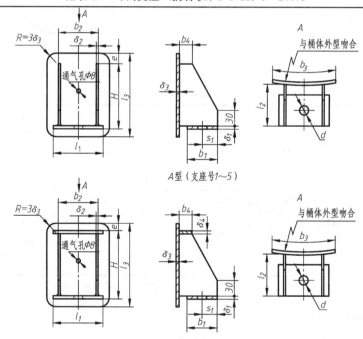

A 型支座系列参数尺寸　　　　　　　　　　　　　　　　　　　　　单位：mm

支座号	支座允许载荷[Q],kN		适用容器公称直径 DN	高度 H	底板				筋板				垫板				盖板		地脚螺栓		支座质量/kg
	Q235A 0Cr18Ni9	16MnR 15CrMoR			l_1	b_1	δ_1	s_1	l_2	b_2	δ_2	s_2	l_3	b_3	δ_3	e	b_4	δ_4	d	规格	
1	10	14	300~600	125	100	60	6	30	80	70	4		160	125	6	20	30	—	24	M20	1.7
2	20	26	500~1000	160	125	80	8	40	100	90	5		200	160	6	24	30	—	24	M20	3.0
3	30	44	700~1400	200	160	105	10	50	125	110	6		250	200	8	30	30	—	30	M24	6.0
4	60	90	1000~2000	250	200	140	14	70	160	140	8		315	250	8	40	30	—	30	M24	11.1
5	100	120	1300~2600	320	250	180	16	90	200	180	10		400	320	10	48	30	—	30	M24	21.6
6	150	190	1500~3000	400	320	230	20	115	250	230	12		500	400	12	60	50	12	36	M30	42.7
7	200	230	1700~3400	480	375	280	22	130	300	280	14		600	480	14	70	50	14	36	M30	69.8
8	250	320	2000~4000	600	480	360	26	145	380	350	16		720	600	16	72	50	16	36	M30	123.9

注：表中支座质量是以表中的垫板厚度为 δ_2 计算的，如果 δ_2 的厚度改变，则支座的质量应相应的改变。

附表28　鞍式支座（摘自 JB/T 4712.1—2007）

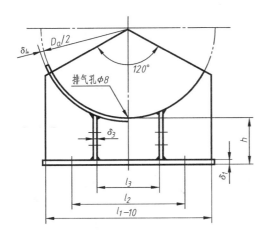
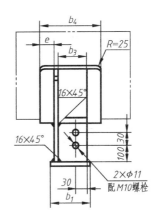

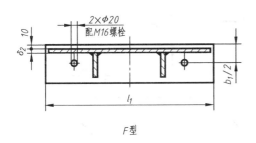

F型

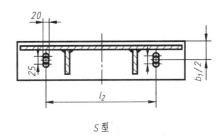

S型

（适用于重型120°包角 DN500—900 带垫板或不带垫板结构）

单位：mm

公称直径 DN	允许载荷 Q/kN	鞍座高度 h	底板			腹板	筋板			垫板				螺栓间距 l_2	鞍座质量，kg		增加100mm高度增加的质量/kg
			l_1	b_1	δ_1	δ_2	l_3	b_3	δ_3	弧长	b_4	δ_4	e		带垫板	不带垫板	
500	155	200	460	150	10	8	250	120	8	590	240	6	56	330	21	15	4
550	160	200	510	150	10	8	275	120	8	650	240	6	56	360	23	17	5
600	165	200	550	150	10	8	300	120	8	710	240	6	56	400	25	18	5
650	165	200	590	150	10	8	325	120	8	770	240	6	56	430	27	19	5
700	170	200	640	150	10	8	350	120	8	830	240	6	56	460	30	21	5
800	220	200	720	150	10	10	400	120	10	940	260	6	65	530	38	27	7
900	225	200	810	150	10	10	450	120	10	1060	260	6	65	590	43	30	8

六、化工工艺图上常用代号和图例

附表 29　管件与管路连接的表示法（摘自 HG/T 20519.2—2009）

名称＼方式	螺纹或承插焊	对焊	法兰式
90°弯头	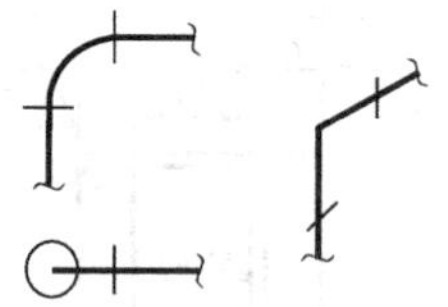	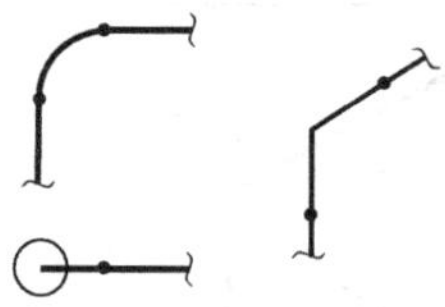	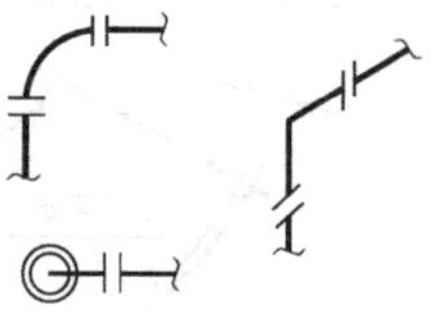
三通管	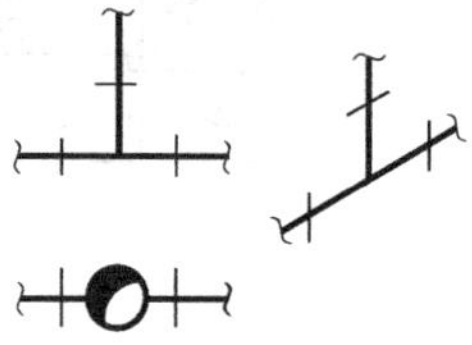	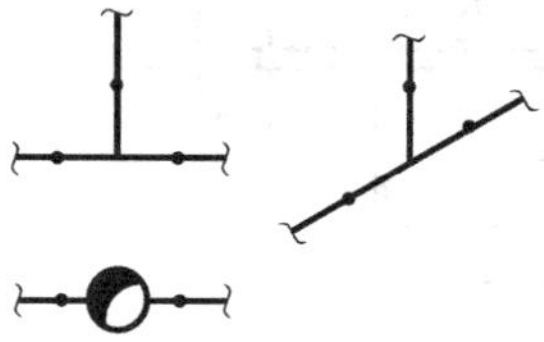	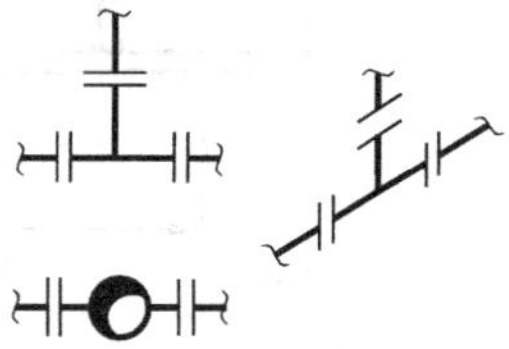
四通管	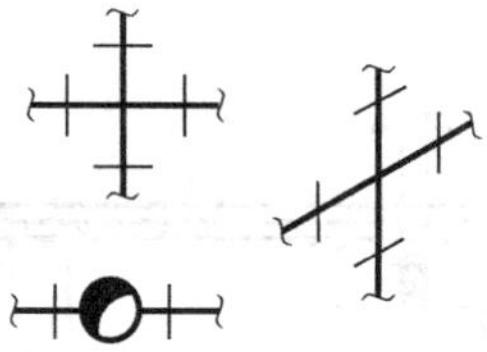	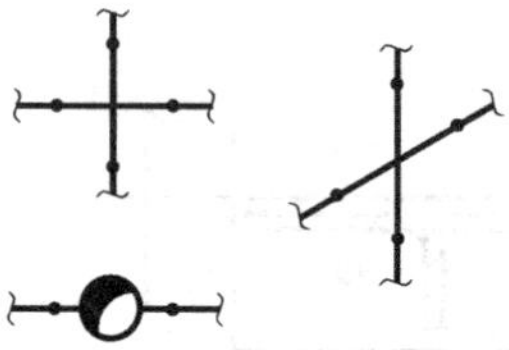	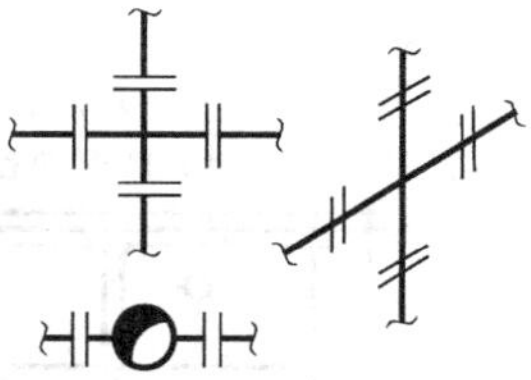
45°弯头	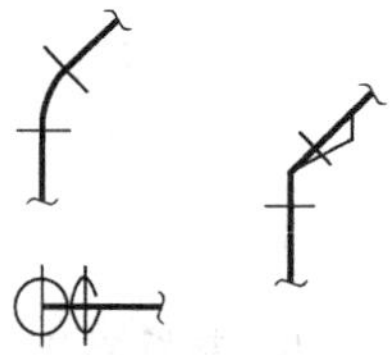	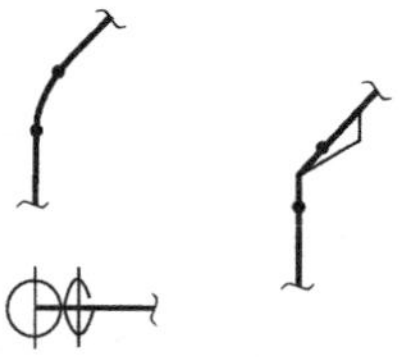	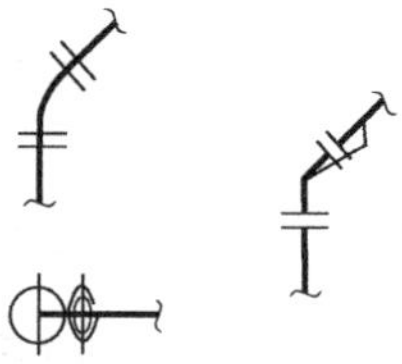
偏心异径管	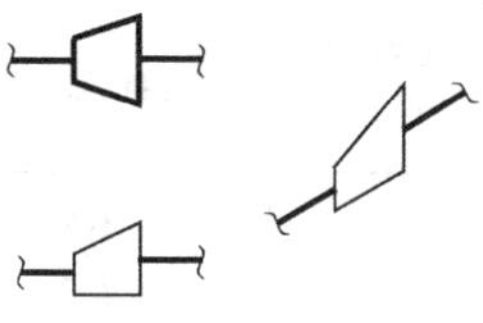	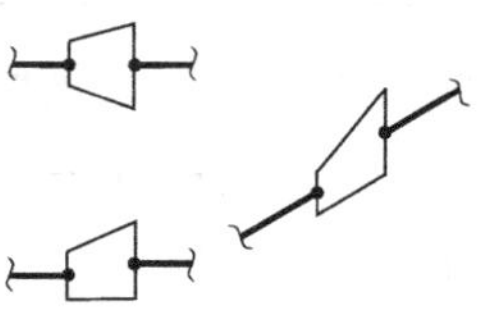	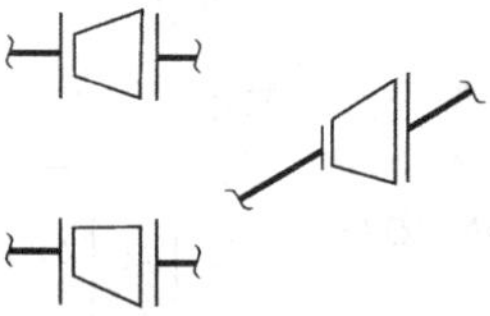
管帽	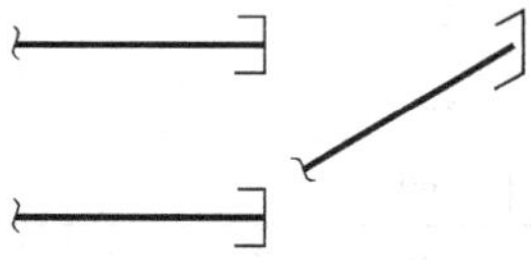	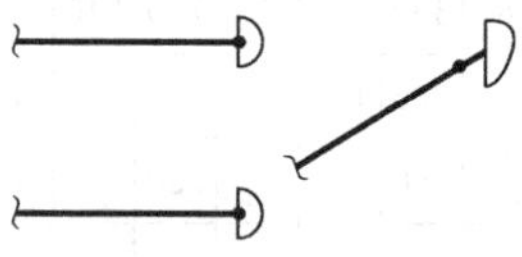	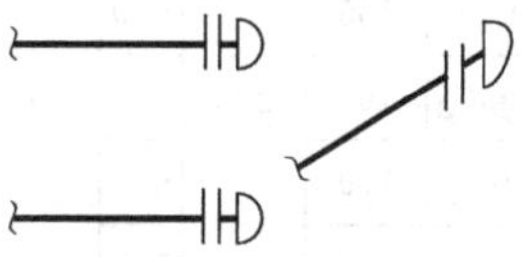

附表 30 管路及仪表流程图中设备、机器图例（摘自 HG/T 20519.2—2009）

设备类型及代号	图例	设备类型及代号	图例
塔 (T)	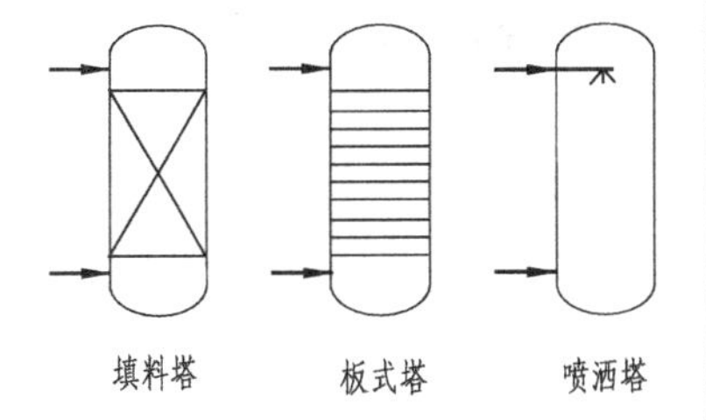 填料塔　板式塔　喷洒塔	泵 (P)	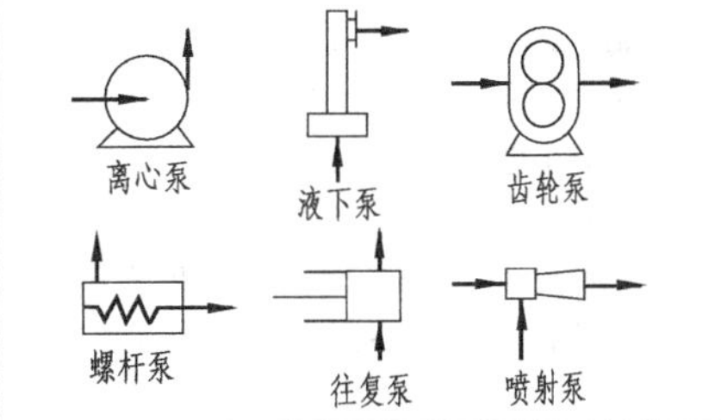 离心泵　液下泵　齿轮泵　螺杆泵　往复泵　喷射泵
工业炉 (F)	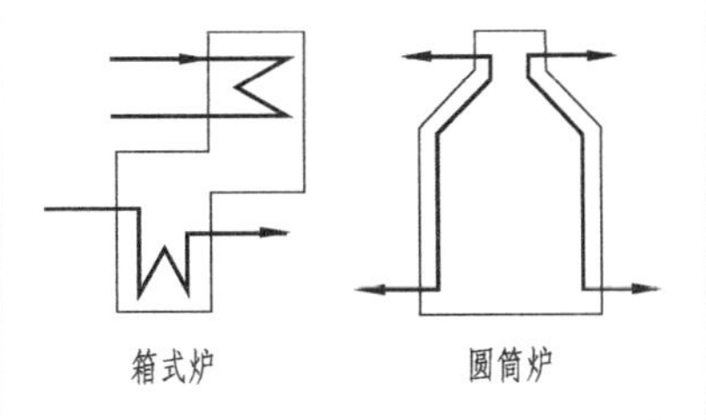 箱式炉　圆筒炉	火炬烟囱 (S)	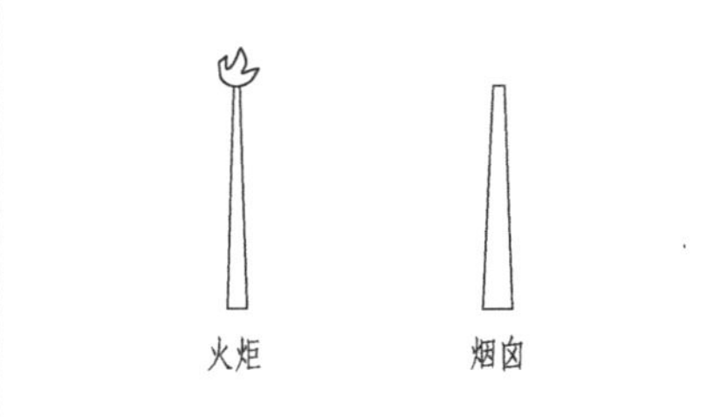 火炬　烟囱
容器 (V)	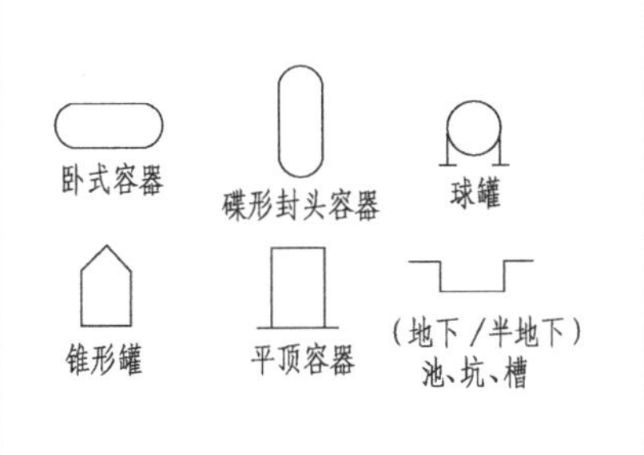 卧式容器　碟形封头容器　球罐　锥形罐　平顶容器　(地下/半地下)池、坑、槽	换热器 (E)	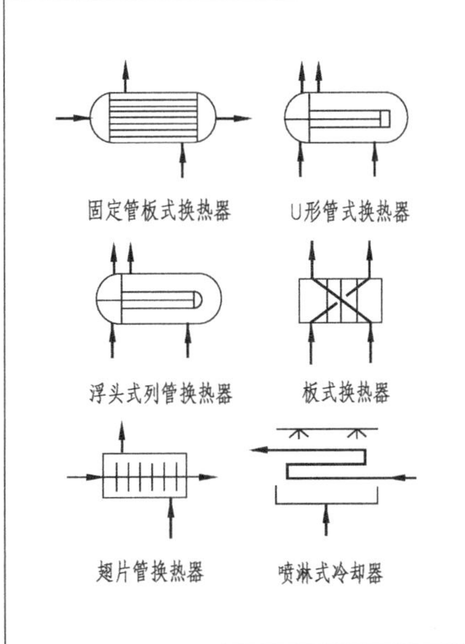 固定管板式换热器　U形管式换热器　浮头式列管换热器　板式换热器　翅片管换热器　喷淋式冷却器
压缩机 (C)	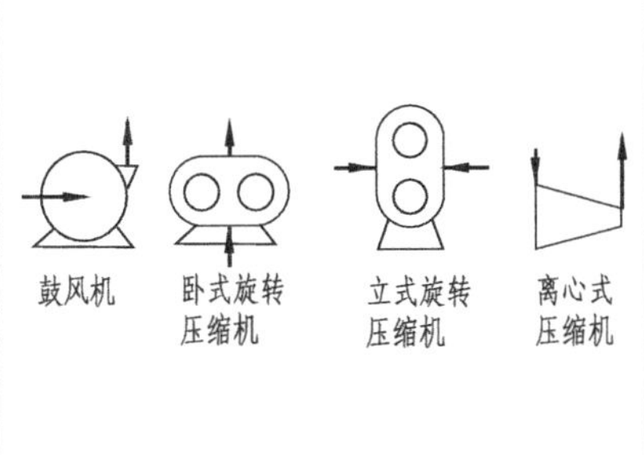 鼓风机　卧式旋转压缩机　立式旋转压缩机　离心式压缩机		
反应器 (R)	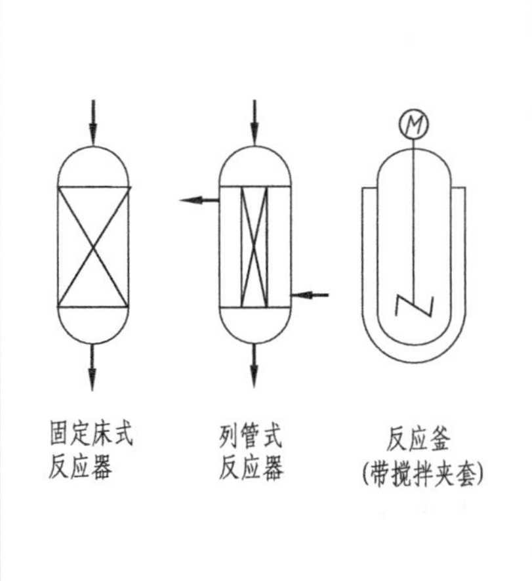 固定床式反应器　列管式反应器　反应釜（带搅拌夹套）	其他机械 (M)	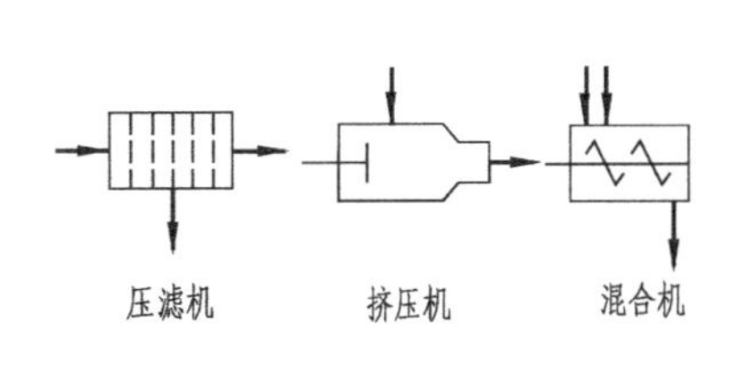 压滤机　挤压机　混合机
		动力机 (M、E、S、D)	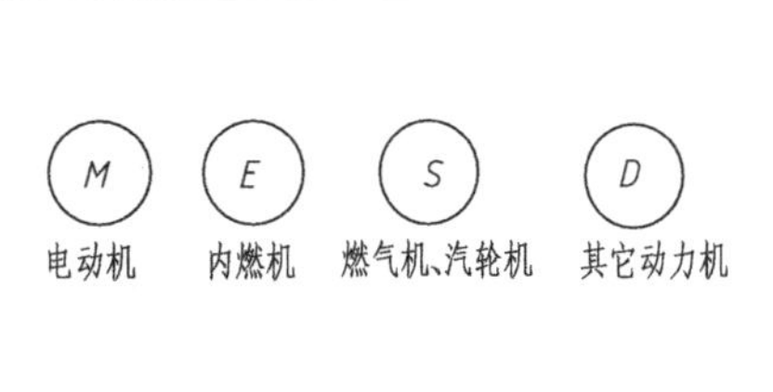 电动机(M)　内燃机(E)　燃气机、汽轮机(S)　其它动力机(D)

参 考 文 献

[1] 清华大学工程图学及计算机辅助设计教研室编. 机械制图. 第 4 版. 北京：高等教育出版社，2000.
[2] 韩玉秀主编. 化工制图. 北京：高等教育出版社，2001.
[3] 胡建生主编. 工程制图. 北京：化学工业出版社，2004.
[4] 胡建生主编. 化工制图. 北京：高等教育出版社，2000.
[5] 王姣主编. 工程制图. 北京：化学工业出版社，2016.
[6] 易慧君主编. 机械制图. 上海：上海科学技术出版社，2015.